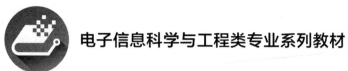

电子信息科学与工程类专业系列教材

自动控制原理

◎ 李彦梅　臧大进　郭　凯　主编
◎ 徐文权　杨　伟　郭玉祥　曹文君　韩　君　编著

电子工业出版社

Publishing House of Electronics Industry

北京·BEIJING

内 容 简 介

本书结合具体的控制系统介绍了自动控制的基本理论及工程应用。主要内容包括绪论、控制系统的数学模型、线性系统的时域分析、根轨迹法、线性系统的频域分析、控制系统设计、非线性系统分析、线性离散系统、线性系统的状态空间分析，以及自动控制系统综合案例。

本书融入了课程思政内容，从实际应用出发，突出物理概念，减少数学公式推导；强化工程应用中常用知识点的介绍，采用不同方法对一个工程实例进行分析和设计，阐明自动控制原理的应用。

本书可作为应用型本科院校自动控制、工业自动化、电气自动化、机电类、电子信息类等专业自动控制课程的教材，也可作为相关专业师生和从事自动控制工程技术人员的参考用书。

图书在版编目（CIP）数据

自动控制原理 / 李彦梅，臧大进，郭凯主编. —北京：电子工业出版社，2021.6

ISBN 978-7-121-41285-1

Ⅰ. ①自… Ⅱ. ①李… ②臧… ③郭… Ⅲ. ①自动控制理论－高等学校－教材 Ⅳ. ①TP13

中国版本图书馆 CIP 数据核字（2021）第 105171 号

责任编辑：张　鑫

印　　刷：三河市龙林印务有限公司

装　　订：三河市龙林印务有限公司

出版发行：电子工业出版社

　　　　　北京市海淀区万寿路 173 信箱　　邮编：100036

开　　本：787×1 092　1/16　印张：14　字数：350 千字

版　　次：2021 年 6 月第 1 版

印　　次：2022 年 1 月第 2 次印刷

定　　价：52.00 元

凡所购买电子工业出版社图书有缺损问题，请向购买书店调换。若书店售缺，请与本社发行部联系，联系及邮购电话：（010）88254888，88258888。

质量投诉请发邮件至 zlts@phei.com.cn，盗版侵权举报请发邮件至 dbqq@phei.com.cn。

本书咨询联系方式：zhangxinbook@126.com。

自动控制原理是自动控制技术的理论基础。随着自动控制技术的应用日益广泛，除在国防、空间技术等尖端领域成为不可或缺的重要技术外，在机电工程、冶金、化工、轻工、交通管理、环境保护、农业等领域，自动控制技术也表现突出。自动控制技术在提高劳动生产率和产品质量的同时，还改善了劳动条件、人类的居住环境。

本书是作者在积累"自动控制原理"课程多年教学经验和安徽省质量工程自动控制原理规划教材项目立项的基础上，在自动控制原理课程思政示范课程的教学研究中，挖掘思政元素，突出应用目的，为高等院校应用型本科自动化类、机电类、电子信息类专业自动控制教学的需要而编写的教材。一般地，可将自动控制原理分为经典控制理论和现代控制理论。考虑到实际工程应用的需要，同时结合应用型本科院校的课程体系，本书以经典控制理论及其应用为主要内容，共 10 章，内容包括：自动控制系统的数学模型的建立；系统的常用分析方法；时域法、根轨迹法和频域法；控制系统的设计与综合；非线性系统和线性离散系统的常用分析方法；线性系统的状态空间分析等。

本书的主要特点是突出物理概念，减少数学公式推导；从自动控制原理的角度对工程实例进行分析和设计，以解决理论如何应用于工程实际的问题，并对工程应用中常用的知识做了进一步强化，对知识及方法的介绍更加强调实用性。

本书由安庆师范大学李彦梅、铜陵学院臧大进和宿州学院郭凯主编，李彦梅负责全书的统稿。其中，第 3 章由李彦梅编写，第 4 章由臧大进编写，第 5 章由郭凯编写，第 8 章和第 9 章的部分内容由徐文权编写，第 2 章和第 9 章的部分内容由杨伟编写，第 7 章由郭玉祥编写，第 1、10 章由曹文君编写，第 6 章由韩君编写。在编写本书的过程中，得到了安庆师范大学、铜陵学院和宿州学院，以及合肥工业大学、安徽理工大学、安徽工业大学、皖西学院、蚌埠学院、黄山学院、池州学院等电气工程与自动化学院领导和教师的大力支持。同时，还参阅了国内外专家、学者的相关著作。在此一并表示感谢。

由于作者水平有限，加之编写时间仓促，书中欠妥与错误之处在所难免，恳请读者批评指正，以促进教材的完善。

作者

2021 年 1 月

目 录

第1章　绪论

本章介绍自动控制的基础知识，包括自动控制的基本概念，控制理论的发展过程，自动控制系统的组成、基本控制方式、分类，对自动控制系统的基本要求，以及控制系统实例。

1.1　自动控制的基本概念

1.1.1　自动控制的定义

在众多的现代工程领域中，自动控制技术承担着十分重要的角色，不仅在工业、农业、航天、航空、医学、交通运输、日常生活等领域，而且在金融、商业、社会管理等领域，都得到了广泛应用。

自动控制就是在无人参与的情况下，利用控制装置使生产机械、设备或生产过程中出现的一些物理量或工作状态能够自动地按照预定的数值或规律变化。例如，工业生产中，对加热炉汽包的液位和压力、钢卷自动上卷、电机转速的控制等；军事工业中，对火炮跟踪、人造卫星姿态、雷达等的控制；日常生活中，对电冰箱、空调器、声控灯等的控制。对这些广泛应用的控制问题，它的基础就是自动控制理论。

1.1.2　控制理论的发展过程

自动控制理论的发展过程大体可以分为三个阶段：经典控制理论阶段、现代控制理论阶段和智能控制理论阶段。

1. 经典控制理论阶段

早在中国古代，劳动人民就凭借生产实践中积累的丰富经验和对反馈概念的直观认识，发明了许多闪烁控制理论智慧火花的杰作。例如，我国北宋时代（公元 1086～1089 年）苏颂和韩公廉利用天衡装置制造的水运仪象台，就是一个按负反馈原理构成的闭环非线性自动控制系统。随着科学技术与工业生产的发展，到了 17、18 世纪，自动控制技术逐渐应用到现代工业中。1681 年，法国物理学家、发明家巴本（D. Papin）发明了作为安全调节装置的锅炉压力调节器。1765 年，俄国人普尔佐诺夫（I. Polzunov）发明了蒸汽锅炉水位调节器。1788 年，英国人瓦特（J. Watt）发明了蒸汽机离心调速器，解决了蒸汽机的速度控制问题，这是真正以闭环控制思想实现的自动化设备，引起了人们对控制技术的重视。他发表的经典论文《论调速器》是采用数学方法对控制系统进行理论研究的起点，通常认为这是自动控制作为一门学科发展的开端。1932 年，美国物理学家奈奎斯特（H. Nyquist）提出了频域内研究系统的频率响应法，建立了以频率特性为基础的稳定性判据，为具有高质量的动态品质和静态准确度的军用控制系统提供了所需的分析工具。随后，伯德（H. W. Bode）和尼科尔斯（N. B. Nichols）在 20 世纪 30 年代末和 20 世纪 40 年代初进一步将频率响应法加以发展，形成了经典控制理论的频域法。1948 年，维纳教授提出了著名的"控制论"，至此完整的经典控制理论体系形成了。以传递函数作为描述系统的数学模型，以时域法、根轨迹法和频域法作为主要分析设计工具，构成了经典控制理论的基本框架。1954 年，我国学者钱学森出版了专著《工程控制论》，系统地揭示了控制论对自动化、航天、航空、电子通信等工程技术领域的意义和深远影响，这标志着控制论学科分化而产生的第一个分支学科"工程控制论"诞生。

2．现代控制理论阶段

到 20 世纪五六十年代，经典控制理论发展到了相当成熟的地步，形成了相对完整的理论体系。此时，随着数字计算机的出现及工业、航空、航天事业的发展，出现了以状态空间法为基础的第二代控制理论——现代控制理论，其中包括以状态为基础的状态空间法、贝尔曼（P. Bellman）的动态规划理论和庞特里亚金（L. S. Pontryagin）的极小值原理，以及卡尔曼（R. E. Kalman）的多变量最优控制和最优滤波理论。现代控制理论的控制对象是多输入多输出、非线性时变系统，核心是最优化技术。它不仅在航天、航空、制导与军事武器控制中有成功的应用，在工业生产中也逐步得到了应用。

3．智能控制理论阶段

20 世纪 70 年代以来，随着计算机技术的不断发展，计算机控制得到了广泛应用，如可编程逻辑控制器和工业机器人。自动化技术发生了根本性的变化，相应的自动控制学科研究也出现了许多分支，如模糊控制、混杂控制、自适应控制，以及神经网络控制等。近年来，把传统控制理论与模糊控制、神经网络、遗传算法等人工智能技术相结合，充分利用人类的控制知识对复杂系统进行控制，逐渐形成了智能控制理论的雏形。智能控制是一种能更好模仿人类智能、非传统的控制方法，内容包括最优控制、自适应控制、神经网络控制、仿人控制等。

目前，自动控制理论还在向更纵深、更广阔的领域发展，无论是在数学工具、理论基础还是研究方法上都产生了实质性的飞跃，在信息与控制学科研究中注入了蓬勃的生命力，启发并扩展了人的思维方式，引导人们去探讨自然界更为深刻的运行机理。控制理论的深入发展，必将有力地推动社会生产力的发展。

1.1.3　自动控制系统的组成

在自动控制科学与技术的发展历程中，反馈控制理论占据了十分重要的地位。在反馈控制系统中，控制装置对被控对象施加的控制作用，取自被控量的反馈信息，用来不断修正被控量与输入量之间的偏差，从而实现控制被控对象的任务。这就是反馈控制的原理。

图 1-1 所示为液位控制系统示意图，控制器通过比较实际液位与希望液位来调整气动阀门的开度，对误差进行修正，从而达到保持液位不变的目的。其中，水箱是被控对象，水箱

的液位为被控量，水箱的扰动是通过注入水压力的变化等产生的扰动；控制器是一个机械或电气控制装置，用来测量水箱的液位，并与希望液位进行比较，得出偏差，然后系统根据偏差情况按一定的控制规律发出相应的输出信号去推动气动阀门动作；气动阀门起执行元件作用，根据控制信号对水箱的进水量进行调节。液位控制系统的方框图如图 1-2 所示。

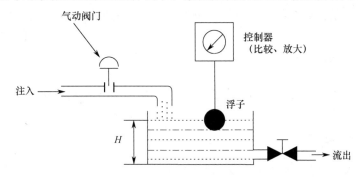

图 1-1　液位控制系统示意图

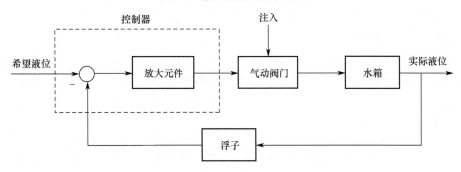

图 1-2　液位控制系统的方框图

由此可以得出，自动控制系统是由被控对象、控制装置及其他所需部件按照一定方式连接构成的系统。图 1-3 所示为自动控制系统的基本方框图。

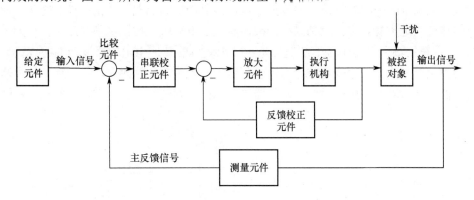

图 1-3　自动控制系统的基本方框图

被控对象：需要进行控制的设备装置或生产过程，是被操控的对象。

给定元件：用于产生系统给定的输入信号。

测量元件：用于测量系统的输出信号，得到反馈信号。

比较元件：比较输入信号和输出信号，产生偏差信号。比较元件通常不是单独存在的，往往和测量元件结合在一起。

放大元件：对偏差信号的幅值和功率进行放大，使之能够驱动被控对象。

执行机构：对被控对象直接作用的机构或装置。

校正元件：用于提高系统的性能。常见的校正方式有串联校正和反馈校正。

1.1.4 自动控制系统的基本控制方式

自动控制系统一般可分为开环控制系统、闭环控制系统和复合控制系统。其中，闭环控制系统是最基本的控制系统，也是应用最广泛的一种控制系统。

1. 开环控制系统

开环控制系统是指没有被控量反馈的系统，即在控制装置与被控对象之间只有正向控制作用而没有反馈控制作用，系统的输出量（被控量）对输入信号没有影响，输入信号直接被送入控制装置，产生控制量作用于被控对象，从而改变被控量。图 1-4 所示为开环控制系统的原理方框图，其结构简单，但存在明显的缺陷，被控对象易受到干扰。当给定一个输入信号时，相应的被控量准确性较低，而要提高被控量的准确性，就要采用更精密的元件或更高的技术要求。因此，开环控制系统只适合成本要求低和系统准确性要求不高的场合。

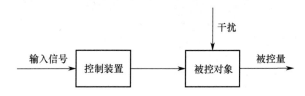

图 1-4 开环控制系统的原理方框图

图 1-5 所示为直流电动机调速开环控制系统示意图，电动机通过变速器以一定转速带动其他设备。该系统的控制目标是，通过调节电位器滑动端的位置改变电动机的转速，使其保持期望的转速恒定不变。转速控制系统的被控对象是电动机，被控量是转速（也称为系统的输出量），系统的输入量是电位器的输出电压。电动机的转速由电位器滑动端的位置（按生产工艺要求设置）改变，改变电位器滑动端的位置，电位 U_g 就改变。经过功率放大器后，加在电动机两端的电枢电压就改变。电位器滑动端在不同的位置，会有相应的电动机转速。

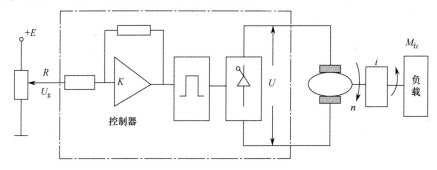

图 1-5 直流电动机调速开环控制系统示意图

如图 1-6 所示是该直流电动机调速开环控制系统的方框图，其中信号是单方向传递的，输入量直接控制输出量的结果，而输出量不反馈到输入端来影响结果，这种结构就是典型的开环控制结构。当有外界干扰作用于系统时，如电动机负载转矩变化或功率放大器供电电源、电压变化，即使没有人工干扰，电动机转速也将随之变化，从而偏离期望值。可见，该系统没有抗干扰的能力，不能实现保持转速恒定的控制目标，而这正是开环控制系统的特点。

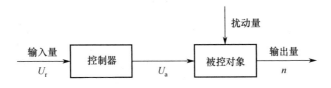

图 1-6　直流电动机调速开环控制系统的方框图

2．闭环控制系统

闭环控制系统又称反馈控制系统，是指有被控量反馈的控制系统，通过引入测量元件，将检测到的被控量送回到输入端，并与输入信号进行比较构成负反馈，控制装置根据偏差按照某种规律产生控制量，实现对被控对象的控制。控制装置与被控对象之间既有信号的正向作用，又有信号的反馈作用。图 1-7 所示为闭环控制系统的原理方框图，信号从输入到输出方向传递的道路称为前向通道，而从输出到输入方向传递的道路称为反馈通道。由于反馈通道的存在，闭环控制系统能够根据期望值对应的给定值与实际值对应的反馈测量值之间偏差的大小和性质产生相应的控制作用，从而进一步减小误差，因此闭环控制系统抗干扰能力较强，能使系统达到较高的准确性。但是，闭环控制系统结构较复杂，且由于存在反馈信号进行闭环控制，若设计不当，会使系统不能稳定正常地工作。

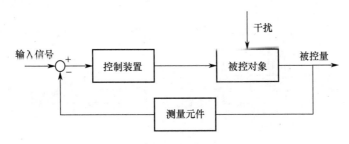

图 1-7　闭环控制系统的原理方框图

图 1-8 所示为直流电动机调速闭环控制系统示意图。它的构成只是在开环控制系统的基础上增加了一台测速发电机（TG）。测速发电机在系统中是一个测量元件，能够检测系统的转速 n，即输出量，并将它转换成物理量与给定电压 U_g 相同的反馈电压 U_f。给定电压 U_g 与反馈电压 U_f 相比较会得到一个偏差电压 $\Delta U\left(=U_g-U_f\right)$，然后此偏差电压经功率放大器放大后控制电动机的转速。当电位器滑动端置于某一位置时，相应会产生一个期望转速，电动机就以这个期望转速使生产机械运转。当系统存在内部或外部扰动时，如突然增加电动机的负载或降低功率放大器的输出电压，电动机转速就会下降。这时测速发电机就会检测出电动机转速的变化，

并使反馈电压 U_f 减小，反馈电压 U_f 与输入电压 U_g 比较后的偏差电压 ΔU 增大，经功率放大器放大后使电动机电枢电压增加、转速上升。因此减小了系统由于内部或外部的扰动作用所造成的输出量转速的偏差，这就是闭环控制系统的特点，其方框图如图 1-9 所示。

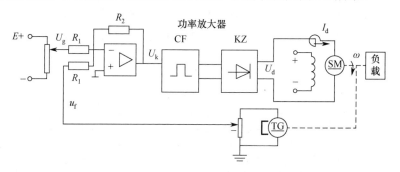

图 1-8　直流电动机调速闭环控制系统示意图

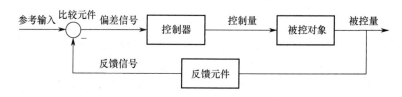

图 1-9　闭环控制系统方框图

3. 复合控制系统

将开环控制和闭环控制相结合就得到另一种控制方式，即复合控制。复合控制能够有效地使系统的控制精度得到提高，当控制系统中被控对象存在较大延迟时间时，反馈控制不能及时对输出变化做出相应调节，从而影响输出的稳定性，此时通过前馈控制就能及时感应输入信号，使系统及时纠正偏差。图 1-10 所示为复合控制系统的原理方框图。

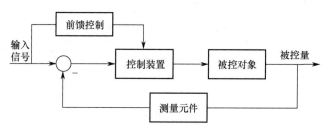

图 1-10　复合控制系统的原理方框图

1.2　自动控制系统的分类

根据结构性能和研究问题的不同，自动控制系统有不同的分类方法，常见的分类方法有以下几种。

1．线性系统和非线性系统

线性系统是指组成系统的元件的静态特性为直线，可以用线性常微分或线性差分方程来描述它的输入、输出之间关系的系统。线性系统的特点是满足叠加性和齐次性。

存在一个及以上非线性元件的系统称为非线性系统，非线性系统不满足叠加性和齐次性。

严格来说并不存在线性系统，任何物理系统都存在某种程度的非线性。但是在一定范围内经过合理简化，许多物理系统可以用线性系统准确地描述出来。

2．定常系统和时变系统

定常系统是指描述系统特性的微分或差分方程中的系数均为固定的常数且不随时间变化的系统。

反之，若描述系统特性的微分或差分方程中的系数随时间而变化，则称该系统为时变系统。

3．连续系统和离散系统

连续系统是指各部分的输入、输出信号都为连续变化的模拟量，可以用微分方程来描述各部分输入、输出关系的系统。

如果系统中的信号有一处或多处是脉冲序列或数码形式，则称该系统为离散系统。若离散系统中既有离散信号又有模拟量，则称之为采样系统。

4．自动调整系统（恒值控制系统）、随动系统（伺服系统）和程序控制系统

自动调整系统中，系统的给定量（输入量）是一个恒定的数值。其任务是排除各种干扰，使被控量（输出量）保持恒定的值。例如，工业生产中恒速、恒压、恒温等控制系统。

随动系统中，输入信号是一个变化规律无法确定的信号。随动系统要求系统的输出信号以尽可能小的误差跟随输入信号变化。

程序控制系统的输入信号是事先编写好的程序，它的运动规律是确定的，被控量按照规定的程序指令动作。例如，数控机床就是典型的程序控制系统。

1.3　对自动控制系统的基本要求

自动控制系统在理想情况下，应使其输出信号与输入信号对应相等。但在实际自动控制系统中，由于控制装置或机械质量、惯性等因素影响，当系统输入信号变化时，输出信号不能立即跟上输入信号的变化，而要经过一段动态过程（过渡过程）。动态过程就是指系统受到输入信号激励后，输出信号随时间变化的全过程。

动态过程可以充分反映系统控制性能的好坏。根据不同阶段动态过程的特性，工程上通常从以下三个方面来评价控制系统的性能指标。

1．稳定性

稳定性可表述为：一个处于静止或平衡状态的系统，当受到一个外加激励作用时，会打破原来的静止状态而偏离平衡位置；当激励消失后，能够恢复到原来的静止或平衡状态，则该系统是稳定的，否则系统不稳定。稳定性是自动控制系统能够正常工作的基本前提，不稳定的系统是无法正常完成控制工作的。

另外，就一个稳定系统而言，如果当系统的参数变化较大时，仍能保持系统是稳定的，则称此系统的相对稳定性较高。

2．快速性

快速性是评价暂态响应过程时间长短的一个性能指标，在自动控制系统中，通常在保证其稳定性的前提下，还要求系统对输入信号有较快的跟踪反应速度。

3．准确性

对一个稳定的系统，系统输出量的实际值与期望值之间的误差就是稳态误差，它表示系统的控制精度，是系统准确性的评价指标。系统的稳态误差越小，准确性越高。

1.4　控制系统实例

1.4.1　电冰箱制冷控制系统

图 1-11 所示为电冰箱制冷控制系统原理图。系统的控制任务是使箱内温度 T_c 与期望温度 T_r 保持相等。期望温度 T_r 是给定量（由电位器的输出电压 U_r 对应给出），箱内温度是被控量，箱体是被控对象，温度传感器是测量元件，继电器、压缩机、蒸发器、冷却器所组成的制冷循环系统起执行元件的作用。

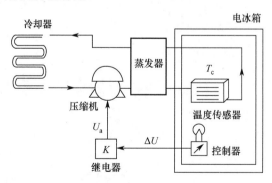

图 1-11　电冰箱制冷控制系统原理图

温度传感器检测箱内温度并将其转换成电压信号 U_c，此电压信号 U_c 与控制器的设定电压 U_r 相比较得到偏差电压 $\Delta U = U_r - U_c$（表征期望温度与实际温度的偏差）。当控制继电器 K 增大到一定值时，继电器接通，压缩机启动，蒸发器中的高温低压制冷剂被送往冷却器用于散热，降温后的低温低压制冷剂被压缩成低温高压液态进入蒸发器，急速降压扩展成气体，吸收箱体内的热量，使箱内温度下降，而高温低压制冷剂又被吸入冷却器，如此循环，使冰箱达到制冷的效果。电冰箱控制系统原理的方框图如图 1-12 所示。

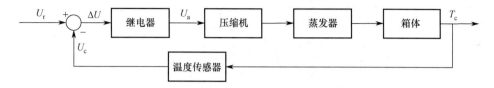

图 1-12　电冰箱制冷控制系统原理的方框图

1.4.2　函数记录仪

图 1-13 所示为函数记录仪的原理图。函数记录仪采用负反馈控制原理，由绳轮、齿轮、伺服电机、减速器、放大元件、测量元件等组成，是一种自动记录电压信号的设备。待记录的电压是输入量，记录笔是被控对象，位移是被控量，电位器 R_0 和 R_m 组成的桥式线路是测量元件。其主要任务是通过控制记录笔的位移，在记录纸上描绘出待记录电压的曲线。其中，记录笔与电位器 R_m 的电刷机械连接，桥式线路的输出电压 u_p 与记录笔位移是成正比的。当存在输入信号 u_r 时，放大器输入端就得到偏差电压 $u_e = u_r - u_p$，此偏差电压经放大器放大后驱动伺服电机，并通过减速器及绳轮带动记录笔移动，使偏差电压减小到 $u_r = u_p$ 时，伺服电机停止转动。这时记录笔的位移 L 就代表输入量的大小。若输入量随时间连续变化，则记录笔随之描绘出输入量随时间变化的曲线。

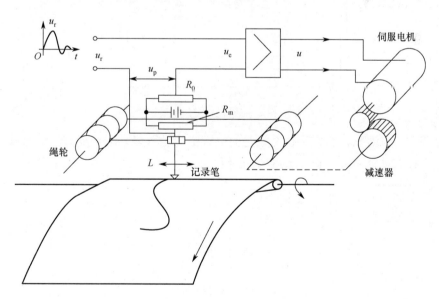

图 1-13　函数记录仪的原理图

函数记录仪控制系统的方框图如图 1-14 所示。函数记录仪控制系统的任务是控制记录笔正确记录输入的电压信号。而输入信号的变化规律可以是时间的未知函数，因此，这种控制系统也是一个随动系统。

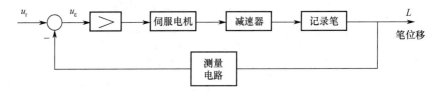

图 1-14　函数记录仪控制系统的方框图

1.4.3　炉温控制系统

炉温控制系统根据炉温对给定温度的偏差，自动接通或断开供给电炉的热源能量或连续改变热源能量的大小，使炉温稳定在给定温度范围内，以满足热处理工艺的需要。炉温控制系统用热电偶测量温度，将其与给定温度进行比较，将偏差信号放大后作为驱动信号，通过可逆电动机、减速器调节加热器上的电压来实现准确的温度控制。图 1-15 所示为炉温控制系统的原理图。

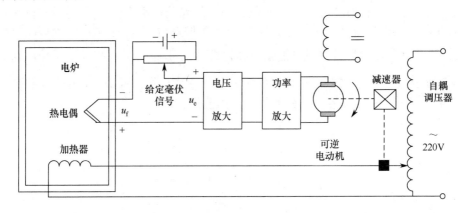

图 1-15　炉温控制系统的原理图

由原理图可以看出，给定电位器设定的电压 u_r 为输入量，表示期望的炉温值，电炉是被控对象，炉温是被控量，系统方框图如图 1-16 所示。

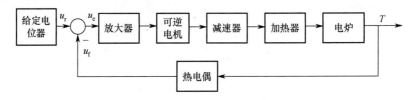

图 1-16　系统方框图

本章小结

自动控制是指在无人参与的情况下，利用控制装置控制被控对象，使被控量与给定量相等，按预定的规律变化。

自动控制系统的基本控制方式有开环控制、闭环控制和复合控制。开环控制系统成本低、结构简单，但抗干扰能力差，只适合精度要求较低的场合；闭环控制系统抗干扰能力强、稳定性较好、控制精度高，是自动控制原理中最基本的控制方式；复合控制是开环控制与闭环控制的结合，在保持系统稳定性不变的前提下，在闭环控制系统中引入前馈装置，可以有效提高系统的控制精度。

自动控制系统通常由被控对象、给定元件、测量元件、比较元件、放大元件、执行机构、校正元件等组成。它们在系统中分别承担着各自的任务，共同实现控制功能。

稳定性、快速性、准确性是对自动控制系统的基本要求。对同一个系统，在稳定的前提下，尽可能提高系统的快速性和准确性。要根据自己的要求进行取舍，由于系统的响应速度和准确度是相互制约的，因此需根据工作任务的不同要求来设计系统，使其兼顾其他性能。

--------- 课程思政 ---------

在我们前进的路上，利用好反馈原理，将自己的现状与理想做比较（做差），可以更好地认识自己。一方面，认识到自己的进步，增加自信心（正反馈）；另一方面，也不要因小小的进步而产生倦怠，停止进步（负反馈）。

习 题

1. 举例说明开环控制系统和闭环控制系统的工作原理，并说明两种控制系统的优缺点。
2. 简述自动控制系统的分类方法。
3. 指出自动控制系统主要由哪几部分组成？说明每部分的作用。
4. 下面是自动控制系统的输入/输出关系的微分描述方程，试判断它们属于线性或非线性系统、离散或连续系统？

（1）$c(t) = Kr(t)$

（2）$T\dfrac{dc(t)}{dt} + c(t) = r(t)$

（3）$c^2(t) + Ac(t) = Kr(t)$

（4）$\dfrac{d^3c(t)}{dt} + 2\dfrac{d^2c(t)}{dt^2} + 5\dfrac{dc(t)}{dt} + 8c(t) = r(t)$

5．图 1-17 所示为某炉温控制系统原理图，指出该系统中的被控对象、控制装置、输入量、输出量，画出方框图，并分析其工作原理。

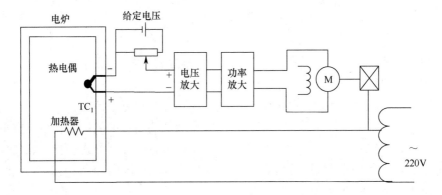

图 1-17　题 5 图

6．根据图 1-18 所示的电动机速度控制系统原理图，完成：

（1）将 a、b 端与 c、d 端分别用线连接成负反馈状态；

（2）画出方框图。

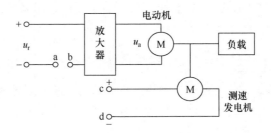

图 1-18　题 6 图

第2章 控制系统的数学模型

在建立控制系统数学模型的基础上，对控制系统进行分析和设计，是控制工程的基本方法。建立控制系统数学模型主要有两种方法：解析法和实验法。解析法是对系统的内在运行机理进行分析，根据系统所遵循的客观规律（如物理或化学规律）列出运动方程。例如，电路中的基尔霍夫定律、力学中的牛顿运动定律等。实验法是在系统输入端加入一定形式的测试信号，通过实验获得输出响应，再根据输入/输出特性建立系统数学模型，这种方法有时又称为系统辨识。控制系统数学模型既是分析系统的基础，又是综合设计系统的依据。本章只介绍解析法。

2.1 微分方程的建立

微分方程是控制系统的一种基本数学模型，建立的一般步骤如下。
- 分析系统的工作原理，确定系统的输入、输出量，找出各物理量之间的关系。
- 从输入端开始，根据系统中元件或环节所遵循的物理（或化学）规律，列出系统的动态微分方程并适当进行简化（如忽略次要因素、对方程进行线性化等）。
- 消去中间变量，写出关于输入、输出量的微分方程。将与输入相关的各项放在等式等号右侧，与输出相关的各项放在等式等号左侧，并将各项降幂排列。

【例 2-1】 RLC 无源网络如图 2-1 所示，$u_i(t)$ 为输入量，$u_o(t)$ 为输出量，R 为电阻，L 为电感，C 为电容，求该系统的微分方程。

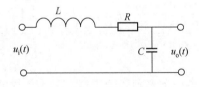

图 2-1 RLC 无源网络

解： 设回路电流为 $i(t)$，由基尔霍夫定律可得回路方程为

$$L\frac{di(t)}{dt} + \frac{1}{C}\int i(t)dt + Ri(t) = u_i(t) \qquad (2\text{-}1)$$

$$u_o(t) = \frac{1}{C}\int i(t)dt$$

消去中间变量 $i(t)$，可得系统的微分方程为

$$LC\frac{d^2u_o(t)}{dt^2} + RC\frac{du_o(t)}{dt} + u_o(t) = u_i(t)$$

2.2 传 递 函 数

微分方程是控制系统在时域的一种基本数学模型，高阶微分方程的求解比较麻烦。可以对微分方程进行拉普拉斯变换，将控制系统在时域内微分方程的描述转化为复数域（s域）内的传递函数进行描述。经典控制理论中，对系统进行分析和设计主要是基于传递函数进行的，传递函数是经典控制理论中最重要的概念之一。

2.2.1 传递函数的基本概念

传递函数的定义：对单输入单输出线性定常系统，在零初始条件下，输出量的拉普拉斯变换和输入量的拉普拉斯变换之比。

考虑如下微分方程描述的线性定常系统：

$$a_n \frac{\mathrm{d}^n y(t)}{\mathrm{d}t^n} + a_{n-1} \frac{\mathrm{d}^{n-1} y(t)}{\mathrm{d}t^{n-t}} + \cdots + a_0 y(t) = b_m \frac{\mathrm{d}^m r(t)}{\mathrm{d}t^m} + b_{m-1} \frac{\mathrm{d}^{m-1} r(t)}{\mathrm{d}t^{m-1}} + \cdots + b_m r(t) \tag{2-2}$$

式中，$y(t)$ 是系统输出信号，$r(t)$ 是系统输入信号，a_i（$i=0,1,2,\cdots,n$）和 b_j（$j=0,1,2,\cdots,m$）是由系统结构决定的实系数。在零初始条件下对上式等号两边进行拉普拉斯变换，可得

$$(a_n s^n + a_{n-1} s^{n-1} + \cdots + a_0)Y(s) = (b_m s^m + b_{m-1} s^{m-1} + \cdots + b_0)R(s)$$

通常用英文大写字母表示信号的拉普拉斯变换表达式。式中，用 $Y(s)=L[y(t)]$ 表示输出信号 $y(t)$ 的拉普拉斯变换表达式，用 $R(s)=L[r(t)]$ 表示系统输入信号 $r(t)$ 的拉普拉斯变换表达式。

根据定义可得系统传递函数为

$$G(s) = \frac{Y(s)}{R(s)} = \frac{b_m s^m + b_{m-1} s^{m-1} + \cdots + b_0}{a_n s^n + a_{n-1} s^{n-1} + \cdots + a_0} \tag{2-3}$$

则

$$Y(s) = G(s)R(s)$$

对式（2-3）中的分子多项式与分母多项式进行分解，写成如下形式：

$$G(s) = \frac{b_0(s-z_1)(s-z_2)\cdots(s-z_m)}{a_0(s-p_1)(s-p_2)\cdots(s-p_n)} = K^* \frac{\prod\limits_{i=1}^{m}(s-z_i)}{\prod\limits_{j=1}^{n}(s-p_j)} \tag{2-4}$$

式中，z_i（$i=1,2,\cdots,m$）是分子多项式的零点，称为传递函数的零点；p_j（$j=1,2,\cdots,n$）是分母多项式的零点，称为传递函数的极点。传递函数的零点和极点可以是实数也可以是复数。系数 K^* 称为传递函数的传递系数或根轨迹增益。这种用零点和极点表示传递函数的方法在根轨迹法中使用较多。

输入信号 $R(s)$ 经传递函数 $G(s)$ 的传递后，得到了输出信号 $Y(s)$，这一关系可以用图 2-2 的方框图直观表示，方框内是传递函数，箭头表示信号的传递方向。

图 2-2　传递函数方框图

2.2.2　传递函数的性质

在控制系统中，传递函数是一个非常重要的概念，是分析线性定常系统的有力工具，比微分方程简单，通过拉普拉斯变换，将实数域内复杂的微积分运算转化为复数域内简单的代数运算。传递函数有以下性质：

- 传递函数的概念通常只适用于线性定常系统。
- 传递函数是物理系统在复数域的动态数学模型，其系数均为实数，且只与系统或元件本身内部结构参数有关，与输入量、初始条件等外部因素无关。
- 实际系统的传递函数多是复数 s 的有理分式。常规系统的传递函数分母的阶次大于等于分子的阶次（即 $n \geq m$）。
- 传递函数不能反映系统或元件的物理组成，物理性质截然不同的系统或元件可以有相同的传递函数。
- 传递函数的拉普拉斯反变换就是系统的单位脉冲响应。反之，系统单位脉冲响应的拉普拉斯变换是系统的传递函数，两者有一一对应的关系。
- 传递函数是在零初始条件下定义的，因此，传递函数不反映系统在非零初始条件下的全部运动规律。

【例 2-2】　求图 2-3 所示滤波网络的传递函数。

解：根据基尔霍夫电压定律，可得如下方程：

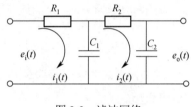

图 2-3　滤波网络

$$\frac{1}{C_1} \int (i_1(t) - i_2(t)) \mathrm{d}t + R_1 i_1(t) = e_i(t)$$

$$\frac{1}{C_2} \int i_2(t) \mathrm{d}t + R_2 i_2(t) = \frac{1}{C_1} \int (i_1(t) - i_2(t)) \mathrm{d}t$$

$$\frac{1}{C_2} \int i_2(t) \mathrm{d}t = e_o(t)$$

在初始条件为零时，利用拉普拉斯变换的积分性质，对上述方程进行拉普拉斯变换，得到：

$$\frac{1}{C_1 s}[I_1(s) - I_2(s)] + R_1 I_1(s) = E_i(s)$$

$$\frac{1}{C_2 s} I_2(s) + R_2 I_2(s) = \frac{1}{C_1 s}[I_1(s) - I_2(s)]$$

$$\frac{1}{C_2 s} I_2(s) = E_o(s)$$

从上述方程中消去中间变量 $I_1(s)$ 和 $I_2(s)$，得到 $E_i(s)$ 和 $E_o(s)$ 的关系：

$$[R_1 R_2 C_1 C_2 s^2 + (R_1 C_1 + R_2 C_2 + R_1 C_2)s + 1]E_o(s) = E_i(s)$$

对上式进行变换，得到滤波网络的传递函数为

$$\frac{E_o(s)}{E_i(s)} = \frac{1}{R_1 R_2 C_1 C_2 s^2 + (R_1 C_1 + R_2 C_2 + R_1 C_2)s + 1}$$

2.2.3 典型环节及其传递函数

任何一个复杂系统都是由有限个典型环节组合而成的。典型环节有以下几种。

1. 比例环节

比例环节的特点是输出量不失真、不延迟、成比例地复现输入量的变化。比例环节的动态方程为

$$y(t)=Kr(t) \tag{2-5}$$

式中，K 为比例环节的放大系数，或称增益。

对上式进行拉普拉斯变换，可得到其传递函数为

$$G(s) = \frac{Y(s)}{R(s)} = K \tag{2-6}$$

电子放大器、齿轮减速器、电位器等均是这种模型，都可以看成比例环节。

2. 惯性环节

惯性环节的特点是其输出量延缓地反映输入量的变化。它的微分方程为

$$T\frac{\mathrm{d}y(t)}{\mathrm{d}t} + y(t) = r(t) \tag{2-7}$$

对上式进行拉普拉斯变换，可得惯性环节的传递函数为

$$G(s) = \frac{Y(s)}{R(s)} = \frac{1}{Ts+1} \tag{2-8}$$

式中，T 是惯性环节的时间常数。若 $T=0$，该环节则变成比例环节。RC 网络就是惯性环节的例子。

3. 积分环节

积分环节的数学表达式为

$$y(t) = \frac{1}{T}\int r(t)\mathrm{d}t \tag{2-9}$$

对上式进行拉普拉斯反变换，可得其传递函数为

$$G(s) = \frac{Y(s)}{R(s)} = \frac{1}{Ts} \tag{2-10}$$

式中，T 是积分环节的时间常数。积分环节的特点是，输出量与输入量对时间的积分成正比。若输入突变，输出量要等时间 T 后才等于输入量，故有滞后作用。输出积累一段时间后，即使输入量为零，输出量也将保持原值不变，即具有记忆功能。只有当输入量反相时，输出量才反相积分而下降。常利用积分环节来改善系统的稳态性能，即系统的准确性。

4. 微分环节

理想的微分环节，其输出量与输入量对时间的微分成正比，其微分方程为

$$y(t) = T\frac{\mathrm{d}r(t)}{\mathrm{d}t} \tag{2-11}$$

式中，T 为微分环节的时间常数。对微分方程进行拉普拉斯变换后，可得其传递函数为

$$G(s) = \frac{Y(s)}{R(s)} = Ts \tag{2-12}$$

微分环节的特点是，输出量反映输入量的变化率，而不反映输入量本身的大小。因此，可由微分环节的输出信号来反映输入信号的变化趋势，加快系统控制作用的实现。常利用微分环节来改善系统的动态性能。

5．振荡环节

振荡环节的数学表达式为

$$T^2 \frac{d^2 y(t)}{dt^2} + 2\xi T \frac{dy(t)}{dt} + y(t) = Kx(t) \tag{2-13}$$

对上式进行拉普拉斯变换，可得其传递函数为

$$G(s) = \frac{Y(s)}{R(s)} = \frac{K}{T^2 s^2 + 2\xi Ts + 1} = \frac{K\omega_n^2}{s^2 + 2\xi\omega_n s + \omega_n^2} \tag{2-14}$$

式中，T 为振荡环节的时间常数；$\omega_n = \dfrac{1}{T}$ 为无阻尼振荡角频率；ξ 为阻尼比，且 $0 < \xi < 1$。

2.3　结　构　图

2.3.1　结构图的组成和绘制

1．结构图的组成

控制系统的结构图也称方框图，利用图形描述系统各元件之间信号的传递关系。它是表示变量之间数学关系的方框图，是控制理论中描述复杂系统的一种简便方法，应用十分广泛。结构图通常由 4 个基本单元组成，即信号线、方框、比较点和分支点。

信号线是带箭头的直线，箭头表示信号的流向。

方框中是传递函数，表示零初始条件下输入与输出的函数关系，如图 2-4 所示。

比较点也称合成点，表示两个或两个以上信号进行加减运算，如图 2-5 所示。

图 2-4　方框　　　　　　　　　　　图 2-5　比较点

分支点表示信号的引出和测量位置。无论从一条信号线上或一个分支点处引出多少条信号线，它们都代表一个信号，其大小、性质与原信号完全相同，如图 2-6 所示。

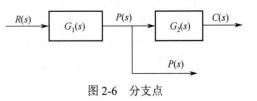

图 2-6　分支点

2．结构图的绘制

绘制动态结构图的一般步骤如下。

* 确定系统中各元件或环节的传递函数。
* 绘出各环节的结构图，方框中标出其传递函数，并以信号线和字母标明其输入量和输出量。
* 根据各变量的标识及信号的流向，依次将各结构图连接起来。

【例 2-3】 绘制图 2-7 所示 RC 网络的结构图。

解：（1）列写该网络的运动方程，得

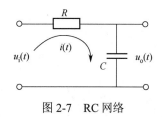

图 2-7　RC 网络

$$I(s) = \frac{U_{\mathrm{i}}(s) - U_{\mathrm{o}}(s)}{R}$$

$$U_{\mathrm{o}}(s) = \frac{1}{Cs} I(s)$$

（2）画出上述两式对应的结构图，如图 2-8（a）和图 2-8（b）所示。

（3）将各环节结构图按信号的流向依次连接，得到图 2-9 所示的 RC 网络结构图。

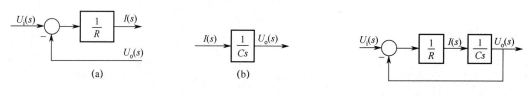

图 2-8　RC 网络各环节结构图　　　　图 2-9　RC 网络结构图

2.3.2　结构图的等效变换

求出系统的结构图后，为了对系统进行进一步的研究和计算，可将复杂的结构图通过等效变换进行化简，求出闭环系统的传递函数。等效变换应遵循两条规律：各前向通道传递函数的乘积保持不变，各回路传递函数的乘积保持不变。在控制系统中，任何复杂系统的结构图主要都是由相应环节的结构图经串联、并联和反馈连接而成的。

1．串联连接的等效变换

在控制系统中，将几个环节按照信号传递的方向串联在一起，这种连接方式称为串联连接，如图 2-10（a）所示。两环节之间没有负载效应时，可以等效成一个环节的传递函数。

由图 2-10（a），有

$$U_1(s) = G_1(s)R(s)$$
$$C(s) = G_2(s)U_1(s)$$

将中间变量 $U_1(s)$ 消去，得

$$C(s) = G_1(s)G_2(s)R(s) = G(s)R(s)$$

上式是串联连接的等效传递函数，可用图 2-10（b）表示。两个传递函数串联连接的等效传递函数，等于这两个传递函数的乘积。

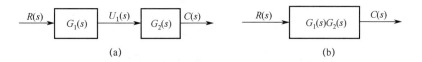

图 2-10　串联连接及其简化

上述结论可以推广到任意个传递函数的串联连接，串联连接时等效传递函数等于所有传递函数的乘积。

2．并联连接的等效变换

如图 2-11（a）所示，$G_1(s)$ 和 $G_2(s)$ 并联连接，它们有相同的输入量 $R(s)$，$C_1(s)$ 为 $G_1(s)$ 的输出量，$C_2(s)$ 为 $G_2(s)$ 的输出量，$C(s)$ 为系统输出量。

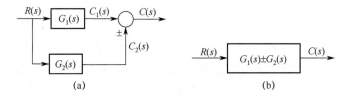

图 2-11　并联连接及其简化

由图 2-11（a）可得
$$C_1(s) = G_1(s)R(s)，\quad C_2(s) = G_2(s)R(s)，\quad C(s) = C_1(s) \pm C_2(s)$$
消去 $C_1(s)$ 和 $C_2(s)$，得
$$C(s) = [G_1(s) \pm G_2(s)]R(s)$$
式中，$G_1(s) \pm G_2(s)$ 是并联连接的等效传递函数，两个并联方框可以合并为一个方框，合并后方框的传递函数为两个方框传递函数的代数和，如图 2-11（b）所示。

对于 n 个并联方框，其传递函数分别为 $G_1(s), G_2(s), \cdots, G_n(s)$，等效传递函数为所有传递函数的代数和，即 $G_1(s) \pm G_2(s) \pm \cdots \pm G_n(s)$。

3．反馈连接的等效变换

若传递函数分别为 $G(s)$ 和 $H(s)$ 的两个方框，按图 2-12 形式连接，则称为反馈连接。"+" 为正反馈，表示输入信号与反馈信号相加；"–" 为负反馈，表示相减。

由图 2-12（a），有
$$C(s) = G(s)E(s)$$
$$B(s) = H(s)C(s)$$
$$E(s) = R(s) \pm B(s)$$
消去中间变量 $E(s)$ 和 $B(s)$，得
$$C(s) = G(s)[R(s) \pm H(s)C(s)]$$
于是有
$$C(s) = \frac{G(s)}{1 \mp G(s)H(s)} R(s) = \Phi(s)R(s) \tag{2-15}$$

式中，
$$\Phi(s) = \frac{G(s)}{1 \mp G(s)H(s)}$$

称为闭环传递函数，是反馈连接的等效传递函数，负号对应于正反馈连接，正号对应于负反馈连接，式（2-15）可用图 2-12（b）表示。

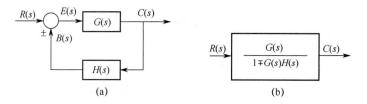

(a) (b)

图 2-12　反馈连接及其简化

4．比较点和分支点的移动

前面所述的串联、并联和反馈连接的等效变换是基本的三个简化规则。在一些复杂的动态结构图中，回路之间常存在交叉连接。为了消除交叉连接，需要移动某些比较点和分支点。比较点和分支点的移动有以下 4 种情况。

（1）比较点的前移和后移

比较点相对于方框前移，如图 2-13（a）所示；比较点相对于方框后移，如图 2-13（b）所示。移动之后，在被移动支路中要加入一个适当的传递函数。移动前后的数学关系没有改变。

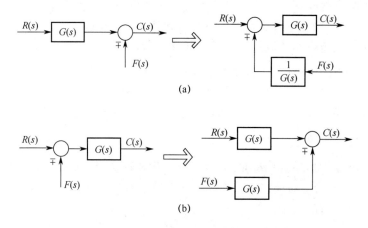

(a)

(b)

图 2-13　比较点相对方框的移动及等效

（2）分支点的前移和后移

分支点的前移和后移不改变数学关系，移动后需要在支路中加入合适的传递函数。分支点相对于方框前移，如图 2-14（a）所示；分支点相对于方框后移，如图 2-14（b）所示。

（3）相邻分支点之间的位置交换

一条信号线上分出的信号都是同一个信号，因此一条信号线上各分支点之间可以随意改变位置，如图 2-15 所示。

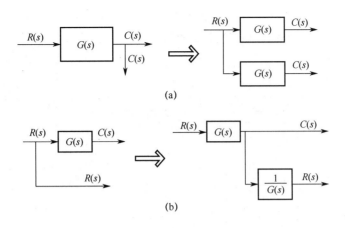

(a)

(b)

图 2-14　分支点相对方框的移动及等效

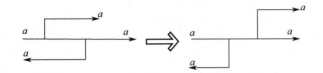

图 2-15　相邻分支点之间的位置变换及等效

（4）相邻比较点之间的移动

将相邻比较点的位置交换，如图 2-16 所示。比较点与比较点之间如果没有分支点，可以进行任意交换。

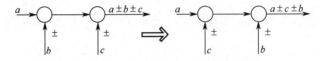

图 2-16　相邻比较点之间的位置变换及等效

【例 2-4】　化简图 2-17 所示系统结构图，并求传递函数 $\dfrac{C(s)}{R(s)}$。

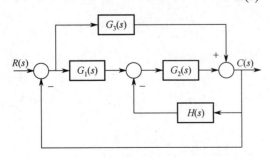

图 2-17　例 2-4 系统结构图

解：化简的方法是，先通过移动分支点和比较点消除交叉连接，然后进行串联、并联及反馈连接的等效变换，最后求出系统的传递函数。

先将图 2-17 中的比较点移动，如图 2-18（a）所示；然后进行并联等效和局部反馈等效，如图 2-18（b）所示；最后利用反馈等效变换求出系统的传递函数。

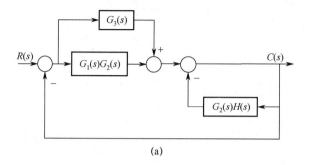

(a)

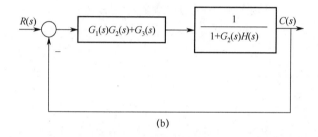

(b)

图 2-18　例 2-4 系统结构图化简

$$\frac{C(s)}{R(s)} = \frac{G_1(s)G_2(s) + G_3(s)}{1 + G_2(s)H(s) + G_1(s)G_2(s) + G_3(s)}$$

【例 2-5】　化简图 2-19 所示的两级 RC 滤波网络结构图，并求其传递函数 $\dfrac{C(s)}{R(s)}$。

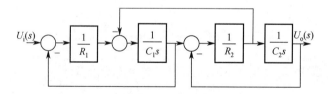

图 2-19　两级 RC 滤波网络结构图

解：（1）向左移出比较点，向右移出分支点，如图 2-20（a）所示。

（2）化简两个内部回路，并合并反馈支路，如图 2-20（b）所示。

（3）令 $T_1 = R_1C_1$，$T_2 = R_2C_2$，$T_3 = R_1C_2$，化简反馈回路，如图 2-20（c）所示。

该网络的传递函数为

$$G(s) = \frac{C(s)}{R(s)} = \frac{1}{T_1T_2s^2 + (T_1 + T_2 + T_3)s + 1}$$

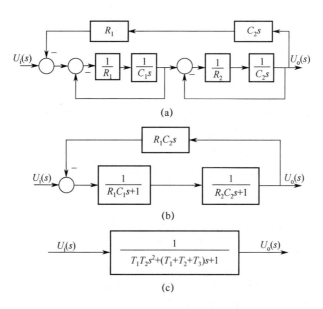

图 2-20　例 2-5 网络结构图化简

2.4　信号流图

2.4.1　信号流图的基本概念

使用结构图模型可以直观且完整地表示被控量和输入量之间的关系。但是，对具有复杂关系的系统而言，结构图的化简是比较麻烦的。描述系统变量之间关系的另一种方法是由梅森（Mason）提出来的，该方法以节点间的线段为基本描述手段。这种基于线段的方法即信号流图法，它最大的优点是无须对流图进行化简和变换，利用流图增益公式可以方便地给出系统变量之间信号传递的关系。

如图 2-21 所示，节点为系统中的变量，用小圆圈〇表示。支路是连接在两个节点之间的有向线段，支路上标有箭头，表示信号的传送方向。传递函数标记在支路箭头的旁边，也称为支路增益。支路的作用相当于一个乘法器，输入信号 $X(s)$ 乘以传递函数 $G(s)$，可得到 $Y(s)$。

图 2-22 所示为典型的信号流图，常用术语如下。

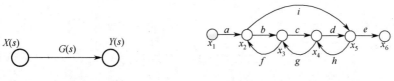

图 2-21　基本信号流图　　　　图 2-22　典型的信号流图

- 源节点：也称输入节点，该节点只有信号输出支路，没有信号输入支路，一般指输入变量。在图 2-22 中，x_1 是源节点。

- 阱节点：也称输出节点，该节点只有信号输入支路，而没有信号输出支路，一般指输出变量。x_6 是阱节点。
- 混合节点：该节点既有信号输入支路，又有信号输出支路。x_2、x_3、x_4 和 x_5 是混合节点。
- 通路：信号从一个节点开始，沿着支路箭头方向，经过若干节点后到达另一个节点（或同一个节点），所经过的路径称为通路。$x_1 \to x_2 \to x_3 \to x_4$ 是一条通路。
- 前向通道：信号从源节点到阱节点传递，通过任何一个节点不多于一次的通路称为前向通道。前向通路各支路增益的乘积称为前向通道的增益。在图 2-22 中，前向通道有两条。第一条是 $x_1 \to x_2 \to x_3 \to x_4 \to x_5 \to x_6$，对应的前向通道增益为 $p_1=abcde$；第二条是 $x_1 \to x_2 \to x_5 \to x_6$，对应的前向通道增益为 $p_2=aie$。
- 回路：起点和终点在同一个节点处，通过任何一个节点不多于一次的闭合通路称为回路，回路上各支路增益的乘积为回路增益。在图 2-22 中，$x_2 \to x_3 \to x_2$ 是第一个回路，回路增益为 $L_1=bf$；$x_3 \to x_4 \to x_3$ 是第二个回路，回路增益为 $L_2=cg$；$x_4 \to x_5 \to x_4$ 是第三个回路，回路增益为 $L_3=dh$。
- 不接触回路：没有公共节点的回路称为不接触回路。在图 2-22 中，回路 $x_2 \to x_3 \to x_2$ 和回路 $x_4 \to x_5 \to x_4$ 是不接触回路。

2.4.2　信号流图的绘制

控制系统可以用结构图表示，也可以用信号流图表示，两者之间可以相互转换。由结构图绘制信号流图的步骤如下。
- 结构图中的信号线对应信号流图上的节点，表示系统变量。
- 结构图中的方框对应信号流图中的支路，结构图方框中的传递函数标记在信号流图支路箭头的旁边，表示支路增益。
- 结构图中分支点和比较点之间或两个比较点之间有时要增加一条传递函数为 1 的支路。
- 在源节点或阱节点处有时要增加一条传递函数为 1 的支路。

【例 2-6】　系统结构图如图 2-23 所示，绘制与之对应的信号流图。

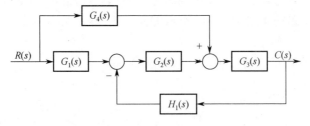

图 2-23　例 2-6 系统结构图

解： 在系统结构图的信号线上，标注各变量对应的节点，将各节点按与结构图一致的顺序排列，绘制连接各节点的支路，支路与结构图中的方框对应，支路增益为方框中的传递函数，系统的信号流图如图 2-24（a）所示。有时将输入量或输出量单独作为一个节点表示，信号流图如图 2-24（b）所示。

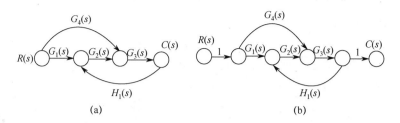

图 2-24 例 2-6 系统的信号流图

2.4.3 梅森增益公式及其应用

利用梅森增益公式，不需要进行动态结构图的等效变换，即可求出系统的传递函数。梅森增益公式为

$$G = \frac{\sum\limits_{k=1}^{n} P_k \Delta_k}{\Delta} \tag{2-16}$$

式中，Δ 为特征式，即

$$\Delta = 1 - \sum L_i + \sum L_i L_j - \sum L_i L_j L_z + \cdots$$

$\sum L_i$：表示各回路传递函数之和。回路传递函数是指回路内前向通道和反馈通道传递函数的乘积。

$\sum L_i L_j$：表示两两互不接触回路的传递函数乘积之和。

$\sum L_i L_j L_z$：表示所有三个互不接触回路的传递函数乘积之和。

P_k：第 k 条前向通道的传递函数。

Δ_k：将 Δ 中与第 k 条前向通道相接触回路的传递函数所在项去掉后的剩余部分，称为余子式。

n：从输入到输出的前向通道总数。

【例 2-7】 系统结构图如图 2-25 所示，绘制与之对应的信号流图，并用梅森增益公式求系统的传递函数。

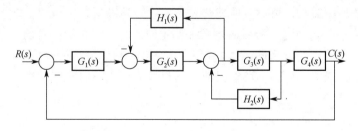

图 2-25 例 2-7 系统结构图

解：与系统结构图对应的信号流图如图 2-26 所示。

由图可知，前向通道只有一条，其增益分别为

$$p_1 = G_1(s)\, G_2(s)\, G_3(s)\, G_4(s)$$

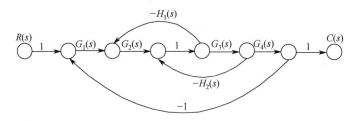

图 2-26 例 2-7 系统信号流图

单回路共有三个，其增益分别为

$$L_1 = -G_2(s)H_1(s), \quad L_2 = -G_3(s)H_2(s)$$

$$L_3 = -G_1(s)G_2(s)G_3(s)G_4(s)$$

由于没有与前向通道 p_1 不接触的回路，也没有两个互不接触的回路，因此

$$\Delta_1 = 1$$

$$\Delta = 1 - L_1 - L_2 - L_3 = 1 + G_2(s)H_1(s) + G_3(s)H_2(s) + G_1(s)G_2(s)G_3(s)G_4(s)$$

系统的传递函数为

$$\frac{C(s)}{R(s)} = \frac{G_1(s)G_2(s)G_3(s)G_4(s)}{1 + G_2(s)H_1(s) + G_3(s)H_2(s) + G_1(s)G_2(s)G_3(s)G_4(s)}$$

本章小结

数学模型是一种数学表达式，是进行控制系统分析和设计的主要理论依据。本章主要介绍用解析法建立系统数学模型。解析法是指对系统的内在运行机理进行分析，根据系统所遵循的客观规律（物理或化学规律）列出运动方程。

传递函数是经典控制理论中最重要的一种数学模型。其定义为：对单输入单输出线性定常系统，在零初始条件下，输出量的拉普拉斯变换和输入量的拉普拉斯变换之比。

根据运动规律和数学模型的共性，任何一个复杂系统都由有限个典型环节组合而成，再利用传递函数和图解法，可以方便地建立系统的数学模型。

结构图是控制系统利用图形来描述系统各元件之间信号传递关系的一种图解模型，是表示变量之间数学关系的方框图，是控制理论中描述复杂系统的一种简便方法，应用十分广泛。直接应用梅森增益公式，可求出源节点和阱节点之间的传递函数。

------ 课程思政 ------

通过对物理系统的数学抽象，教会学生透过表面认清本质，从而进一步认识自我，以及卷积定理所蕴含的"不积跬步，无以至千里"的道理。

习　　题

1．求图 2-27 中运算放大电路和 RC 电路的传递函数 $\dfrac{U_o(s)}{U_i(s)}$。

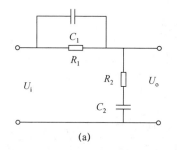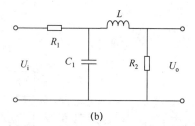

图 2-27　题 1 图

2．已知某控制系统的传递函数为

$$G(s) = \frac{s^2 + 8s + 15}{s^3 + 7s^2 + 14s + 8}$$

试求系统的输入/输出形式的微分方程和状态方程。

3．系统如图 2-28 所示，试用结构图化简方法求传递函数 $\dfrac{C(s)}{R(s)}$。

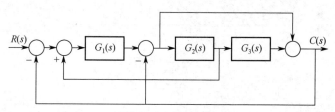

图 2-28　题 3 图

4．求图 2-29 所示系统的传递函数 $\dfrac{C(s)}{R(s)}$，$\dfrac{C(s)}{N(s)}$。

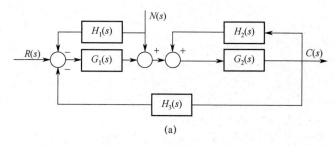

(a)

图 2-29　题 4 图

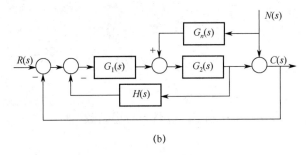

(b)

图 2-29　题 4 图（续）

5. 求图 2-30 所示系统的传递函数 $\dfrac{C(s)}{R(s)}$，$\dfrac{E(s)}{R(s)}$。

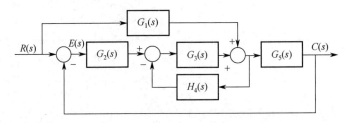

图 2-30　题 5 图

6. 绘制图 2-31 所示信号流图对应的系统结构图，并求传递函数 $\dfrac{X_5(s)}{X_1(s)}$。

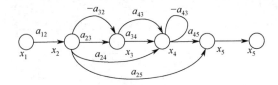

图 2-31　题 6 图

第3章 线性系统的时域分析

在经典控制理论中，线性系统常用的分析方法有时域法、根轨迹法和频域法。其中，时域法可以提供系统在整个时间域中的全部信息，具有直观、准确的优点。本章主要介绍时域法。

3.1 典型输入信号

线性系统对输入信号的响应过程不仅取决于系统本身的结构参数，还与输入信号有关，而系统的外部输入信号多种多样，为了方便用统一的方法研究和比较控制系统的性能，通常选用数学表达式简单、控制系统在这种信号作用下的性能应代表在实际工作条件下的性能且在现场或实验室中容易获得的信号作为典型输入信号。目前线性系统中常采用的典型输入信号有阶跃信号、斜坡信号、加速度信号、脉冲信号和正弦信号。

1. 阶跃信号

阶跃信号表示瞬间突变、然后保持的信号，如图 3-1 所示。其函数形式为

$$r(t) = \begin{cases} 0, & t < 0 \\ A, & t \geqslant 0 \end{cases} \tag{3-1}$$

式中，A 为常量，在实际系统中，表明在 $t=0$ 时，突然加到系统上的是一个幅值不变的外作用信号。电源的突然接通、负荷的突变等均可近似看成阶跃信号。$A=1$ 时的阶跃信号称为单位阶跃信号，常记为 $1(t)$；幅值为 A 的阶跃信号可表示为 $r(t) = A \cdot 1(t)$。在任意时刻 t_0 出现的阶跃信号可表示为 $r(t - t_0) = A \cdot 1(t - t_0)$。

2. 斜坡信号

斜坡信号表示由计时起点零值开始随时间 t 线性增长的信号，如图 3-2 所示。其函数形式为

$$r(t) = \begin{cases} 0, & t < 0 \\ At, & t \geqslant 0 \end{cases} \tag{3-2}$$

式中，A 为常量，$A=1$ 时的斜坡信号称为单位斜坡信号。随动系统中恒速变化的位置指令信号、数控机床加工斜面的进给指令等都是斜坡信号。

3. 加速度信号

加速度信号表示随时间 t 以等加速度增长的信号，如图 3-3 所示。其函数形式为

$$r(t) = \begin{cases} 0, & t < 0 \\ \dfrac{1}{2}At^2, & t \geq 0 \end{cases} \qquad (3\text{-}3)$$

式中，A 为常量，$A=1$ 时的加速度信号称为单位加速度信号；随动系统中等加速度变化的位置指令信号就是加速度信号。

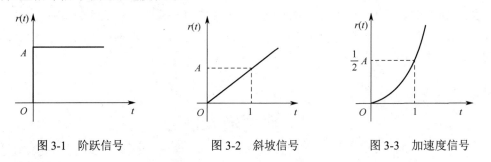

图 3-1　阶跃信号　　　　　图 3-2　斜坡信号　　　　　图 3-3　加速度信号

4. 脉冲信号

脉冲信号是一种宽度为零、幅值为无穷大、面积为 A 的信号，如图 3-4 所示。其函数形式为

$$r(t) = \lim_{t_0 \to 0} \frac{A}{t_0}\big[1(t) - 1(t - t_0)\big] \qquad (3\text{-}4)$$

式中，A 为常量，$A=1$ 时的脉冲信号称为单位脉冲信号，用 $\delta(t)$ 表示。强度为 A 的脉冲函数可表示为 $r(t) = A\delta(t)$，在 t_0 时刻出现的单位脉冲函数可表示为 $\delta(t - t_0)$。

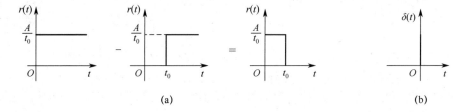

(a)　　　　　　　　　　　　　　　　(b)

图 3-4　脉冲信号

$\delta(t)$ 所描述的脉冲信号实际上是无法得到的，它只有数学上的意义。在工程实际中，脉宽很窄的电压信号、瞬间作用的冲击力和阵风等都可近似看成脉冲信号。

5. 正弦信号

正弦信号是一种周期变化信号，在交流供电电源、信号的频谱分析中主要用到这种信号。其函数形式为

$$r(t) = \begin{cases} 0, & t < 0 \\ A\sin \omega t, & t \geq 0 \end{cases} \qquad (3\text{-}5)$$

式中，A 为正弦信号的幅值；ω 为正弦信号的角频率。

在工程实际中，海浪对船舶的扰动力、电源及机械振动的噪声等都可近似看成正弦信号。

3.2 自动控制系统的时域性能指标

实际的物理系统均存在惯性，输出量的改变与系统所储存的能量有关，而系统所储存能量的改变需要一个过程。系统的响应过程分为动态过程和稳态过程，针对这两个过程分别定义了系统动态性能指标和稳态性能指标，动态性能指标可分为跟随性能指标和抗扰性能指标。在自动控制原理中所讨论的动态性能指标，一般是指跟随性能指标。

1．动态性能指标

系统动态性能是以系统阶跃响应为基础来衡量的。一般认为，阶跃输入对系统来说是最严峻的工作状态。如果系统在阶跃信号作用下的动态性能满足要求，那么系统在其他形式信号的作用下，其动态性能也是令人满意的。

为了便于分析和比较，假定系统在单位阶跃输入信号作用前处于静止状态，而且输出量及其各阶导数均为零。对大多数控制系统来说，这种假设是符合实际情况的。对图 3-5 所示的单位阶跃响应 $c(t)$，其动态性能指标如下。

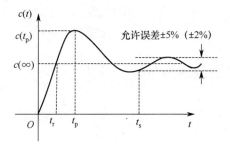

图 3-5　单位阶跃响应

上升时间 t_r：阶跃响应从终值 10%上升到终值 90%所需的时间；对于有振荡的系统，也可以定义为阶跃响应从零到第一次到达终值所需的时间。它反映了系统的快速性。

峰值时间 t_p：阶跃响应由零上升至第一个峰值所需的时间。

调节时间 t_s：阶跃响应到达并保持在终值 ±5%（±2%）误差带内所需的最短时间。它反映了系统过渡过程的快慢程度。

超调量 $\sigma\%$：阶跃响应超出终值的最大偏离量与终值之比，它可用来度量系统的相对稳定性，即

$$\sigma\% = \frac{c(t_p) - c(\infty)}{c(\infty)} \times 100\% \tag{3-6}$$

2．稳态性能指标

控制系统的稳态性能一般是指其稳态精度，常用稳态误差来表述。稳态误差是时间趋于无穷时系统实际输出量与理想输出量之间的差。稳态误差是对系统控制精度或抗扰动能

力的一种度量。

系统性能指标的确定，应根据系统实际情况而有所侧重。

3.3　一阶系统的时域分析

系统的数学模型是一阶微分方程，该系统为一阶系统。一阶系统在控制系统中应用广泛，如恒温箱、液位调节系统及空气加热器等。

3.3.1　一阶系统的数学模型

一阶系统的典型结构如图 3-6 所示，K 是开环增益。

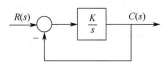

图 3-6　一阶系统的典型结构

系统传递函数的标准形式为

$$\Phi(s) = \frac{C(s)}{R(s)} = \frac{K}{s+K} = \frac{1}{Ts+1} \tag{3-7}$$

式中，$T = 1/K$ 称为一阶系统的时间常数，是表征系统惯性的一个主要参数，故一阶系统也称为惯性环节。

式（3-7）为一阶系统的标准式。

3.3.2　一阶系统的单位阶跃响应及性能分析

一阶系统的输入信号为单位阶跃信号 $r(t) = 1(t)$，其象函数 $R(s) = \dfrac{1}{s}$，则

$$C(s) = \Phi(s)R(s) = \frac{1}{Ts+1} \cdot \frac{1}{s} = \frac{1}{s} - \frac{T}{Ts+1} = \frac{1}{s} - \frac{1}{s+\frac{1}{T}}$$

对上式进行拉普拉斯反变换，则一阶系统的单位阶跃响应为

$$c(t) = 1 - \mathrm{e}^{-\frac{t}{T}}, \quad t \geqslant 0 \tag{3-8}$$

一阶系统的单位阶跃响应曲线如图 3-7 所示。

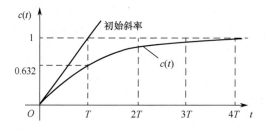

图 3-7　一阶系统的单位阶跃响应曲线

由图 3-7 可知，输出响应从零开始按指数规律变化，当 $t = T$ 时，$c(T) = 0.632$，这表明

输出响应达到稳态值的 63.2%所用的时间等于一阶系统的时间常数。另外，输出响应没有振荡，即没有超调，不存在 t_p，系统的动态性能指标主要是调节时间 t_s，由式（3-8）可知，$c(3T)=0.95$，$c(4T)=0.98$，故 $t_s=3T$（按 ±5%误差带）或 $t_s=4T$（按 ±2%误差带）。可见，一阶系统的动态性能主要由时间常数 T 确定。

时间常数 T 的确定有两种方法。其一，用实验的方法测出在零初始条件下，单位阶跃响应曲线达到稳态值的 63.2%所用的时间即为 T；其二，在 $t=0$ 处，作单位阶跃响应曲线的切线，切线与终值的交点所对应的时间，即为时间常数 T。

另外，上述一阶系统在单位阶跃信号作用下，系统的实际输出稳态值为 1，而输入期望值也为 1，故稳态误差为零。

3.3.3　一阶系统的单位斜坡响应及性能分析

一阶系统的输入信号为单位斜坡信号 $r(t)=t$，其象函数 $R(s)=\dfrac{1}{s^2}$，则

$$C(s)=\Phi(s)R(s)=\frac{1}{Ts+1}\cdot\frac{1}{s^2}=\frac{1}{s^2}-\frac{T}{s}+\frac{T}{s+\dfrac{1}{T}}$$

对上式进行拉普拉斯反变换，则一阶系统的单位斜坡响应为

$$c(t)=(t-T)+Te^{-\frac{t}{T}}，\quad t\geqslant 0 \tag{3-9}$$

由式（3-9）知，系统响应的稳态分量既与系统的输入有关，也与系统的传递函数有关；而系统响应的瞬态分量则取决于系统的传递函数。

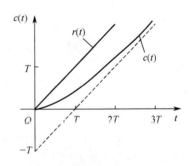

一阶系统的单位斜坡响应曲线如图 3-8 所示。

由图 3-8 可知，一阶系统的输入与输出的误差信号为 $e(t)$（$e(t)=r(t)-c(t)=T-Te^{-\frac{t}{T}}$）。当 $t=0$ 时，误差 $e(0)=0$；当 $t\to\infty$ 时，稳态误差 $e(\infty)=T$，即一阶系统在单位斜坡信号作用下的稳态误差为 T。由此可知，一阶系统的单位斜坡响应反映了系统的跟踪性能，且时间常数 T 越小，跟踪的准确度越高。

图 3-8　一阶系统的单位斜坡响应曲线

3.3.4　一阶系统的单位加速度响应及性能分析

一阶系统的输入信号为单位加速度信号 $r(t)=\dfrac{1}{2}t^2$，其象函数 $R(s)=\dfrac{1}{s^3}$，则

$$C(s)=\Phi(s)R(s)=\frac{1}{Ts+1}\cdot\frac{1}{s^3}=\frac{1}{s^3}-\frac{T}{s^2}+\frac{T^2}{s}-\frac{T^2}{s+\dfrac{1}{T}}$$

对上式进行拉普拉斯反变换，则一阶系统的单位加速度响应为

$$c(t) = \frac{1}{2}t^2 - Tt + T^2(1-e^{-\frac{t}{T}}) , \quad t \geq 0 \qquad (3\text{-}10)$$

相应地，系统的给定误差为

$$e(t) = r(t) - c(t) = Tt - T^2(1-e^{-\frac{t}{T}})$$

由此可知，一阶系统在单位加速度信号作用下，其误差随时间的推移而增大，直至无穷大，故一阶系统不能实现对加速度输入信号的跟踪。

3.3.5　一阶系统的单位脉冲响应及性能分析

一阶系统的输入信号为单位脉冲信号 $r(t)=\delta(t)$，其象函数 $R(s)=1$，则

$$C(s) = \Phi(s)R(s) = \frac{1}{Ts+1} \cdot 1 = \frac{\frac{1}{T}}{s+\frac{1}{T}}$$

对上式进行拉普拉斯反变换，则一阶系统的单位脉冲响应为

$$c(t) = \frac{1}{T}e^{-\frac{t}{T}} , \quad t \geq 0 \qquad (3\text{-}11)$$

一阶系统的单位脉冲响应曲线如图 3-9 所示。

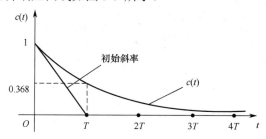

图 3-9　一阶系统的单位脉冲响应曲线

由图 3-9 可知，一阶系统的单位脉冲响应曲线是一条单调衰减的指数曲线，系统的调节时间 t_s 为 $3T$（按 $\pm5\%$ 误差带）或 $4T$（按 $\pm2\%$ 误差带）；系统的惯性越小（时间常数越小），系统响应的快速性越好。

比较在 4 种典型输入信号作用下的一阶系统响应，容易看出，系统对某一输入信号的微分/积分的响应，等于系统对该输入信号响应的微分/积分，其积分常数由零输入时的初始条件确定。这是线性定常系统的重要性质，对任意阶线性定常系统均适用。

3.4　二阶系统的时域分析

3.4.1　二阶系统的数学模型

系统的数学模型是二阶微分方程，该系统为二阶系统。其典型结构如图 3-10 所示。

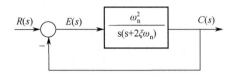

图 3-10　二阶系统的典型结构

二阶系统的开环传递函数标准型为

$$G(s) = \frac{\omega_n^2}{s(s + 2\xi\omega_n)} \tag{3-12}$$

二阶系统的闭环传递函数标准型为

$$\Phi(s) = \frac{C(s)}{R(s)} = \frac{\omega_n^2}{s^2 + 2\xi\omega_n s + \omega_n^2} = \frac{1}{T^2 s^{21} + 2\xi T s + 1} \tag{3-13}$$

式中，ξ 为阻尼比，ω_n 为无阻尼振荡频率，$T = 1/\omega_n$ 为系统振荡周期，均是二阶系统重要的特征参数。在不同的物理系统中，ξ、ω_n、T 代表的物理意义是不同的。

令式（3-13）的分母多项式为零，得二阶系统的特征方程为

$$s^2 + 2\xi\omega_n s + \omega_n^2 = 0 \tag{3-14}$$

其两个特征根（闭环极点）为 $s_{1,2} = -\xi\omega_n \pm j\omega_n\sqrt{\xi^2 - 1}$

对不同的 ξ，s_1、s_2 的性质是不同的，即 s_1、s_2 有可能为实数根、复数根或重根，s_1、s_2 在复平面上的分布如图 3-11 所示。

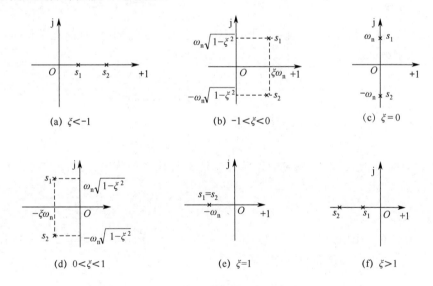

图 3-11　二阶系统特征根分布

3.4.2　二阶系统的单位阶跃响应

1. 欠阻尼

当 $0 < \xi < 1$ 时，称为欠阻尼。特征根分布如图 3-11（d）所示。此时，在单位阶跃信号

输入下，二阶系统的输出为

$$C(s) = \Phi(s) \cdot R(s) = \frac{\omega_n^2}{s^2 + 2\xi\omega_n s + \omega_n^2} \cdot \frac{1}{s}$$

$$= \frac{1}{s} - \frac{s + \xi\omega_n}{(s + \xi\omega_n)^2 + \omega_d^2} - \frac{\xi\omega_n}{(s + \xi\omega_n)^2 + \omega_d^2}$$

式中，$\omega_d = \omega_n\sqrt{1 - \xi^2}$，称为阻尼振荡频率。

对上式进行拉普拉斯反变换，则欠阻尼二阶系统的单位阶跃响应为

$$c(t) = 1 - e^{-\xi\omega_n t}\cos\omega_d t - \frac{\xi}{\sqrt{1-\xi^2}}e^{-\xi\omega_n t}\sin\omega_d t$$

$$= 1 - \frac{1}{\sqrt{1-\xi^2}}e^{-\xi\omega_n t}\left(\sqrt{1-\xi^2}\cos\omega_d t + \xi\sin\omega_d t\right) \qquad (3\text{-}15)$$

$$= 1 - \frac{1}{\sqrt{1-\xi^2}}e^{-\xi\omega_n t}\sin(\omega_d t + \beta)$$

式中，$\beta = \arctan\dfrac{\sqrt{1-\xi^2}}{\xi}$。

由式（3-15）可知，欠阻尼二阶系统的单位阶跃响应是以 ω_d 为角频率的衰减振荡，其响应曲线如图 3-12 所示，随着 ξ 的减小，其振荡幅度增大。

2．临界阻尼

当 $\xi=1$ 时，称为临界阻尼。特征根分布如图 3-11（e）所示，此时在单位阶跃信号输入下，二阶系统的输出为

$$C(s) = \frac{\omega_n^2}{(s + \omega_n)^2} \cdot \frac{1}{s} = \frac{1}{s} - \frac{\omega_n}{(s + \omega_n)^2} - \frac{1}{s + \omega_n}$$

对上式进行拉普拉斯反变换，得

$$c(t) = 1 - \omega_n t e^{-\omega_n t} - e^{-\omega_n t} = 1 - (1 + \omega_n t)e^{-\omega_n t} \qquad (3\text{-}16)$$

由式（3-16）可知，输出响应无振荡和超调，且稳态值为 1，其响应曲线如图 3-12 所示。

3．过阻尼

当 $\xi>1$ 时，称为过阻尼。特征根分布如图 3-11（f）所示，过阻尼二阶系统在单位阶跃信号输入下，输出量的拉普拉斯变换为

$$C(s) = \frac{\omega_n^2}{(s + \xi\omega_n + \omega_n\sqrt{\xi^2-1})(s + \xi\omega_n - \omega_n\sqrt{\xi^2-1})} \cdot \frac{1}{s}$$

令 $T_1 = \dfrac{1}{\xi\omega_n + \omega_n\sqrt{\xi^2-1}}$，$T_2 = \dfrac{1}{\xi\omega_n - \omega_n\sqrt{\xi^2-1}}$，则

$$C(s) = \frac{\omega_n^2}{(s + 1/T_1)(s + 1/T_2)} \cdot \frac{1}{s}$$

对上式进行拉普拉斯反变换，得

$$c(t) = 1 + \frac{1}{T_1/T_2 - 1} \cdot e^{-\frac{t}{T_2}} + \frac{1}{T_2/T_1 - 1} \cdot e^{-\frac{t}{T_1}}$$ （3-17）

其响应曲线如图 3-12 所示，过阻尼二阶系统单位阶跃响应没有超调，且过渡过程时间较长。

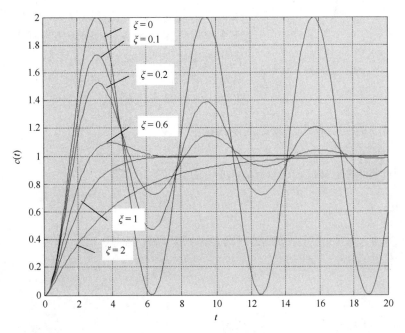

图 3-12　二阶系统单位阶跃响应曲线

4．无阻尼

当 $\xi = 0$ 时，称为无阻尼。特征根分布如图 3-11（c）所示，无阻尼二阶系统在单位阶跃信号输入下，输出量的拉普拉斯变换为

$$C(s) = \frac{\omega_n^2}{s^2 + \omega_n^2} \cdot \frac{1}{s} = \frac{1}{s} - \frac{s}{s^2 + \omega_n^2}$$

对上式进行拉普拉斯反变换，得：

$$c(t) = 1 - \cos\omega_n t$$ （3-18）

其响应曲线如图 3-12 所示，无阻尼二阶系统单位阶跃响应为等幅振荡。

由图 3-12 可知，ξ 值越大，系统的稳定性越好，超调越小；ξ 值越小，输出响应振荡越强，振荡频率越高。当 $\xi = 0$ 时，系统输出为等幅振荡，不能正常工作，称为临界稳定，属于不稳定。

3.4.3　欠阻尼二阶系统的动态性能分析

在控制系统中，通常希望系统具有适度的阻尼、较快的响应速度和较短的调节时间。

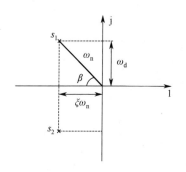

图 3-13　欠阻尼二阶系统特征参量的关系

因此，设计二阶系统时一般取 $\xi = 0.4 \sim 0.8$，其各项动态性能指标均采用工程上的计算方法。为了便于分析系统性能，欠阻尼二阶系统特征参量的关系如图 3-13 所示。

欠阻尼二阶系统的极点为 $s_{1,2} = \sigma \pm \mathrm{j}\omega_d = -\xi\omega_n \pm \mathrm{j}\omega_n\sqrt{1-\xi^2}$；闭环极点到虚轴的距离 $\xi\omega_n$，表征系统响应衰减的快慢；闭环极点到实轴的距离 ω_d，表征系统响应的振荡频率；闭环极点到坐标原点的距离 ω_n，表征自然频率；ω_n 与负实轴夹角 β 的余弦是阻尼比 ξ，即 $\xi = \cos\beta$。

1. 无零点欠阻尼二阶系统动态性能指标的计算

（1）上升时间 t_r

根据上升时间的定义，$c(t_r) = c(\infty) = 1$，由式（3-15）得

$$\frac{1}{\sqrt{1-\xi^2}} \mathrm{e}^{-\xi\omega_n t_r} \sin(\omega_d t_r + \beta) = 0$$

由 $\mathrm{e}^{-\xi\omega_n t_r} \neq 0$，故 $\sin(\omega_d t_r + \beta) = 0$，则 $\omega_d t_r + \beta = k\pi$（$k = 0, 1, 2, \cdots, k$）。上升时间是输出第一次达到稳态的时间，故取 $k = 1$，即

$$t_r = \frac{\pi - \beta}{\omega_d} \tag{3-19}$$

（2）峰值时间 t_p

出现第一个峰值时，单位阶跃响应随时间的变化率为零。根据峰值时间的定义，$\dfrac{\mathrm{d}}{\mathrm{d}t}c(t) = 0$ 所对应的时间为峰值时间 t_p，即

$$\frac{\mathrm{d}}{\mathrm{d}t}\left(1 - \frac{1}{\sqrt{1-\xi^2}} \mathrm{e}^{-\xi\omega_n t} \sin(\omega_d t + \beta)\right)\Bigg|_{t=t_p} = 0$$

整理得

$$\tan(\omega_d t_p + \beta) = \frac{\sqrt{1-\xi^2}}{\xi}$$

又 $\tan\beta = \dfrac{\sqrt{1-\xi^2}}{\xi}$，所以 $\omega_d t_p = 0, \pi, 2\pi, \cdots$。根据 t_p 的定义，取 $\omega_d t_p = \pi$，则

$$t_p = \frac{\pi}{\omega_n\sqrt{1-\xi^2}} = \frac{\pi}{\omega_d} \tag{3-20}$$

（3）超调量 $\sigma\%$

根据超调量的定义，$\sigma\% = \dfrac{c(t_p) - c(\infty)}{c(\infty)} \times 100\%$，而 $c(\infty) = 1$，

$$c(t_{\mathrm{p}}) = 1 - \frac{1}{\sqrt{1-\xi^2}} \mathrm{e}^{-\frac{\pi\xi}{\sqrt{1-\xi^2}}} \sin(\pi + \beta)$$

又 $\sin(\pi + \beta) = -\sqrt{1-\xi^2}$，所以

$$\sigma\% = \mathrm{e}^{-\frac{\pi\xi}{\sqrt{1-\xi^2}}} \times 100\% \qquad (3\text{-}21)$$

可见，超调量仅与阻尼比 ξ 有关，而与自然振荡频率 ω_{n} 无关。工程上常选取 $\xi = 0.4 \sim 0.8$，此时，$\sigma\% = 1.5\% \sim 25.4\%$。

（4）调节时间 t_{s}

取式（3-15）的一对包络线（指数曲线 $1 \pm \mathrm{e}^{-\xi\omega_{\mathrm{n}}t/\sqrt{1-\xi^2}}$），由于响应曲线总是包含在这一对包络线之内，求其进入误差带的时间即近似为调节时间。若误差带 Δ 取 $\pm 5\%$，又

$$\Delta = \left| \frac{\mathrm{e}^{-\xi\omega_{\mathrm{n}}t}}{\sqrt{1-\xi^2}} \sin(\omega_{\mathrm{d}}t + \beta) \right| \leqslant \frac{\mathrm{e}^{-\xi\omega_{\mathrm{n}}t}}{\sqrt{1-\xi^2}}，则令 \Delta = \frac{\mathrm{e}^{-\xi\omega_{\mathrm{n}}t}}{\sqrt{1-\xi^2}} = 5\%，解得：$$

$$t_{\mathrm{s}} = \frac{-\ln 0.05 - \ln\sqrt{1-\xi^2}}{\xi\omega_{\mathrm{n}}} \qquad (3\text{-}22)$$

当阻尼比 ξ 较小时，有

$$t_{\mathrm{s}} \approx \frac{-\ln 0.05}{\xi\omega_{\mathrm{n}}} \approx \frac{3}{\xi\omega_{\mathrm{n}}} \qquad (3\text{-}23)$$

同理，取 $\Delta = \pm 2\%$，有

$$t_{\mathrm{s}} \approx \frac{4}{\xi\omega_{\mathrm{n}}} \qquad (3\text{-}24)$$

上式表明，调节时间与闭环极点到虚轴的距离成反比。

从上述各项动态性能指标的计算可以看出，各指标之间是矛盾的。上升时间反映的是系统的响应速度，而超调量反映的是系统的阻尼程度，不能同时达到满意的结果。因此，要使二阶系统具有满意的性能指标，必须选取合适的阻尼比 ξ 和无阻尼自然振荡频率 ω_{n}。

【例 3-1】　设系统结构图如图 3-14 所示，若要求系统具有性能指标 $\sigma_{\mathrm{p}} = \sigma\% = 20\%$，$t_{\mathrm{p}} = 1\mathrm{s}$，试确定系统参数 K 和 τ，并计算单位阶跃响应的性能指标 t_{r} 和 t_{s}。

解：由图 3-14 可知，系统闭环传递函数为

$$\varPhi(s) = \frac{C(s)}{R(s)} = \frac{K}{s^2 + (1 + K\tau)s + K}$$

与二阶系统传递函数标准型相比，可得

$$\omega_{\mathrm{n}} = \sqrt{K}，\quad \xi = \frac{1 + K\tau}{2\sqrt{K}}$$

由 $\sigma\% = \mathrm{e}^{-\frac{\pi\xi}{\sqrt{1-\xi^2}}} \times 100\% = 20\%$，得

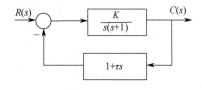

图 3-14　系统结构图

$$\xi = \frac{\ln \dfrac{1}{\sigma_p}}{\sqrt{\pi^2 + \left(\ln \dfrac{1}{\sigma_p}\right)^2}} = 0.46$$

又 $t_p = \dfrac{\pi}{\omega_n \sqrt{1 - \xi^2}}$ ，将 $t_p = 1\text{s}$ ，$\xi = 0.46$ 代入，得

$$\omega_n = \frac{\pi}{t_p \sqrt{1 - \xi^2}} = 3.54 \text{ rad/s}$$

从而解得 $K = \omega_n^2 = 12.53 \text{ (rad/s)}^2$

$$\tau = \frac{2\xi\omega_n - 1}{K} = 0.18 \text{ s}$$

由

$$\beta = \arccos \xi = 1.09 \text{ rad}, \quad \omega_d = \omega_n \sqrt{1 - \xi^2} = 3.14 \text{ rad/s}$$

故可计算出

$$t_r = \frac{\pi - \beta}{\omega_d} = 0.65\text{s}, \quad t_s = \frac{3.5}{\xi\omega_n} = 2.15\text{s} \quad (\varDelta = 0.05)$$

2. 带闭环零点二阶系统的单位阶跃响应及性能指标

设具有闭环零点的二阶系统的闭环传递函数为

$$\varPhi(s) = \frac{C(s)}{R(s)} = \frac{\omega_n^2(\tau s + 1)}{s^2 + 2\xi\omega_n s + \omega_n^2} = \frac{\tau\omega_n^2\left(s + \dfrac{1}{\tau}\right)}{s^2 + 2\xi\omega_n s + \omega_n^2}$$

令 $z = \dfrac{1}{\tau}$ ，则

$$\varPhi(s) = \frac{\omega_n^2(s + z)}{z(s^2 + 2\xi\omega_n s + \omega_n^2)}$$

系统的输出为

$$C(s) = \varPhi(s) \cdot R(s) = \frac{\omega_n^2(s + z)}{z(s^2 + 2\xi\omega_n s + \omega_n^2)} \cdot R(s)$$

$$= \frac{\omega_n^2}{s^2 + 2\xi\omega_n s + \omega_n^2} \cdot R(s) + \frac{s}{z} \cdot \frac{\omega_n^2}{s^2 + 2\xi\omega_n s + \omega_n^2} \cdot R(s)$$

令

$$C_1(s) = \frac{\omega_n^2}{s^2 + 2\xi\omega_n s + \omega_n^2} \cdot R(s)$$

则

$$C(s) = C_1(s) + \frac{s}{z} \cdot C_1(s)$$

根据拉普拉斯变换的性质定理，有

$$c(t) = c_1(t) + \frac{1}{z} \cdot \frac{\mathrm{d}c_1(t)}{\mathrm{d}t}$$

当 $R(s) = \dfrac{1}{s}$ ，$0 < \xi < 1$ 时，

$$c_1(t) = 1 - \frac{\mathrm{e}^{-\xi\omega_{\mathrm{n}}t}}{\sqrt{1 - \xi^2}} \sin(\omega_{\mathrm{d}}t + \beta)$$

$$\frac{\mathrm{d}c_1(t)}{\mathrm{d}t} = \frac{\mathrm{e}^{-\xi\omega_{\mathrm{n}}t}}{\sqrt{1 - \xi^2}} [\xi\omega_{\mathrm{n}} \sin(\omega_{\mathrm{d}}t + \beta) - \omega_{\mathrm{d}} \cos(\omega_{\mathrm{d}}t + \beta)]$$

带闭环零点二阶系统的单位阶跃响应的输出为

$$\begin{aligned}
c(t) &= c_1(t) + \frac{1}{z} \cdot \frac{\mathrm{d}c_1(t)}{\mathrm{d}t} \\
&= 1 - \frac{\mathrm{e}^{-\xi\omega_{\mathrm{n}}t}}{\sqrt{1 - \xi^2}} \cdot \frac{1}{z}[(z - \xi\omega_{\mathrm{n}}) \sin(\omega_{\mathrm{d}}t + \beta) + \omega_{\mathrm{d}} \cos(\omega_{\mathrm{d}}t + \beta)] \\
&= 1 - \frac{\mathrm{e}^{-\xi\omega_{\mathrm{n}}t}}{\sqrt{1 - \xi^2}} \cdot \frac{l}{z}\left[\frac{z - \xi\omega_{\mathrm{n}}}{l} \sin(\omega_{\mathrm{d}}t + \beta) + \frac{\omega_{\mathrm{d}}}{l} \cos(\omega_{\mathrm{d}}t + \beta)\right]
\end{aligned}$$
（3-25）

式中，ω_{d}、β 与典型二阶系统相同；l 为极点与零点之间的距离，如图 3-15 所示。将

$$l = |z - s_1| = \sqrt{(z - \xi\omega_{\mathrm{n}})^2 + \omega_{\mathrm{d}}^2}$$

$$\cos\varphi = \frac{|z - \xi\omega_{\mathrm{n}}|}{l}$$

$$\sin\varphi = \frac{\omega_{\mathrm{d}}}{l}$$

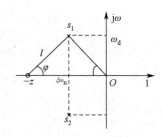

图 3-15　零点、极点分布图

代入式（3-25）得

$$\begin{aligned}
c(t) &= 1 - \frac{\mathrm{e}^{-\xi\omega_{\mathrm{n}}t}}{\sqrt{1 - \xi^2}} \cdot \frac{l}{z}[\cos\varphi \sin(\omega_{\mathrm{d}}t + \beta) + \sin\varphi \cos(\omega_{\mathrm{d}}t + \beta)] \\
&= 1 - \frac{\mathrm{e}^{-\xi\omega_{\mathrm{n}}t}}{\sqrt{1 - \xi^2}} \cdot \frac{l}{z} \sin(\omega_{\mathrm{d}}t + \beta + \varphi)
\end{aligned}$$
（3-26）

根据二阶系统性能指标的定义，可以求出带闭环零点二阶系统的单位阶跃响应的性能指标如下。

$$\sigma\% = \frac{l}{z} \mathrm{e}^{\frac{-\xi(\pi-\varphi)}{\sqrt{1-\xi^2}}} \times 100\%$$

$$t_{\mathrm{r}} = \frac{\pi - (\varphi + \beta)}{\omega_{\mathrm{n}}\sqrt{1 - \xi^2}}$$

$$t_{\mathrm{s}} = \left[3 + \ln\frac{l}{z}\right]\frac{1}{\xi\omega_{\mathrm{n}}} \qquad (\Delta = \pm 5\%)$$

$$t_{\mathrm{s}} = \left[4 + \ln\frac{l}{z}\right]\frac{1}{\xi\omega_{\mathrm{n}}} \qquad (\Delta = \pm 2\%)$$

可以看出，增加闭环零点后，上升时间缩短，系统的初始响应加快；若参数选择适当，则调节时间有可能缩短，即系统快速性得到改善。另外，由于零点的存在，系统的振荡倾向有可能增加，零点的模值 z 越小，零点与极点之间的距离越大，则系统的超调量越大，振荡越强烈。

3.4.4 二阶系统的单位斜坡响应

当输入为单位斜坡信号（$R(s)=\dfrac{1}{s^2}$），系统输出的拉普拉斯变换为

$$C(s)=\frac{\omega_n^2}{s^2+2\xi\omega_n s+\omega_n^2}\cdot\frac{1}{s^2}$$

$$=\frac{1}{s^2}-\frac{2\xi}{\omega_n}\cdot\frac{1}{s}+\frac{2\xi}{\omega_n}\cdot\frac{s+\xi\omega_n}{s^2+2\xi\omega_n s+\omega_n^2}+\frac{2\xi^2-1}{s_2+2\xi\omega_n s+\omega_n^2}$$

对上式进行拉普拉斯反变换，可得到不同阻尼比值下的二阶系统的单位斜坡响应。

1. 欠阻尼单位斜坡响应

$$c(t)=t-\frac{2\xi}{\omega_n}+\frac{1}{\omega_n\sqrt{1-\xi^2}}\mathrm{e}^{-\xi\omega_n t}\sin(\omega_d t+2\beta)，\quad t\geqslant 0 \tag{3-27}$$

对单位反馈系统，误差响应为 $e(t)=r(t)-c(t)$。当时间 t 趋于无穷时，误差响应 $e(t)$ 的稳态值称为稳态误差，以 e_{ss} 表示，$e_{ss}=\lim\limits_{t\to\infty}e(t)$。对单位斜坡响应，其稳态误差为

$$e_{ss}=\lim\limits_{t\to\infty}(r(t)-c(t))=\frac{2\xi}{\omega_n} \tag{3-28}$$

误差响应为

$$e(t)=\frac{2\xi}{\omega_n}-\frac{1}{\omega_d}\mathrm{e}^{-\xi\omega_n t}\sin(\omega_d t+2\beta) \tag{3-29}$$

将上式对 t 求导并令其为零，可得误差响应的峰值时间

$$t_p=\frac{\pi-\beta}{\omega_d} \tag{3-30}$$

误差响应的峰值为

$$e(t_p)=\frac{2\xi}{\omega_n}\left(1+\frac{1}{2\xi}\mathrm{e}^{-\xi\omega_n t_p}\right)$$

从而误差响应的最大偏离值可表示为

$$e_m=e(t_p)-e_{ss}=\frac{1}{\omega_n}\mathrm{e}^{-\xi\omega_n t_p} \tag{3-31}$$

若令 D 表示误差响应对其稳态值的偏差，则

$$e(t)=\frac{2\xi}{\omega_n}\left[1-\frac{1}{2\xi\sqrt{1-\xi^2}}\mathrm{e}^{-\xi\omega_n t}\sin(\omega_d t+2\beta)\right]$$

所以 D 由下式限定：

$$D = \left| \frac{1}{2\xi\sqrt{1-\xi^2}} e^{-\xi\omega_n t} \sin(\omega_d t + 2\beta) \right| \leq \frac{1}{2\xi\sqrt{1-\xi^2}} e^{-\xi\omega_n t}$$

当取 $\xi \leq 0.8$ 时，上式可进一步表示为 $D \leq 1.04 e^{-\xi\omega_n t}$。取 $\pm 5\%$ 误差带，可得响应调节时间的近似表达式

$$t_s \approx \frac{3}{\xi\omega_n} \tag{3-32}$$

稳态误差、峰值时间、最大偏离量和调节时间表示欠阻尼二阶系统的单位斜坡响应性能。减小阻尼比，可以减小系统的稳态误差和峰值时间，但是最大偏离量要增大，调节时间会加长，从而使动态性能恶化。

2．临界阻尼单位斜坡响应

临界阻尼单位斜坡响应可表示为

$$c(t) = t - \frac{2}{\omega_n} + \frac{2}{\omega_n}\left(1 + \frac{1}{2}\omega_n t\right) e^{-\omega_n t}, \quad t \geq 0 \tag{3-33}$$

由上式可见，稳态误差为

$$e_{ss} = \frac{2}{\omega_n} = \frac{2\xi}{\omega_n} \tag{3-34}$$

而误差响应为

$$e(t) = \frac{2}{\omega_n}\left[1 - \left(1 + \frac{1}{2}\omega_n t\right) e^{-\omega_n t}\right], \quad t \geq 0 \tag{3-35}$$

若取 $\pm 5\%$ 误差带，则利用数值解法可以求出误差响应的调节时间近似为

$$t_s = \frac{4.1}{\omega_n} \tag{3-36}$$

3．过阻尼单位斜坡响应

过阻尼单位斜坡响应的拉普拉斯变换式可表示为

$$C(s) = \frac{1}{s^2} - \frac{\dfrac{2\xi}{\omega_n}}{s} + \frac{\dfrac{2\xi}{\omega_n}(s + \xi\omega_n) + (2\xi^2 - 1)}{[s + \omega_n(\xi - \sqrt{\xi^2-1})][s + \omega_n(\xi + \sqrt{\xi^2-1})]}$$

所以得

$$c(t) = t - \frac{2\xi}{\omega_n} + \frac{2\xi^2 - 1 + 2\xi\sqrt{\xi^2-1}}{2\omega_n\sqrt{\xi^2-1}} e^{-(\xi-\sqrt{\xi^2-1})\omega_n t} - \frac{2\xi^2 - 1 - 2\xi\sqrt{\xi^2-1}}{2\omega_n\sqrt{\xi^2-1}} e^{-(\xi+\sqrt{\xi^2-1})\omega_n t},$$
$$t \geq 0 \tag{3-37}$$

显然，稳态误差为

$$e_{ss} = \frac{2\xi}{\omega_n} \tag{3-38}$$

误差响应为

$$e(t) = \frac{2\xi}{\omega_n}\left[1 - \frac{2\xi^2 - 1 + 2\xi\sqrt{\xi^2 - 1}}{4\xi\sqrt{\xi^2 - 1}}e^{-(\xi - \sqrt{\xi^2 - 1})\omega_n t} + \frac{2\xi^2 - 1 - 2\xi\sqrt{\xi^2 - 1}}{4\xi\sqrt{\xi^2 - 1}}e^{-(\xi + \sqrt{\xi^2 - 1})\omega_n t}\right] \quad (3\text{-}39)$$

3.4.5 二阶系统性能的改善

通过对典型二阶系统的分析可知，系统性能对系统结构和参数的要求往往是相互制约的。工程中常通过比例微分控制和测速反馈控制改善二阶系统的性能。

1. 比例微分控制

比例微分控制二阶系统结构图如图 3-16 所示，前向通道串联一个比例微分（PD）环节，系统的开环传递函数为

$$G(s) = \frac{\omega_n^2(T_d s + 1)}{s(s + 2\xi\omega_n)} = \frac{K(T_d s + 1)}{s(s / 2\xi\omega_n + 1)} \quad (3\text{-}40)$$

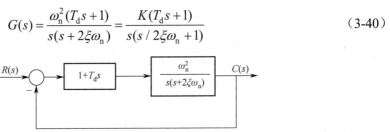

图 3-16 比例微分控制二阶系统结构图

式中，T_d 为微分时间常数，$K = \omega_n / 2\xi$ 为开环增益。由式（3-40）可知，系统开环传递函数中增加了一个零点，令 $z = 1 / T_d$，则系统的闭环传递函数为

$$\Phi(s) = \frac{\omega_n^2(T_d s + 1)}{s^2 + (2\xi\omega_n + \omega_n^2 T_d)s + \omega_n^2}$$

$$= \frac{\omega_n^2}{z}\left(\frac{s + z}{s^2 + 2\xi_d\omega_n s + \omega_n^2}\right) \quad (3\text{-}41)$$

$$\xi_d = \xi + \frac{\omega_n T_d}{2} \quad (3\text{-}42)$$

由此可见，系统增加了比例微分环节，相当于附加了一个闭环负实零点，不改变系统的自然频率，但增大系统的阻尼比。随着二阶系统的等效阻尼比增大，一方面，超调量将减小；另一方面，在阻尼比较小的情况下，随着等效阻尼比的增加，t_s 也将减少。由于 ξ 与 ω_n 均与 K 有关，所以适当选择开环增益和微分器时间常数，既可减小系统在斜坡输入时的稳态误差，又可使系统在阶跃输入时有满意的动态性能。工业上这种控制方法又称为 PD 控制。

应当指出，微分器对噪声特别是对高频噪声的放大作用，远大于对缓慢变化输入信号的放大作用，因此在系统输入端噪声较强的情况下，不宜采用比例微分控制方式。此时，可考虑选用控制工程中常用的测速反馈控制方式。

2．测速反馈控制

测速反馈控制将输出端的速度信号反馈到系统的输入端，结构图如图 3-17 所示。

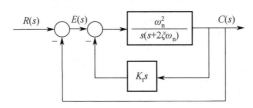

图 3-17　测速反馈控制的二阶系统结构图

图中，K_t 为测速反馈系数。系统的开环传递函数为

$$G(s) = \frac{\omega_n^2}{s(s + 2\xi\omega_n + K_t\omega_n^2)}$$
$$= \frac{\omega_n}{2\xi + K_t\omega_n} \cdot \frac{1}{s[s / (2\xi\omega_n + K_t\omega_n^2) + 1]} \tag{3-43}$$

式中，开环增益为

$$K = \frac{\omega_n}{2\xi + K_t\omega_n} \tag{3-44}$$

相应的闭环传递函数为

$$\Phi(s) = \frac{\omega_n^2}{s^2 + (2\xi + K_t\omega_n)\omega_n s + \omega_n^2} = \frac{\omega_n^2}{s^2 + 2\xi_t\omega_n s + \omega_n^2} \tag{3-45}$$

$$\xi_t = \xi + \frac{1}{2}K_t\omega_n \tag{3-46}$$

由此可见，测速反馈控制与比例微分控制不同的是，测速反馈控制会降低系统的开环增益，从而加大系统在斜坡输入时的稳态误差；相同的是，二者都不影响系统的自然频率，并可增大系统的阻尼比。

在设计测速反馈控制系统时，可以适当增大原系统的开环增益，以弥补稳态误差的损失，同时适当选择测速反馈系数 K_t，使阻尼比 ξ_t 在 0.4～0.8 之间，从而满足给定的各项动态性能指标。

【例 3-2】　已知系统结构图如图 3-18 所示，为使 $\xi = 0.7$，$t_s = 1$（5%），试确定系统的 K 和 τ 值。

解：系统的开环传递函数为

$$G(s) = \frac{K}{s^2 + (2 + K\tau)s}$$

系统闭环传递函数为

$$\Phi(s) = \frac{K}{s^2 + (2 + K\tau)s + K}$$

由题意知 $t_s = \dfrac{3}{\zeta\omega_n} = 1$，则 $\omega_n = 4.29$。

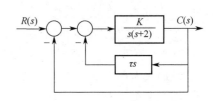

图 3-18　系统结构图

与二阶系统的标准型对照系数，得

$$K = \omega_n^2 = 18.4 ; \quad 2\xi\omega_n = 2 + K\tau, \tau = 0.22$$

3. 比例微分控制与测速反馈控制比较

对理想的线性系统，在比例微分控制和测速反馈控制方式中，可以任取其中一种来改善系统性能。然而，实际控制系统有许多必须考虑的因素，如系统的具体组成、作用在系统上噪声的大小及频率、系统的线性范围及饱和程度等。

（1）附加阻尼来源

比例微分控制的阻尼作用来源于系统输入端误差信号的速度，而测速反馈控制的阻尼作用来源于系统输出端响应的速度，因此对给定的开环增益和指令输入速度，后者对应较大的稳态误差值。

（2）使用环境

比例微分控制对噪声有明显的放大作用，当系统输入端噪声严重时，一般不宜选用比例微分控制方式。同时，微分器的输入信号为系统误差信号，其能量水平低，需要相当大的放大作用，为了不明显恶化信噪比，要求选用高质量大放大器；而测速反馈控制对系统输入端噪声有滤波作用，同时测速发电机输入信号能量水平较高，因此对系统组成元件没有过高的质量要求，使用场合比较广泛。

（3）对开环增益和自然频率的影响

比例微分控制对系统的开环增益和自然频率均无影响；测速反馈控制虽不影响自然频率，但会降低开环增益。因此，对确定的常值稳态误差，测速反馈控制要求有较大的开环增益。开环增益的加大，必然导致系统的自然频率增大，在系统存在高频噪声时，可能引起系统共振。

（4）对动态性能的影响

比例微分控制相当于在系统中加入实零点，可以加快上升时间。在相同阻尼比的条件下，比例微分控制系统的超调量会大于测速反馈控制系统的超调量。

3.5 高阶系统的时域分析

高阶系统通常指三阶及三阶以上的系统。对一般的单输入单输出的高阶线性定常系统，其传递函数可表示为

$$\Phi(s) = \frac{C(s)}{R(s)} = \frac{k(s^m + b_1 s^{m-1} + \cdots + b_{m-1}s + b_m)}{\prod_{j=1}^{q}(s + p_j)\prod_{k=1}^{r}(s^2 + 2\xi_k\omega_k s + \omega_k^2)}, \quad m \leq n, q + 2r = n$$

设输入为单位阶跃信号，则

$$C(s) = \Phi(s) \cdot R(s) = \frac{k(s^m + b_1 s^{m-1} + \cdots + b_{m-1}s + b_m)}{s\prod\limits_{j=1}^{q}(s+p_j)\prod\limits_{k=1}^{r}(s^2 + 2\xi_k\omega_k s + \omega_k^2)} \qquad (3\text{-}47)$$

式（3-47）中，实数极点 $s = -p_j$，复数极点 $s = -\xi_k\omega_k \pm \mathrm{j}\omega_k\sqrt{1-\xi^2}$。

若极点互不相同，式（3-47）可展开成

$$C(s) = \frac{a}{s} + \sum_{j=1}^{q}\frac{a_j}{s+p_j} + \sum_{k=1}^{r}\frac{\beta_k(s+\xi_k\omega_k) + r_k(\omega_k\sqrt{1-\xi^2})}{(s+\xi_k\omega_k)^2 + (\omega_k\sqrt{1-\xi^2})^2}$$

经拉普拉斯反变换，得

$$c(t) = a + \sum_{j=1}^{q}a_j\mathrm{e}^{-p_j t} + \sum_{k=1}^{r}\beta_k\mathrm{e}^{-\xi_k\omega_k t}\cos(\omega_k\sqrt{1-\xi^2})t + \sum_{k=1}^{r}r_k\mathrm{e}^{-\xi_k\omega_k t}\sin(\omega_k\sqrt{1-\xi^2})t \qquad (3\text{-}48)$$

可见，对负实数极点，对应的瞬态分量按指数衰减；对共轭复数极点，复数极点的实部小于零，对应的瞬态分量是其振幅按指数衰减的正弦振荡曲线；高阶系统的瞬态响应由一些一阶系统和二阶系统的响应叠加组成。高阶系统单位阶跃响应可能出现的波形如图 3-19 所示。

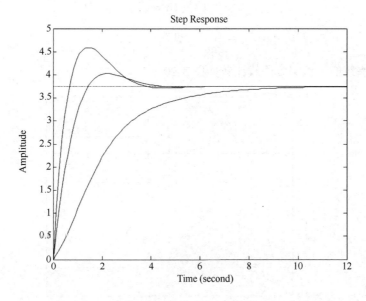

图 3-19　高阶系统单位阶跃响应可能出现的波形

在工程上通常将高阶系统通过合理简化用低阶系统近似，简化的依据有如下两点。

第一，系统极点的负实部离虚轴越远，则该极点对应的项在瞬态响应中衰减得越快。反之，距虚轴最近的闭环极点对应瞬态响应中衰减最慢的项，故称距虚轴最近的闭环极点为主导极点。一般工程上若极点 A 距离虚轴大于 5 倍极点 B 与虚轴的距离，系统分析时可忽略极点 A。

第二，系统传递函数中，如果分子、分母具有负实部的零点、极点数值相近，则可将该零点和极点一起消掉，称为偶极子相消。工程上认为某极点与对应零点之间的距离小于它们本身到原点距离的 1/10 时，即可认为其是偶极子。

【例 3-3】 已知系统的闭环传递函数为

$$\Phi(s) = \frac{(0.24s+1)}{(0.25s+1)(0.04s^2+0.24s+1)(0.0625s+1)}$$

试估算系统的动态性能指标。

解： 先将闭环传递函数表示为零极点形式

$$\Phi(s) = \frac{383.693(s+4.17)}{(s+4)(s^2+6s+25)(s+16)}$$

可见，系统的主导极点为 $s_{1,2} = -3 \pm j4$，忽略非主导极点 $s_3 = -16$ 和一对偶极子（$s_4 = -4$，$z_1 = -4.17$）。注意，原系统闭环增益为 1，降阶处理后的系统闭环传递函数为

$$\begin{aligned}
\Phi(s) &= \frac{383.693 \times 4.17}{4 \times 16} \cdot \frac{1}{s^2+6s+25} \\
&= \frac{25}{s^2+6s+25}
\end{aligned}$$

利用近似公式可以估算系统的动态性能指标。$\omega_n = 5$，$\xi = 0.6$，有

$$\sigma\% = e^{-\xi\pi/\sqrt{1-\xi^2}} = 9.5\%$$

$$t_s = \frac{3.5}{\xi\omega_n} = 1.17$$

降阶前后系统的阶跃响应曲线比较如图 3-20 所示。

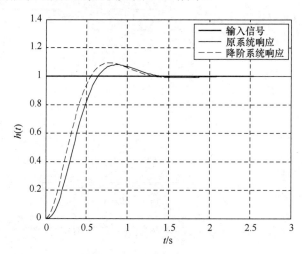

图 3-20   降阶前后系统的阶跃响应曲线比较

3.6 稳定性分析

稳定性是控制系统正常工作的首要条件。分析、判断系统的稳定性，并提出确保系统稳定的条件是自动控制系统综合、设计的重要任务之一。

稳定性的概念是由 Lyapunov 于 1892 年首先提出的。根据 Lyapunov 稳定性理论，线性控制系统的稳定性定义为：线性控制系统在初始扰动影响下，其动态过程随时间推移逐渐衰减并趋于零（或原平衡工作点），则称系统渐进稳定，简称稳定；若在初始扰动影响下，其动态过程随时间推移而发散，则称系统不稳定；若在初始扰动影响下，其动态过程随时间的推移虽不能回到原平衡工作点，但可以保持在原平衡工作点附近的某一有限区域内运动，则称系统临界稳定。

3.6.1　系统稳定的充分必要条件

稳定性是去除外部作用后系统本身的一种恢复能力，是系统的一种固有特性。它只取决于系统的结构和参数，与外部作用及初始条件无关，因此可用系统的单位理想脉冲响应来分析系统的稳定性。

脉冲信号可看成一种典型的扰动信号。根据系统稳定的定义，若系统脉冲响应收敛，即

$$\lim_{t \to \infty} c(t) = 0$$

则系统是稳定的。

设系统闭环传递函数为

$$\Phi(s) = \frac{C(s)}{R(s)} = \frac{b_m(s - z_1)(s - z_2) \cdots (s - z_m)}{a_n(s - p_1)(s - p_2) \cdots (s - p_n)}$$

设闭环极点为互不相同的单根，则脉冲响应的拉普拉斯变换为

$$C(s) = \Phi(s) = \frac{A_1}{s - p_1} + \frac{A_2}{s - p_2} + \cdots + \frac{A_n}{s - p_n} = \sum_{i=1}^{n} \frac{A_i}{s - p_i}$$

式中，$A_i = \lim_{s \to p_i}(s - p_i)C(s)$ 是 $C(s)$ 在闭环极点 p_i 处的留数。对上式进行拉普拉斯反变换，可得单位脉冲响应函数

$$c(t) = A_1 \mathrm{e}^{p_1 t} + A_2 \mathrm{e}^{p_2 t} + \cdots + A_n \mathrm{e}^{p_n t} = \sum_{i=1}^{n} A_i \mathrm{e}^{p_i t}$$

根据稳定性定义，系统稳定时应有

$$\lim_{t \to \infty} c(t) = \lim_{t \to \infty} \sum_{i=1}^{n} A_i \mathrm{e}^{p_i t} = 0 \tag{3-49}$$

考虑到留数 A_i 的任意性，要使上式成立，只能有

$$\lim_{t \to \infty} \mathrm{e}^{p_i t} = 0 \tag{3-50}$$

式（3-50）表明，所有特征根均具有负实部是系统稳定的必要条件。另外，如果系统的所有特征根均具有负实部，则式（3-49）一定成立。因此，系统稳定的充分必要条件是系统闭环特征方程的所有根均具有负实部，或者说所有闭环特征根均位于 s 左半平面。

如果特征方程有 l 重根 p_0，则相应模态 $\mathrm{e}^{p_0 t}, t\mathrm{e}^{p_0 t}, t^2\mathrm{e}^{p_0 t}, \cdots, t^{l-1}\mathrm{e}^{p_0 t}$ 当时间 t 趋于无穷大时是否收敛到零，仍然取决于重根 p_0 是否具有负实部。

当系统有纯虚根时，系统处于临界稳定状态，脉冲响应呈现等幅振荡。由于系统参数的变化及扰动是不可避免的，实际上等幅振荡不可能永远维持下去，系统可能会由于某些

因素导致不稳定。另外，从工程实践的角度来看，这类系统也不能正常工作，因此经典控制理论中将临界稳定系统划归到不稳定系统之列。

3.6.2 劳斯判据

线性定常系统稳定的充要条件是特征方程的根具有负实部。因此，判别其稳定性，就要求解系统特征方程的根。但对高阶系统，求解方程的根比较困难。1884 年，E.J.Routh 提出了根据特征方程的各项系数来判断是否存在位于 s 右半平面的根，而不用求解方程来判断系统稳定性的方法，称为劳斯判据，又称代数稳定判据。

1. 劳斯判据的定义

劳斯判据是基于方程的根与系数的关系而建立的。设系统特征方程为

$$a_0 s^n + a_1 s^{n-1} + \cdots + a_{n-1} s + a_n = 0 , \quad a_0 > 0 \tag{3-51}$$

根据特征方程的各项系数排列成下列劳斯表：

s^n	a_0	a_2	a_4	a_6	$\cdots$
s^{n-1}	a_1	a_3	a_5	a_7	$\cdots$
s^{n-2}	b_1	b_2	b_3	b_4	$\cdots$
s^{n-3}	c_1	c_2	c_3	c_4	$\cdots$
$\vdots$	$\vdots$	$\vdots$	$\vdots$		
s^2	u_1	u_2			
s^1	v_1				
s^0	w_1				

其中，系数根据下列公式计算：

$$b_1 = \frac{a_1 a_2 - a_0 a_3}{a_1} , \quad b_2 = \frac{a_1 a_4 - a_0 a_5}{a_1} , \quad b_3 = \frac{a_1 a_6 - a_0 a_7}{a_1} , \quad \cdots$$

同样地，用上两行系数交叉相乘、相减再除以上一行第一个元素的方法，可以计算 c、d、e 等各行的系数：

$$c_1 = \frac{b_1 a_3 - a_1 b_2}{b_1} , \quad c_2 = \frac{b_1 a_5 - a_1 b_3}{b_1} , \quad c_3 = \frac{b_1 a_7 - a_1 b_4}{b_1} , \quad \cdots$$

这一计算过程一直进行到 s^0 对应的一行为止。为了简化计算，可以用一个正整数去除或乘某一行的各项，并不改变结论的性质。

劳斯判据可描述如下。

若特征方程的各项系数都大于零（必要条件），且劳斯表中第一列元素均为正值，则所有的特征根均位于 s 左半平面，相应的系统是稳定的；否则，系统为不稳定或临界稳定的，实际上，临界稳定也属于不稳定。劳斯表中第一列元素符号改变的次数等于该特征方程的正实部根的个数。

【例 3-4】 设某系统的特征方程为

$$s^4 + 2s^3 + 2s^2 + 2s + 5 = 0$$

试用劳斯判据判断该系统的稳定性。

解：列劳斯表如下：

$$
\begin{array}{cccc}
s^4 & 1 & 2 & 5 \\
s^3 & 2 & 2 & 0 \\
s^2 & \dfrac{2\times2-1\times2}{2}=1 & 5 & \\
s^1 & \dfrac{1\times2-2\times5}{1}=-8 & & \\
s^0 & 5 & &
\end{array}
$$

由于劳斯表的第一列系数有两次变号，所以系统不稳定，且有两个正实部根。

若劳斯表中某一行的第一列元素为零或出现全零行，则闭环系统不稳定，说明会出现共轭虚根或实部为正的共轭复根。若要求出这些根的个数和数值，应处理如下。

（1）当劳斯表中某行的第一列项为零，而其余各项不为零或不全为零时

计算劳斯表下一行的第一个元，将出现无穷大，使劳斯判据的运用无效，克服这种困难有两种方法：一是用一个正的无穷小代替零项；二是用因子 $(s+a)$ 乘以原特征方程，其中 a 为任意正数，对新的特征方程应用劳斯判据，从而判断系统的稳定性。

【例 3-5】　设某系统的特征方程为

$$s^3 - 3s + 2 = 0$$

试用劳斯判据判断该系统的稳定性。

解：**方法一**　用正无穷小 ε 代替零项，列劳斯表如下：

$$
\begin{array}{ccc}
s^3 & 1 & -3 \\
s^2 & 0(\varepsilon) & 2 \\
s^1 & \dfrac{-3\varepsilon-2}{\varepsilon}<0 & \\
s^0 & 1 &
\end{array}
$$

第一列有两次符号变化，故系统不稳定。

方法二　原特征方程乘以 $(s+3)$，得新特征方程

$$s^4 + 3s^3 - 3s^2 - 7s + 6 = 0$$

列劳斯表如下：

$$
\begin{array}{cccc}
s^4 & 1 & -3 & 6 \\
s^3 & 3 & -7 & \\
s^2 & -\dfrac{2}{3}<0 & 6 & \\
s^1 & 20 & & \\
s^0 & 6 & &
\end{array}
$$

由新劳斯表可知，第一列有两次符号变化，故系统不稳定，且有两个正实部根。

（2）当劳斯表中出现全零行时

当劳斯表中出现全零行时，可用全零行的上一行系数构造一个辅助方程，并将辅助方

程对复数 s 求导，用所得导数方程的系数取代全零行的元。出现全零行说明特征方程中存在一些绝对值相同但符号相反的特征根，辅助方程的次数通常为偶数，对辅助方程求解，即可求得数值相同但符号相反的特征根。

【例3-6】 已知系统特征方程为

$$s^5 + 2s^4 + 3s^3 + 6s^2 - 4s - 8 = 0$$

试用劳斯判据判断系统的稳定性。

解： 列劳斯表如下：

$$
\begin{array}{lllll}
s^5 & 1 & 3 & -4 \\
s^4 & 2 & 6 & -8 & F(s) = 2s^4 + 6s^2 - 8 \\
s^3 & 0(8) & 0(12) & & F'(s) = 8s^3 + 12s \\
s^2 & 3 & -8 \\
s^1 & \dfrac{100}{3} \\
s^0 & -8
\end{array}
$$

劳斯表中第一列符号改变一次，故系统不稳定，且有一个 s 右半平面的根。由 $F(s) = 0$ 得 $2s^4 + 6s^2 - 8 = 0$，解得：$s_{1,2} = \pm 1$；$s_{3,4} = \pm \mathrm{j}2$。

2. 劳斯判据的应用

劳斯判据除可以用来判断系统的稳定性外，还可以判断系统参数变化对控制系统稳定性的影响。

【例3-7】 系统结构图如图3-21所示。为使系统稳定，试确定放大倍数 K 的取值范围。

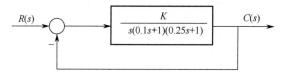

图 3-21　系统结构图

解： 求出系统的闭环传递函数

$$\Phi(s) = \frac{C(s)}{R(s)} = \frac{K}{s(0.1s + 1)(0.25s + 1) + K}$$

系统的特征方程为

$$s^3 + 14s^2 + 40s + 40K = 0$$

列劳斯表如下：

$$
\begin{array}{lll}
s^3 & 1 & 40 \\
s^2 & 14 & 40K \\
s^1 & (560 - 40K)/14 \\
s^0 & 40K
\end{array}
$$

系统稳定的条件为

$$\begin{cases} 560 - 40K > 0, & K < 14 \\ 40K > 0, & K > 0 \end{cases}$$

所以 $0 < K < 14$。故当 $0 < K < 14$ 时，系统是稳定的。

3.6.3　相对稳定性

如果系统闭环特征根均在 s 左半平面，且与虚轴有一段距离，则系统有一定的稳定裕度。向左平移虚轴 a，令 $s_1 = s - (-a)$，即将 $s = s_1 - a$ 代入系统特征方程，利用劳斯判据，可以解决系统的相对稳定性问题。

【例 3-8】　设比例积分控制系统结构图如图 3-22 所示，K_I 为积分器时间常数。已知 $\xi = 0.2$，$\omega_n = 86.6$，试用劳斯判据确定使闭环系统稳定的 K_I 取值范围。如果要求闭环系统的极点全部位于 $s = -1$ 垂线之左，则 K_I 的取值范围为多大？

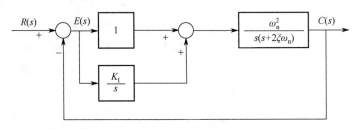

图 3-22　比例积分控制系统结构图

解：系统的闭环传递函数为

$$\Phi(s) = \frac{\omega_n^2(s + K_I)}{s^3 + 2\xi\omega_n s^2 + \omega_n^2 s + K_I \omega_n^2}$$

系统的特征方程为

$$D(s) = s^3 + 2\xi\omega_n s^2 + \omega_n^2 s + K_I \omega_n^2 = 0$$

将 $\xi = 0.2$，$\omega_n = 86.6$ 代入闭环特征方程，得

$$D(s) = s^3 + 34.6s^2 + 7500s + 7500K_I = 0$$

（1）求使系统稳定的 K_I 取值范围。

列劳斯表如下：

$$
\begin{array}{ccc}
s^3 & 1 & 7500 \\
s^2 & 34.6 & 7500K_I \\
s^1 & \dfrac{34.6 \times 7500 - 7500K_I}{34.6} & \\
s^0 & 7500K_I &
\end{array}
$$

根据劳斯判据，令劳斯表中第一列各元为正，求得 K_I 的取值范围为

$$0 < K_I < 34.6$$

（2）当要求闭环极点全部位于 $s = -1$ 垂线之左时，可令 $s = s_1 - 1$，代入原特征方程并整理劳斯表如下：

s^3	1	7433.8
s^2	31.6	$7500K_I - 7466.4$
s^1	$\dfrac{31.6 \times 7433.8 - (7500K_I - 7466.4)}{31.6}$	
s^0	$7500K_I - 7466.4$	

令劳斯表的第一列各元为正，使得全部闭环极点位于 $s = -1$ 垂线之左的 K_I 取值范围为

$$1 < K_I < 32.3$$

3.7　稳态误差

对一个控制系统的要求是稳定、快速、准确，误差问题属于控制系统的精度问题。一个稳定的系统在典型外作用下，过渡过程完成后的误差称为系统稳态误差，控制系统的稳态误差是系统控制精度的一种度量，是系统的稳态性能指标。一个控制系统，只有在满足要求控制精度的前提下，才有实际工程意义。另外，对稳定的系统研究稳态误差才有意义，因此计算稳态误差应以系统稳定为前提。

3.7.1　误差的定义

控制系统结构图如图 3-23 所示。

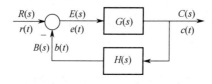

图 3-23　控制系统结构图

系统的误差通常有两种定义方法：按输入端定义和按输出端定义。

1. 按输入端定义

按输入端定义的误差，即输入信号与反馈信号之差：

$$e(t) = r(t) - b(t) \tag{3-52}$$

稳态误差为

$$e_{ss} = \lim_{t \to \infty} e(t) = \lim_{t \to \infty} [r(t) - b(t)] \tag{3-53}$$

2. 按输出端定义

按输出端定义的误差，即系统的理想输出信号与实际输出信号之差。设理想输出信号为 $c_0(t)$，实际输出信号为 $c(t)$，则误差为

$$e(t) = c_0(t) - c(t) \tag{3-54}$$

稳态误差为

$$e_{ss} = \lim_{t \to \infty} e(t) = \lim_{t \to \infty}[c_0(t) - c(t)]$$

按输出端定义的误差虽然直观，但在实际中理想输出很难确定。从可测量的角度出发，误差的定义常常按输入端进行定义。

由图 3-23，可求得系统的误差传递函数：

$$\Phi_e(s) = \frac{E(s)}{R(s)} = \frac{1}{1 + G(s)H(s)} \tag{3-55}$$

则

$$E(s) = \frac{1}{1 + G(s)H(s)} R(s) \tag{3-56}$$

当稳态误差存在时，由拉普拉斯变换的终值定理得

$$e_{ss} = \lim_{t \to \infty} e(t) = \lim_{s \to 0} sE(s) = \lim_{s \to 0} s \cdot \frac{1}{1 + G(s)H(s)} \cdot R(s) \tag{3-57}$$

可见，系统的稳态误差不仅与系统的输入有关，还与系统的结构有关。

3.7.2　输入引起的稳态误差

下面分析一般的控制系统在典型输入信号下的稳态误差，了解系统对典型信号的稳态跟踪能力，不难推出系统对更复杂信号的跟踪能力。特别需要说明的是：在讨论稳态误差时，首先要讨论系统的稳定性。

当系统的输入为位置、速度、加速度等典型信号时，设系统输入的一般表达式为

$$R(s) = \frac{A}{s^N} \tag{3-58}$$

式中，N 为输入信号的阶次。

设系统开环传递函数的一般表达式为

$$G(s)H(s) = \frac{K \prod_{i=1}^{m_1}(\tau_i s + 1) \prod_{l=1}^{(m-m_1)/2}(\tau_l^2 s^2 + 2\xi_l \tau_l s + 1)}{s^v \prod_{j=1}^{n_1}(T_j s + 1) \prod_{r=1}^{(n-v-n_1)/2}(T_r^2 s^2 + 2\xi_r T_r s + 1)} \tag{3-59}$$

式中，K：系统的开环增益；

T_j：惯性环节的时间常数；

$\omega_{nr} = \dfrac{1}{T_r}$：振荡环节的无阻尼振荡频率；

ξ_r：振荡环节的阻尼比；

v：开环传递函数中串联积分环节的个数。

当 $v = 0,1,2$ 时，对应的系统分别称为 0 型、Ⅰ 型和Ⅱ型系统。由于Ⅱ型以上的系统实际上很难稳定，所以在控制工程中一般很难遇到。

由式（3-56）式（3-57），系统的稳态误差为

$$e_{ss} = \lim_{s \to 0} s \cdot \frac{1}{1 + G(s)H(s)} \cdot R(s) = \lim_{s \to 0} \frac{\dfrac{A}{s^{N-1}}}{1 + \dfrac{K}{s^{\nu}}} \tag{3-60}$$

3.7.3 静态误差系数

控制系统的稳态误差，可以利用静态误差系数法来计算。

1. 静态位置误差系数 K_p

设输入信号为阶跃信号 $r(t) = A$，相应的拉普拉斯变换式为 $R(s) = \dfrac{A}{s}$，由式（3-57）有

$$e_{ss} = \lim_{s \to 0} s \cdot \frac{\dfrac{A}{s}}{1 + G(s)H(s)} = \frac{A}{1 + \lim\limits_{s \to 0} G(s)H(s)}$$

定义静态位置误差系数

$$K_p = \lim_{s \to 0} G(s)H(s) \tag{3-61}$$

则

$$e_{ss} = \frac{A}{1 + K_p} \tag{3-62}$$

另外，将式（3-59）代入式（3-61），得

$$K_p = \lim_{s \to 0} \frac{K}{s^{\nu}} \tag{3-63}$$

由式（3-62）和式（3-63），可得以下结论：

$\nu = 0$ 时，$K_p = K$，$e_{ss} = \dfrac{A}{1 + K}$；

$\nu \geqslant 1$ 时，$K_p = \infty$，$e_{ss} = 0$。

可见，在阶跃输入作用下，仅 0 型系统有稳态误差，其大小与阶跃输入的幅值成正比，与系统的开环增益 K 近似成反比。对 I 型及 I 型以上系统来说，其稳态误差为零。

2. 静态速度误差系数 K_v

设输入信号为斜坡信号 $r(t) = At$，相应的拉普拉斯变换式为 $R(s) = \dfrac{A}{s^2}$，由式（3-57）有

$$e_{ss} = \lim_{s \to 0} s \cdot \frac{\dfrac{A}{s^2}}{1 + G(s)H(s)} = \frac{A}{\lim\limits_{s \to 0} s G(s)H(s)}$$

定义静态速度误差系数

$$K_v = \lim_{s \to 0} s G(s)H(s) \tag{3-64}$$

则

$$e_{ss} = \frac{A}{K_v} \tag{3-65}$$

另外，将式（3-59）代入式（3-64），得

$$K_v = \lim_{s \to 0} \frac{K}{s^{v-1}} \tag{3-66}$$

由式（3-65）和式（3-66），可得以下结论：

$v = 0$ 时，$K_v = 0$，$e_{ss} = \infty$；

$v = 1$ 时，$K_v = K$，$e_{ss} = \dfrac{A}{K}$；

$v \geqslant 2$ 时，$K_v = \infty$，$e_{ss} = 0$。

可见，在斜坡输入作用下，0 型系统的输出量不能跟踪其输入量的变化，这是因为输出量的速度小于输入量的速度，致使两者的差距不断加大，稳态误差趋于无穷大。稳态时，Ⅰ型系统的输出量与输入量虽以相同的速度变化，但前者较后者在位置上落后一个常量，这个常量就是稳态误差；Ⅱ型及Ⅱ型以上系统的输出量与输入量不仅速度相等，而且位置相同，即稳态误差为零。

3. 静态加速度误差系数 K_a

设输入信号为加速度信号 $r(t) = \dfrac{1}{2} A t^2$，相应的拉普拉斯变换式为 $R(s) = \dfrac{A}{s^3}$，由式（3-57）有

$$e_{ss} = \lim_{s \to 0} s \cdot \frac{\dfrac{A}{s^3}}{1 + G(s)H(s)} = \frac{A}{\lim\limits_{s \to 0} s^2 G(s)H(s)}$$

定义静态加速度误差系数

$$K_a = \lim_{s \to 0} s^2 G(s)H(s) \tag{3-67}$$

则

$$e_{ss} = \frac{A}{K_a} \tag{3-68}$$

另外，将式（3-59）代入式（3-67），得

$$K_a = \lim_{s \to 0} \frac{K}{s^{v-2}} \tag{3-69}$$

由式（3-68）和式（3-69），可得以下结论：

$v \leqslant 1$ 时，$K_a = 0$，$e_{ss} = \infty$；

$v = 2$ 时，$K_a = K$，$e_{ss} = \dfrac{A}{K}$；

$v \geqslant 3$ 时，$K_a = \infty$，$e_{ss} = 0$。

可见，0 型和Ⅰ型系统都不能跟踪加速度信号输入，只有Ⅱ型系统能跟踪，但存在稳态误差。稳态时，系统输出量和输入量都以相同的速度和加速度变化，但输出量在位置上

要落后于输入量一个常量。Ⅲ型及Ⅲ型以上的系统在加速度输入作用下，没有误差。

通过以上分析可知，增加系统开环传递函数中积分环节个数，即提高系统的型别，可以改善其稳态精度。但积分环节数增多，系统阶次增加，也容易引起不稳定。

表 3-1 概括了 0 型、Ⅰ型和Ⅱ型系统在典型信号输入作用下的稳态误差。在对角线以上，稳态误差为无穷大；在对角线以下，稳态误差为零。

表 3-1　典型信号输入作用下系统的稳态误差

系统类别	单位阶跃信号	单位斜坡信号	单位加速度信号
0 型系统	$\dfrac{1}{1+K}$	∞	∞
Ⅰ型系统	0	$\dfrac{1}{K}$	∞
Ⅱ型系统	0	0	$\dfrac{1}{K}$

在典型信号输入作用下求系统的稳态误差，可根据稳态误差公式来求，也可根据静态误差系数来求。下面举例说明。

【例 3-9】　某二阶系统结构图如图 3-24 所示，其中 $0 < \xi < 1$，试求系统在单位阶跃、单位斜坡和单位加速度信号输入作用下的稳态误差。

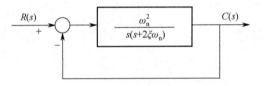

图 3-24　某二阶系统结构图

解：由 $0 < \xi < 1$，故该二阶振荡系统稳定。

系统的开环传递函数为

$$G(s) = \frac{\omega_{\mathrm{n}}^2}{s(s + 2\xi\omega_{\mathrm{n}})} = \frac{\dfrac{\omega_{\mathrm{n}}}{2\xi}}{s\left(\dfrac{1}{2\xi\omega_{\mathrm{n}}}s + 1\right)}$$

该系统为Ⅰ型系统，开环增益为

$$K = \frac{\omega_{\mathrm{n}}}{2\xi}$$

由表 3-1 知：

单位阶跃信号输入时，$e_{\mathrm{ss}} = 0$；

单位斜坡信号输入时，$e_{\mathrm{ss}} = \dfrac{1}{K} = \dfrac{2\xi}{\omega_{\mathrm{n}}}$；

单位加速度信号输入时，$e_{\mathrm{ss}} = \infty$，

即系统不能跟随加速度信号输入。

【例 3-10】　某系统结构图如图 3-25 所示。已知输入 $r(t) = 2t + 4t^2$，求系统的稳态误差。

解： 系统开环传递函数为

$$G(s)H(s) = \frac{K_1(Ts+1)}{s^2(s+a)}$$

开环增益 $K = \dfrac{K_1}{a}$，系统的型别 $v = 2$。

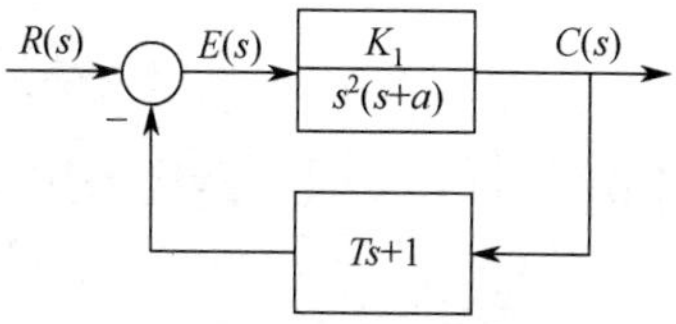

系统闭环传递函数为

$$\Phi(s) = \frac{K_1}{s^2(s+a) + K_1(Ts+1)}$$

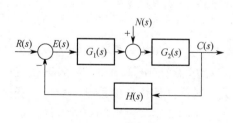

图 3-25　某系统结构图

特征方程为

$$D(s) = s^3 + as^2 + K_1Ts + K_1 = 0$$

列如下劳斯表判断系统稳定性：

s^3	1	K_1T	
s^2	a	K_1	$a > 0$
s^1	$\dfrac{(aT-1)K_1}{a}$	0	$aT > 1$
s^0	K_1	K_1	> 0

设参数满足稳定性要求，利用表 3-1 计算系统的稳态误差。

当 $r_1(t) = 2t$ 时，$e_{ss1} = 0$；

当 $r_2(t) = 4t^2 = 8 \times \dfrac{1}{2}t^2$ 时，$e_{ss2} = \dfrac{A}{K} = \dfrac{8a}{K_1}$。

根据叠加定理，得

$$e_{ss} = e_{ss1} + e_{ss2} = \frac{8a}{K_1}$$

3.7.4　扰动作用下的稳态误差

实际系统在工作中不可避免地要受到各种干扰的影响，从而引起稳态误差。讨论干扰引起的稳态误差与系统结构参数的关系，可以为我们合理设计系统结构、确定参数、提高系统抗干扰能力提供参考。

图 3-26 所示为在典型扰动作用下的系统结构图。

在分析扰动作用下的稳态误差时，可以令输入信号 $R(s) = 0$，则

$$\frac{C(s)}{N(s)} = \frac{G_2(s)}{1 + G_1(s)H(s)G_2(s)}$$

因 $R(s) = 0$，故系统期望的输出为 0，则

$$E(s) = -C(s) = -\frac{G_2(s)}{1 + G_1(s)H(s)G_2(s)} \cdot N(s)$$

当 $sE(s)$ 的极点均在 s 左半平面时，根据终值定理可以求得扰动作用下的稳态误差为

图 3-26　系统结构图

$$e_{\text{ssn}} = \lim_{s \to 0} s \cdot \frac{-G_2(s)}{1 + G_1(s)H(s)G_2(s)} \cdot N(s) \qquad (3\text{-}70)$$

【例 3-11】 系统结构图如图 3-27 所示，设 $r(t) = 2t$，$n(t) = 0.5 \cdot 1(t)$，求系统的稳态误差。

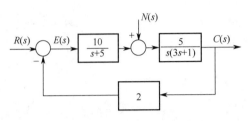

图 3-27　系统结构图

解： 系统的开环传递函数为

$$G(s) = \frac{50 \times 2}{s(s+5)(3s+1)} = \frac{20}{s(0.2s+1)(3s+1)}$$

该系统为 I 型系统，$K = 20$。因此，当 $R(s) = \dfrac{2}{s^2}$ 时，系统稳态误差为

$$e_{\text{ssr}} = \frac{2}{K_{\text{v}}} = \frac{2}{K} = \frac{2}{20} = 0.1$$

当 $N(s) = \dfrac{0.5}{s}$ 时，

$$E(s) = -C(s) = -\frac{\dfrac{5}{s(3s+1)}}{1 + \dfrac{20}{s(0.2s+1)(3s+1)}} \cdot \frac{0.5}{s}$$

可求得扰动作用下的稳态误差为

$$e_{\text{ss}} = -\lim_{s \to 0} s \cdot C(s) = -0.25$$

因此，系统总的稳态误差为

$$e_{\text{ss}} = e_{\text{ssr}} + e_{\text{ssn}} = 0.1 - 0.25 = -0.15$$

3.7.5　改善系统稳态精度的方法

　　系统的稳态误差除与外部作用有关外，还由积分环节的个数和放大系数来确定。为了提高精度等级，可增大系统开环增益或扰动作用点之前系统的前向通道增益，或者在系统扰动作用点之前的前向通道中增加串联积分环节的个数。但这样往往会使系统的稳定性变差。因此，综合考虑系统稳定性、稳态性能与动态性能之间的关系，采用补偿的方法，可在保证系统稳定的前提下减小稳态误差。补偿是指作用于控制对象的控制信号中，除误差信号外，还引入与扰动或给定输入信号有关的补偿信号，这种控制称为复合控制。在负反

馈控制的基础上，引入补偿控制的系统称为复合控制系统。

1．按输入补偿的复合控制

设系统结构图如图 3-28 所示，从输入端引入补偿环节 $G_c(s)$，这时误差的拉普拉斯变换式为

$$E(s) = R(s) - C(s) = R(s)[1 - \varPhi(s)]$$

$$= R(s)\left[1 - \frac{G_1(s)G_2(s) + G_2(s)G_c(s)}{1 + G_1(s)G_2(s)}\right]$$

$$= \frac{1 - G_2(s)G_c(s)}{1 + G_1(s)G_2(s)} \cdot R(s)$$

可见，如果 $1 - G_2(s)G_c(s) = 0$，即

$$G_c(s) = \frac{1}{G_2(s)} \tag{3-71}$$

则有 $E(s) = 0$，实现完全补偿。利用按输入补偿的复合控制，只要参数选取适当，可减少甚至消除输入信号引起的稳态误差。由于补偿环节 $G_c(s)$ 位于系统闭环回路之外，所以它对系统闭环传递函数的分母不会产生任何影响，即系统的闭环稳定性不会因它的加入而发生变化。

2．按扰动补偿的复合控制

设系统结构图如图 3-29 所示，利用扰动信号经过 $G_c(s)$ 来进行补偿。

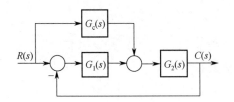

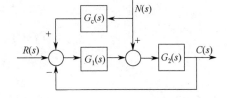

图 3-28　按输入补偿的复合控制系统结构图　　图 3-29　按扰动补偿的复合控制系统结构图

设 $R(s) = 0$

则

$$E(s) = -C(s) = -\frac{G_2(s)\left[1 + G_c(s)G_1(s)\right]}{1 + G_1(s)G_2(s)} \cdot N(s)$$

可见，如果

$$1 + G_c(s)G_1(s) = 0$$

即取

$$G_c(s) = -\frac{1}{G_1(s)} \tag{3-72}$$

则有 $E(s) = 0$，可实现完全补偿。利用按扰动补偿的复合控制，只要参数选取适当，可减小甚至消除由扰动信号引起的稳态误差。

【例 3-12】　系统结构图如图 3-30 所示。

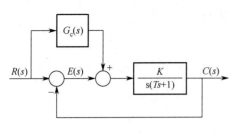

图 3-30　系统结构图

（1）设计 $G_c(s)$，使输入 $r(t) = At$ 作用下系统的稳态误差为零。

（2）在以上讨论确定了 $G_c(s)$ 的基础上，若被控对象开环增益增加了 ΔK，试说明相应的稳态误差是否还能为零。

解：（1）系统的开环传递函数为

$$G(s) = \frac{K}{s(Ts+1)}$$

开环增益是 K，系统型别为 $v = 1$。系统特征多项式为

$$D(s) = Ts^2 + s + K$$

当 $T > 0$，$K > 0$ 时，系统稳定。系统的误差传递函数为

$$\Phi_e(s) = \frac{E(s)}{R(s)} = \frac{1 - \dfrac{K}{s(Ts+1)}G_c(s)}{1 + \dfrac{K}{s(Ts+1)}} = \frac{s(Ts+1) - KG_c(s)}{s(Ts+1) + K}$$

令

$$e_{ss} = \lim_{s \to 0} s\Phi_e(s)R(s) = \lim_{s \to 0} \frac{A}{K}\left[1 - \frac{K}{s}G_c(s)\right] = 0$$

可得

$$G_c(s) = \frac{s}{K}$$

（2）设此时开环增益变为 $K + \Delta K$，则系统的误差传递函数变成

$$\Phi_e(s) = \frac{s(Ts+1) - [K + \Delta K] \cdot \dfrac{s}{K}}{s(Ts+1) + [K + \Delta K]}$$

$$e_{ss} = \lim_{s \to 0} s\Phi_e(s)R(s) = \lim_{s \to 0} s \cdot \frac{s\left[Ts + 1 - \dfrac{K + \Delta K}{K}\right]}{s(Ts+1) + (K + \Delta K)} \cdot \frac{A}{s^2} = \frac{-A\Delta K}{K(K + \Delta K)}$$

通过上述讨论可以看出，用复合校正控制可以有效提高系统的稳态精度，在理想情况下相当于将系统的型别提高一级，达到部分补偿的目的，而且控制系统并不因引入前馈控制而影响其稳定性。因此，复合控制系统能够较好地解决一般反馈控制系统在提高精度和确保系统稳定性之间的矛盾。然而，当系统参数变化时，用这种方法一般达不到理想条件下的控制精度。另外，当输入具有前馈通道时，静态误差系数不再适用。

本章小结

本章根据对控制系统性能的基本要求，定义了在典型信号输入作用下，反映系统稳定性、快速性、准确性三方面的性能指标。

利用时域法，分析了一阶系统和二阶系统在典型信号输入作用下的响应；对高阶系统的分析，引入了主导极点的概念，从而将高阶系统进行降阶，近似等效为一阶或二阶系统，并以此估算高阶系统的动态性能。理解附加闭环零点、极点对系统性能的影响，有助于对高阶系统性能的分析。

系统的稳定性判断，稳定性是控制系统能够正常工作的首要条件。系统的稳定性取决于系统自身的结构和参数，与外作用的大小和形式无关。线性系统稳定的充分必要条件是其特征根均位于 s 左半平面。劳斯判据是判断系统稳定性的一种常用方法。劳斯判据是通过系统特征方程的系数，间接判定系统的稳定性，确定使系统稳定有关参数的取值范围。若系统结构不稳定，则可通过附加控制装置的方法，使系统结构稳定。

稳态误差是衡量控制系统精度的稳态性能指标，与系统的结构、参数及外作用的形式、类型均有关。稳态误差可分为由给定信号引起的误差和由扰动信号引起的误差两种。稳态误差的计算可用一般方法，也可用静态误差系数法。提高控制精度，可增加积分环节的个数，也可适当增大开环增益。但这两种方法都可能使系统的稳定性变差，甚至导致系统不稳定。提高系统控制精度的另一种措施是，在反馈系统中增加补偿装置，利用复合控制方法来减小误差。这种方法既不影响系统的稳定性，又可减小系统的稳态误差。

课程思政

对于我们人本身这个特殊的系统，当遇到挫折（"系统"遭遇"外来干扰"）时，应以一种积极的心态改变自己的"固有特性"，我们在干扰存在的情况下仍要保持稳定和不断的输出。

习　题

1. 已知系统脉冲响应

$$k(t) = 0.0125 e^{-1.25t}$$

试求系统闭环传递函数 $\Phi(s)$。

2. 一阶系统结构图如图 3-31 所示。要求系统闭环增益 $K = 2$，调节时间 $t_s \leqslant 0.4\mathrm{s}$，试确定参数 K_1、K_2 的值。

3. 已知单位反馈系统的开环传递函数 $G(s) = \dfrac{4}{s(s+5)}$，求单位阶跃响应 $h(t)$ 和调节时间 t_s。

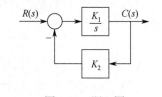

图 3-31　题 2 图

4. 设角速度指示随动系统结构图如图 3-32 所示，其中 $T=0.1$。若要求系统单位阶跃响应无超调，且调节时间尽可能短，问开环增益 K 应取何值，调节时间 t_s 是多少？

5. 机器人控制系统结构图如图 3-33 所示。试确定参数 K_1、K_2 的值，使系统阶跃响应的峰值时间 $t_p=0.5\mathrm{s}$，超调量

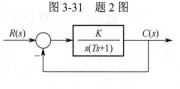

图 3-32　题 4 图

$\sigma\%=2\%$。

6．某典型二阶系统的单位阶跃响应曲线如图 3-34 所示，试确定系统的闭环传递函数。

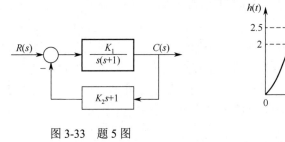

图 3-33　题 5 图　　　　　　　　　　图 3-34　题 6 图

7．设某系统结构图如图 3-35（a）所示，该系统的单位阶跃响应曲线如图 3-35（b）所示，试确定系统参数 K_1、K_2 和 a 的值。

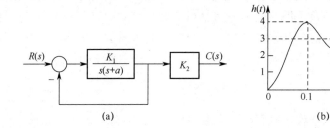

图 3-35　题 7 图

8．已知某控制系统结构图如图 3-36 所示，若要求系统的超调量 $\sigma\% = 30\%$，$t_s = 0.5\text{s}(\Delta = 5\%)$，试确定系统的参数 K 和 τ。

9．闭环系统特征方程分别如下，试判断系统的稳定性，并确定在 s 右半平面根的个数及纯虚根。

（1）$s^3 + 20s^2 + 9s + 100 = 0$；

（2）$s^3 + 20s^2 + 9s + 200 = 0$；

（3）$s^4 + 8s^3 + 18s^2 + 16s + 5 = 0$；

（4）$s^5 + 6s^4 + 3s^3 + 2s^2 + s + 1 = 0$。

10．已知单位负反馈系统的开环传递函数为

$$G(s) = \frac{K}{s(s + 4)(s + 10)}$$

（1）试确定使系统稳定的 K 取值范围；

（2）确定使闭环极点的实部不大于 -1 的 K 取值范围。

11．已知单位反馈系统的开环传递函数为 $G(s) = \dfrac{T_d s + 1}{s(2s^2 + s + 1)}$，试求使系统稳定的 T_d 范围。

12．已知系统结构图如图 3-37 所示。试问 τ 为多少，系统才能稳定？

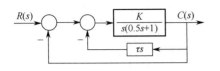

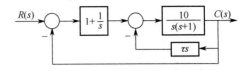

图 3-36　题 8 图　　　　　　　　　图 3-37　题 12 图

13．试确定图 3-38 所示系统参数 K 和 ξ 的稳定域。

14．已知单位反馈控制系统的开环传递函数如下。试求各系统的静态位置误差系数 K_p、速度误差系数 K_v 和加速度误差系数 K_a，并确定当输入信号分别为 $r(t)=1(t)$，$2t$，t^2 和 $1+2t+t^2$ 时系统的稳态误差 e_{ss}。

（1）$G(s)=\dfrac{20}{(0.1s+1)(0.2s+1)}$；

（2）$G(s)=\dfrac{200}{s(s+2)(s+10)}$；

（3）$G(s)=\dfrac{10(2s+1)}{s^2(s^2+4s+10)}$；

（4）$G(s)=\dfrac{5(3s+1)}{s^2(2s+1)(s+2)}$；

（5）$G(s)=\dfrac{K}{s(s^2+4s+200)}$。

15．闭环系统的动态结构图如图 3-39 所示。

（1）当 $R(s)=\dfrac{1}{s}$，超调量 $\sigma\%=20\%$，调节时间 $t_s=1.8s(\Delta=5\%)$ 时，试确定参数 K_1 和 τ 的值；

（2）当输入信号分别为 $r(t)=1(t)$，$r(t)=t$，$r(t)=\dfrac{1}{2}t^2$ 时，求系统的稳态误差。

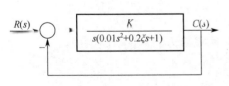

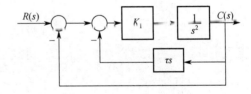

图 3-38　题 13 图　　　　　　　　　图 3-39　题 15 图

16．已知系统结构图如图 3-40 所示。其中，$r(t)=1(t)$，$n_1(t)=1(t)$，$n_2(t)=1(t)$，试求：

（1）在 $r(t)$ 作用下系统的稳态误差；

（2）在 $n_1(t)$ 和 $n_2(t)$ 同时作用下系统的稳态误差；

（3）在 $n_1(t)$ 作用下，且 $G(s)=K_p+\dfrac{K}{s}$ 和 $F(s)=\dfrac{1}{Js}$ 时，系统的稳态误差。

17．已知系统结构图如图 3-41 所示。

（1）求引起闭环系统临界稳定的 K 和对应的振荡频率 ω；

（2）当 $r(t)=t^2$ 时，要使系统稳态误差 $e_{ss}\leqslant 0.5$，试确定满足要求的 K 取值范围。

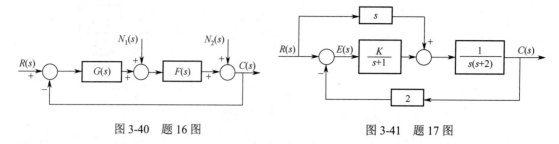

图 3-40　题 16 图　　　　　　　　　图 3-41　题 17 图

18．系统结构图如图 3-42 所示。已知系统单位阶跃响应的超调量 $\sigma\% = 16.3\%$。峰值时间 $t_p = 1s$。

（1）求系统的开环传递函数 $G(s)$；

（2）求系统的闭环传递函数 $\Phi(s)$；

（3）根据已知的性能指标，确定系数参数 K 和 τ；

（4）当输入信号 $r(t) = 1.5t$ 时，求系统的稳态误差。

19．系统结构图如图 3-43 所示，问：

（1）为确保系统稳定，如何取 K 值？

（2）为使系统特征根全部位于 s 平面 $s = -1$ 垂线的左侧，K 应取何值？

（3）若 $r(t) = 2t + 2$，要求系统稳态误差 $e_{ss} \leq 0.25$，K 应取何值？

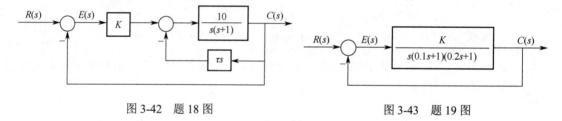

图 3-42　题 18 图　　　　　　　　　图 3-43　题 19 图

20．系统的闭环传递函数为

$$\Phi(s) = \frac{10}{(s+5)(s^2+2s+2)}$$

问该系统是否存在主导极点？若存在，求近似为二阶系统后的单位阶跃响应。

第4章 | 根轨迹法

系统的性能由闭环零点、极点在 s 平面上的分布决定，对高阶系统，求根过程很困难。但要研究系统参数变化对闭环特征根的影响，就需要进行大量的反复计算，这样就限制了解析法在高阶控制系统分析中的应用。W.R.Evans 于 1948 年提出了根轨迹法，根轨迹法是由开环传递函数的零点和极点求解闭环特征根的新方法。根轨迹法是分析和设计线性定常系统的图解方法，用于比较直观地分析闭环极点与系统参数之间的关系，在工程上获得了较为广泛的应用。

根轨迹法是一种适合分析高阶系统的图解分析方法，是经典控制理论的基本方法之一。

4.1 根轨迹的基本概念

4.1.1 根轨迹

根轨迹是指开环系统某一参数从零变到无穷时，闭环特征根在 s 平面上运动的轨迹。

现举例说明根轨迹的概念，某二阶系统结构图如图 4-1 所示。

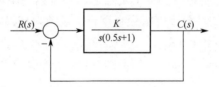

图 4-1 某二阶系统结构图

系统的开环传递函数为

$$G(s) = \frac{K}{s(0.5s + 1)}$$

系统的开环增益为 K；两个开环极点为 $s_1 = 0$，$s_2 = -2$；无开环零点。

其闭环传递函数为

$$\Phi(s) = \frac{C(s)}{R(s)} = \frac{2K}{s^2 + 2s + 2K}$$

则特征方程为

$$s^2 + 2s + 2K = 0$$

闭环特征根为

$$s_{1,2} = -1 \pm \sqrt{1 - 2K}$$

下面讨论当开环增益 K 从零到正无穷变化时，闭环特征根与 K 的关系。

$K = 0$ 时，$s_1 = 0$，$s_2 = -2$；

$K = 0.5$ 时，$s_1 = -1$，$s_2 = -1$；

$K = 1$ 时，$s_1 = -1 + j$，$s_2 = -1 - j$；

$K = 2.5$ 时，$s_1 = -1 + 2j$，$s_2 = -1 - 2j$；

$K = \infty$ 时，$s_1 = -1 + j\infty$，$s_2 = -1 - j\infty$，

则 K 由 $0 \to \infty$ 变化时，闭环特征根在 s 平面上运动的轨迹如图 4-2 所示。

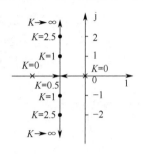

图 4-2 中，粗实线称为系统的根轨迹；箭头表示随着 K 值的增大特征根的运动方向，即根轨迹的变化趋势；而标注的数值代表与闭环极点位置相应的开环增益 K 值。

根据图示的根轨迹，可分析 K 变化时系统的各种性能。

（1）稳定性

当 K 由 $0 \to \infty$ 变化时，根轨迹均位于 s 左半平面，因此当 $K \in (0, \infty)$ 时，图 4-1 的系统是稳定的。

图 4-2 二阶系统根轨迹图

（2）稳态性能

开环系统在坐标原点处有一个极点，所以系统是 I 型系统，因而根轨迹上的 K 值就是静态速度误差系数。如果给定系统的稳态误差要求，则由根轨迹可以确定闭环极点位置的允许范围。在一般情况下，根轨迹图上标注出来的参数不是开环增益，而是根轨迹增益。

（3）动态性能

当 $0 < K < 0.5$ 时，所有闭环极点位于实轴上，系统为过阻尼系统，单位阶跃响应为非周期过程；当 $K = 0.5$ 时，闭环两个实数极点重合，系统为临界阻尼系统，单位阶跃响应仍为非周期过程，但响应速度较 $0 < K < 0.5$ 情况为快；当 $K > 0.5$ 时，闭环极点为复数极点，系统为欠阻尼系统，单位阶跃响应为阻尼振荡过程，且超调量将随 K 值的增大而增大，但调节时间的变化不会显著。

上述分析表明，根轨迹与系统性能之间有着比较密切的联系。然而，对高阶系统，用解析法绘制系统的根轨迹图，显然是不合适的。我们希望能有简便的图解方法，可以根据已知的开环传递函数迅速地绘制出闭环系统的根轨迹图。为此，需要研究闭环零点、极点与开环零点、极点之间的关系。

4.1.2 根轨迹方程

设系统结构图如图 4-3 所示。

系统的闭环传递函数为

$$\varPhi(s) = \frac{G(s)}{1 + G(s)H(s)}$$

一般情况下，前向通道传递函数 $G(s)$ 和反馈通道传递函数 $H(s)$ 分别表示为

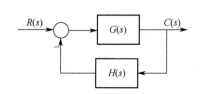

图 4-3 系统结构图

$$G(s) = K_{\mathrm{G}}^{*} \frac{\displaystyle\prod_{i=1}^{f}(s - z_i)}{\displaystyle\prod_{j=1}^{q}(s - p_j)} \tag{4-1}$$

$$H(s) = K_{\mathrm{H}}^{*} \frac{\displaystyle\prod_{i=1}^{l}(s - z_i)}{\displaystyle\prod_{j=1}^{h}(s - p_j)} \tag{4-2}$$

式中，K_{G}^{*} 为前向通道根轨迹增益；K_{H}^{*} 为反馈通道根轨迹增益。

系统的开环传递函数为

$$G(s)H(s) = K^{*} \frac{\displaystyle\prod_{i=1}^{f}(s - z_i)\prod_{i=1}^{l}(s - z_i)}{\displaystyle\prod_{j=1}^{q}(s - p_j)\prod_{j=1}^{h}(s - p_j)} \tag{4-3}$$

式中，$K^{*} = K_{\mathrm{G}}^{*} K_{\mathrm{H}}^{*}$，称为开环系统根轨迹增益，对有 m 个开环零点和 n 个开环极点的系统，必有 $f + l = m$ 和 $q + h = n$，则系统的闭环传递函数为

$$\varPhi(s) = \frac{K_{\mathrm{G}}^{*} \displaystyle\prod_{i=1}^{f}(s - z_i)\prod_{j=1}^{h}(s - p_j)}{\displaystyle\prod_{j=1}^{n}(s - p_j) + K^{*}\prod_{i=1}^{m}(s - z_i)} \tag{4-4}$$

比较式（4-3）和式（4-4），可得以下结论。

- 闭环系统根轨迹增益，等于开环系统前向通道根轨迹增益。对单位反馈系统，闭环系统根轨迹增益等于开环系统根轨迹增益。
- 闭环零点由开环前向通道传递函数的零点和反馈通道传递函数的极点组成。对单位反馈系统，闭环零点就是开环零点。
- 闭环极点与开环零点、开环极点、根轨迹增益均有关。

根轨迹法的基本任务在于：由已知的开环零点、极点的分布及根轨迹增益，通过图解的方法找出闭环极点。一旦确定闭环极点后，闭环传递函数的形式就不难确定，因为闭环零点可由式（4-4）直接得到。在已知闭环传递函数的情况下，闭环系统的时间响应可利用拉普拉斯变换求出。

根轨迹是系统所有闭环极点的集合。为了用图解法确定所有闭环极点，令闭环传递函数的分母为零，得闭环系统的特征方程为

$$1 + G(s)H(s) = 0 \tag{4-5}$$

即

$$G(s)H(s) = -1 \tag{4-6}$$

可见，满足开环传递函数等于 -1 的 s 为闭环特征根。定义根轨迹方程为

$$K^* \frac{\prod\limits_{i=1}^{m}(s-z_i)}{\prod\limits_{j=1}^{n}(s-p_j)} = -1 \qquad (4\text{-}7)$$

式中，z_i 为系统的开环零点；p_j 为系统的开环极点；K^* 为系统的根轨迹增益。当系统的开环零点、极点已知，K^* 从零到无穷变化时，系统的特征根 s 的运动轨迹即系统的连续根轨迹。应当指出，只要闭环特征方程可以化成式（4-7）的形式，就可以绘制根轨迹图，其中处于变动地位的实参数，不限定是根轨迹增益 K^*，也可以是系统其他变化参数。但是，用式（4-7）形式表达的开环零点、极点，在 s 平面上的位置必须是确定的，否则无法绘制根轨迹图。此外，如果需要绘制一个以上参数变化时的根轨迹图，那么绘制出的不再是简单的根轨迹，而是根轨迹簇。式（4-7）可以用幅值条件和相角条件来表示。

幅值条件：

$$|G(s)H(s)| = K^* \frac{\prod\limits_{i=1}^{m}\left|(s-z_i)\right|}{\prod\limits_{j=1}^{n}\left|(s-p_j)\right|} = 1 \qquad (4\text{-}8)$$

相角条件：

$$\angle G(s)H(s) = \sum_{i=1}^{m}\angle(s-z_i) - \sum_{j=1}^{n}\angle(s-p_j) = (2k+1)\pi, \quad k = 0, \pm 1, \pm 2, \cdots \qquad (4\text{-}9)$$

根据幅值条件和相角条件，可以完全确定 s 平面上的根轨迹和根轨迹上对应点的增益，相角条件与 K^* 无关，所以 s 平面上的某点只要满足相角条件，则该点必在根轨迹上。因此，相角条件是确定 s 平面上根轨迹的充分必要条件。也就是说，绘制根轨迹图时，只需使用相角条件，而幅值条件用来确定根轨迹上各点的 K^* 值。

4.2 根轨迹图的绘制法则

本节讨论根轨迹增益 K^* 变化时根轨迹的绘制法则，其相角遵循 $2k\pi + 180°$ 条件，因此称为 $180°$ 根轨迹，相应的绘制法则称为 $180°$ 根轨迹（或常规根轨迹）的绘制法则。

法则 1 根轨迹的起点和终点。 根轨迹起始于开环极点，终止于开环零点。如果开环零点个数 m 小于开环极点个数 n，则有 $n-m$ 条根轨迹终止于无穷远处。

证明： 根轨迹起点是指根轨迹增益 $K^* = 0$ 的根轨迹点，而终点则是指 $K^* \to \infty$ 变化的根轨迹点。幅值条件式（4-8）改写为

$$\frac{1}{K^*} = \frac{\prod\limits_{i=1}^{m}\left|(s-z_i)\right|}{\prod\limits_{j=1}^{n}\left|(s-p_j)\right|} = \frac{\prod\limits_{i=1}^{m}\left|\left(1-\dfrac{z_i}{s}\right)\right|}{s^{n-m}\prod\limits_{j=1}^{n}\left|1-\dfrac{p_j}{s}\right|} \qquad (4\text{-}10)$$

当 $s = p_j$ 时，有 $K^* = 0$；当 $s = z_i$ 时，有 $K^* \to \infty$；当 $|s| \to \infty$ 且 $n > m$ 时，有 $K^* \to \infty$；当 $|s| \to \infty$ 且 $m > n$ 时，有 $K^* \to 0$。

由此，根轨迹起始于开环极点，终止于开环零点。在实际系统中，开环传递函数分子多项式次数 m 与分母多项式次数 n 之间，满足不等式 $n > m$，因此有 $n - m$ 条根轨迹的终点将在无穷远处。若出现 $m > n$ 的情况，则必有 $m - n$ 条根轨迹的起点在无穷远处。

法则 2　根轨迹的分支数、对称性和连续性。 根轨迹的分支数与开环有限零点数 m 和有限极点数 n 中的大者相等，根轨迹是连续的且对称于实轴。

证明： 根据根轨迹定义，根轨迹是开环系统某一参数从零变到无穷时，闭环特征方程的根在 s 平面上的变化轨迹，因此根轨迹的分支数必与闭环特征根的数目一致。由特征方程（4-6）可见，闭环特征根的数目就等于 m 和 n 中的大者，所以以根轨迹的分支数必与开环有限零点、极点数中的大者相同。

由于闭环特征方程中的某些系数是根轨迹增益 K^* 的函数，当 K^* 从零到无穷大连续变化时，特征方程的某些系数也随之连续变化，因而特征根的变化也必然是连续的，故根轨迹具有连续性。

系统的特征方程是实系数方程，根据代数定理其特征根为实根或共轭复数根，而根轨迹是根的集合，因此根轨迹对称于实轴。

法则 3　实轴上的根轨迹。 实轴上的某一区域，若其右边实轴上开环零点、极点个数之和为奇数，则该区域必是根轨迹。

证明： 设开环零点、极点分布如图 4-4 所示。

图中，测试点 s_0 位于 (p_3, p_2) 段，开环零点到测试点 s_0 的相角为 φ_j（$j = 1, 2$），开环极点到 s_0 的相角为 θ_i（$i = 1, 2, 3, 4, 5$）。由图 4-4 可见，复数共轭极点到实轴上任意一点（包括 s_0）的向量相角之和为 2π。如果开环系统存在复数共轭零点，情况同样如此。因此，在确定实轴上的根轨迹时，可以不考虑复数开环零点、极点的影响。s_0 点左边开环实数零点、极点到 s_0 点的相角为零，而 s_0 点右边开环实数零点、极点到 s_0 点的向量相角均等于 π。如果令 $\sum \varphi_j$ 代表 s_0 点之右所有开环实数零点到 s_0

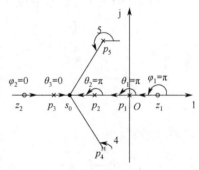

图 4-4　开环零点、极点分布

点的向量相角和，$\sum \theta_i$ 代表 s_0 点之右所有开环实数极点到 s_0 点的向量相角之和，那么 s_0 点位于根轨迹上的充分必要条件是下列相角条件成立：

$$\sum \varphi_j - \sum \theta_i = (2k+1)\pi$$

式中，$2k+1$ 为奇数。

在上述相角条件中，考虑到这些相角中每一个相角都等于 π，而 π 与 $-\pi$ 代表相同角度，因此减去 π 角就相当于加上 π 角。于是，s_0 位于根轨迹上的等效条件是

$$\sum \varphi_j + \sum \theta_i = (2k+1)\pi$$

式中，$2k+1$ 为奇数。

于是法则 3 得证，即只有当待定段右侧实轴上开环零点、极点个数之和为奇数时，则该待定段是根轨迹段。

法则 4 根轨迹的渐近线。 当开环有限极点数 n 大于有限零点数 m 时，有 $n-m$ 条根轨迹分支沿着与实轴交角为 φ_α、交点为 σ_α 的一组渐近线趋向无穷远处，且有

$$\varphi_\alpha = \frac{(2k+1)\pi}{n-m}, \quad k = 0,1,2,\cdots,n-m-1 \tag{4-11}$$

和

$$\sigma_\alpha = \frac{\sum_{i=1}^{n} p_i - \sum_{j=1}^{m} z_j}{n-m} \tag{4-12}$$

证明： 渐近线就是 s 值很大时的根轨迹，因此渐近线也一定对称于实轴。将开环传递函数写成多项式形式

$$G(s)H(s) = K^* \frac{s^m + b_1 s^{m-1} + \cdots + b_{m-1}s + b_m}{s^n + a_1 s^{n-1} + \cdots + a_{n-1}s + a_n} \tag{4-13}$$

式中，$b_1 = -\sum_{j=1}^{m} z_j$，$a_1 = -\sum_{i=1}^{n} p_i$。

当 s 值很大时，式（4-13）可近似为

$$G(s)H(s) = \frac{K^*}{s^{n-m} + (a_1 - b_1)s^{n-m-1}}$$

由 $G(s)H(s) = -1$ 的渐近线方程

$$s^{n-m}\left(1 + \frac{a_1 - b_1}{s}\right) = -K^*$$

或

$$s\left(1 + \frac{a_1 - b_1}{s}\right)^{\frac{1}{n-m}} = (-K^*)^{\frac{1}{n-m}} \tag{4-14}$$

根据二项式定理

$$\left(1 + \frac{a_1 - b_1}{s}\right)^{\frac{1}{n-m}} = 1 + \frac{a_1 - b_1}{(n-m)s} + \frac{1}{2!} \times \frac{1}{n-m}\left(\frac{1}{n-m} - 1\right)\left(\frac{a_1 - b_1}{s}\right)^2 + \cdots$$

在 s 值很大时，近似有

$$\left(1 + \frac{a_1 - b_1}{s}\right)^{\frac{1}{n-m}} = 1 + \frac{a_1 - b_1}{(n-m)s} \tag{4-15}$$

将式（4-15）代入式（4-14），渐近线方程可表示为

$$s\left(1 + \frac{a_1 - b_1}{(n-m)s}\right) = (-K^*)^{\frac{1}{n-m}} \tag{4-16}$$

令 $s = \sigma + j\omega$，代入式（4-16），得

$$\left(\sigma + \frac{a_1 - b_1}{n-m}\right) + j\omega = \sqrt[n-m]{K^*}\left[\cos\frac{(2k+1)\pi}{n-m} + j\sin\frac{(2k+1)\pi}{n-m}\right], \quad k = 0,1,2,\cdots,n-m-1$$

令实部和虚部分别相等，有

$$\sigma + \frac{a_1 - b_1}{n-m} = \sqrt[n-m]{K^*} \cos \frac{(2k+1)\pi}{n-m}$$

$$\omega = \sqrt[n-m]{K^*} \sin \frac{(2k+1)\pi}{n-m}$$

从最后两个方程中解出

$$\sqrt[n-m]{K^*} = \frac{\omega}{\sin \varphi_a} = \frac{\sigma - \sigma_a}{\cos \varphi_a} \tag{4-17}$$

$$\omega = (\sigma - \sigma_a)\tan \varphi_a \tag{4-18}$$

式中，

$$\varphi_a = \frac{(2k+1)\pi}{n-m}, \quad k = 0,1,2,\cdots,n-m-1 \tag{4-19}$$

$$\sigma_a = -\left(\frac{a_1 - b_1}{n-m}\right) = \frac{\sum_{i=1}^{n} p_i - \sum_{j=1}^{m} z_j}{n-m} \tag{4-20}$$

在 s 平面上，式（4-18）代表直线方程，它与实轴的交角为 φ_a、交点为 σ_a。当 k 取不同值时，可得 $n-m$ 个 φ_a 角，而 σ_a 不变，因此根轨迹渐近线是 $n-m$ 条与实轴交点为 σ_a、交角为 φ_a 的一组射线。

【例 4-1】　单位反馈系统开环传递函数为

$$G(s) = \frac{K^*(s+1)}{s(s+3)(s^2+2s+2)}$$

试根据已知的法则，判断实轴上的根轨迹，并计算根轨迹的渐近线。

解： 根据系统的开环传递函数知 $n=4$，$m=1$；4 个极点分别为 $p_1 = 0,-3,-1\pm j$，$z=-1$ 为零点。

（1）根轨迹的分支数为 4，且有 $n-m=3$ 条根轨迹趋于无穷远。

（2）实轴上的根轨迹：$(-\infty,-3]$，$[-1,0]$。

（3）渐近线为

$$\sigma_a = \frac{\sum_{i=1}^{n} p_i - \sum_{j=1}^{m} z_j}{n-m} = \frac{-3-1+j-1-j+1}{4-1} = -\frac{4}{3}$$

$$\varphi_a = \frac{(2k+1)\pi}{n-m} = \pm\frac{\pi}{3},\pi$$

法则 5　根轨迹的分离点与分离角。 两条或两条以上根轨迹分支在 s 平面上相遇又立即分开的点，称为根轨迹的分离点，分离点的坐标 d 是下列方程的解：

$$\sum_{j=1}^{n} \frac{1}{d-p_j} = \sum_{i=1}^{m} \frac{1}{d-z_i} \tag{4-21}$$

证明： 由根轨迹方程

$$1 + \frac{K^* \prod_{i=1}^{m}(s-z_i)}{\prod_{j=1}^{n}(s-p_j)} = 0$$

所以闭环特征方程表示为

$$D(s) = \prod_{j=1}^{n}(s-p_j) + K^* \prod_{i=1}^{m}(s-z_i) = 0$$

或

$$\prod_{j=1}^{n}(s-p_j) = -K^* \prod_{i=1}^{m}(s-z_i) \qquad (4\text{-}22)$$

根轨迹在 s 平面上相遇，说明闭环特征方程有重根出现。设重根为 d，根据代数中重根的条件，有

$$\dot{D}(s) = \frac{d}{ds}\left[\prod_{j=1}^{n}(s-p_j) + K^* \prod_{i=1}^{m}(s-z_i)\right] = 0$$

或

$$\frac{d}{ds}\prod_{j=1}^{n}(s-p_j) = -K^* \frac{d}{ds}\prod_{i=1}^{m}(s-z_i) \qquad (4\text{-}23)$$

将式（4-23）除以式（4-22），得

$$\frac{\frac{d}{ds}\prod_{j=1}^{n}(s-p_j)}{\prod_{j=1}^{n}(s-p_j)} = \frac{\frac{d}{ds}\prod_{i=1}^{m}(s-z_i)}{\prod_{i=1}^{m}(s-z_i)}, \quad \frac{d\ln \prod_{j=1}^{n}(s-p_j)}{ds} = \frac{d\ln \prod_{i=1}^{m}(s-z_i)}{ds}$$

而

$$\ln \prod_{j=1}^{n}(s-p_j) = \sum_{j=1}^{n}\ln(s-p_j), \quad \ln \prod_{i=1}^{m}(s-z_i) = \sum_{i=1}^{m}\ln(s-z_i)$$

故有

$$\sum_{j=1}^{n}\frac{d\ln(s-p_j)}{ds} = \sum_{i=1}^{m}\frac{d\ln(s-z_i)}{ds}$$

于是有

$$\sum_{j=1}^{n}\frac{1}{s-p_j} = \sum_{i=1}^{m}\frac{1}{s-z_i}$$

从上式中解出 s，即为分离点 d。法则 5 得证。

另外，当 l 条根轨迹分支进入并立即离开分离点时，分离角可由式 $(2k+1)\pi/l$ 决定，其中 $k = 0,1,\cdots,l-1$。需要说明的是，分离角定义为根轨迹进入分离点的切线方向与离开分离点的切线方向之间的夹角。显然，当 $l=2$ 时，分离角必为直角。

【例 4-2】 设单位反馈系统的开环传递函数为

$$G(s) = \frac{K^*(s+5)}{s(s+2)(s+3)}$$

试绘制闭环根轨迹图。

解：（1）$n=3$，根轨迹有三条。

（2）起点：$p_1=0$，$p_2=-2$，$p_3=-3$；终点：$z=-5$，另两条趋于无穷远。

（3）实轴上的根轨迹：$0\to-2$，$-3\to-5$。

（4）渐近线：$n-m=2$（条）。

$$\sigma_a=\frac{\sum p_i-\sum z_j}{n-m}=\frac{(0-2-3)-(-5)}{2}=0$$

$$\varphi_a=\frac{\pm(2k+1)\pi}{n-m}=\pm\frac{\pi}{2}$$

（5）分离点：

$$\frac{1}{d}+\frac{1}{d+2}+\frac{1}{d+3}=\frac{1}{d+5}$$

用试探法，解得 $d=-0.89$。

概略绘出相应的闭环根轨迹图，如图 4-5 所示。

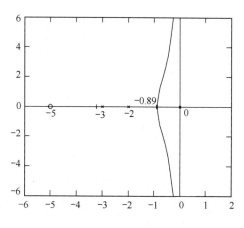

图 4-5　例 4-2 根轨迹图

法则 6　根轨迹的出射角与入射角。根轨迹离开开环复数极点处的切线与正实轴的夹角，称为出射角，以 θ_{p_l} 表示；根轨迹进入开环复数零点处的切线与正实轴夹角，称为入射角，以 φ_{z_l} 表示。这些角度可直接根据根轨迹方程中的相角条件求出，即

$$\theta_{p_l}=\pm180°+\sum_{i=1}^{m}\angle(p_l-z_i)-\sum_{\substack{j=1\\(j\neq l)}}^{n}\angle(p_l-p_j)\tag{4-24}$$

$$\varphi_{z_l}=\pm180°-\sum_{\substack{i=1\\(i\neq l)}}^{m}\angle(z_l-z_i)+\sum_{j=1}^{n}\angle(z_l-p_j)\tag{4-25}$$

法则 7　根轨迹与虚轴的交点。若根轨迹与虚轴相交，则交点上的 K^* 值与 ω 值可用劳斯判据确定，也可令闭环特征方程中的 $s=j\omega$，然后分别令其实部和虚部为零而求得。

若根轨迹与虚轴相交，则表示闭环系统存在纯虚根，这意味着 K^* 值会使闭环系统处于临界稳定状态。因此，令劳斯表第一列中包含 K^* 的项为零，即可确定根轨迹与虚轴交点上的 K^* 值。此外，因为一对纯虚根是数值相同但符号相异的根，所以利用劳斯表中 s^2 行的系数构成辅助方程，必可解出纯虚根的数值，这一数值就是根轨迹与虚轴交点上的 ω 值。如果根轨迹与正虚轴（或者负虚轴）有一个以上的交点，则应采用劳斯表中幂大于 2 的 s 偶次方行的系数构造辅助方程。

确定根轨迹与虚轴交点处参数的另一种方法是将 $s=j\omega$ 代入闭环特征方程，得到

$$1+G(j\omega)H(j\omega)=0$$

令上述方程的实部和虚部分别为零，有

$$Re[1+G(j\omega)H(j\omega)]=0$$

$$Im[1+G(j\omega)H(j\omega)]=0$$

利用实部方程和虚部方程，不难解出根轨迹与虚轴交点处的 K^* 值与 ω 值。

【例 4-3】 单位反馈控制系统开环传递函数为

$$G(s) = \frac{K^*(s+2)}{s(s+3)(s^2+2s+2)}$$

试绘制该系统的根轨迹图。

解：（1）根轨迹对称于实轴。

（2）实轴上的根轨迹分布：$[-2,0]$ 和 $(-\infty,-3]$。

（3）渐近线的条数为 3（$n-m=3$）。渐近线倾角为 $\varphi_a = \pm 60°,180°$。渐近线与实轴的

交点为 $\sigma_a = \dfrac{-3+-1+j-1-j-(-2)}{3} = -1$。

（4）复数极点 p_2 的出射角为

$$\theta = 180° - (135° + 90° + 26.6°) + 45° = -26.6°$$

（5）根轨迹与虚轴的交点。令 $s = j\omega$，代入特征方程得

$$s^4 + 5s^3 + 8s^2 + 6s + K^*(s+2) = 0$$

整理后，得

$$\begin{cases} -5\omega^3 + (6+K^*)\omega = 0 \\ \omega^4 - 8\omega^2 + 2K^* = 0 \end{cases}$$

解得

$$\begin{cases} K^* = 7 \\ \omega = \pm 1.61 \end{cases}$$

绘制出的根轨迹图如图 4-6 所示。

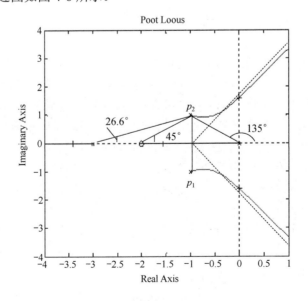

图 4-6　例 4-3 根轨迹图

【**例 4-4**】　某单位反馈系统的开环传递函数为

$$G(s) = \frac{K^*}{s(s+1)(s+5)}$$

试概略绘制系统根轨迹图。

解：（1）根轨迹对称于实轴。

（2）实轴上的根轨迹分布：$(-\infty, -5]$ 和 $[-1, 0]$。

（3）渐近线的条数为 3（$n - 0 = 3$）。渐近线倾角为 $\varphi_a = \pm 60°, 180°$。渐近线与实轴的交点为 $\sigma_a = \dfrac{-1-5}{3} = -2$。

（4）分离点：

$$\frac{1}{d} + \frac{1}{d+1} + \frac{1}{d+5} = 0$$

整理后，得

$$3d^2 + 12d + 5 = 0$$

解得 $d_1 = -3.5$，$d_2 = -0.47$

分离点位于实轴上 $[-1, 0]$ 之间，故取 $d_2 = -0.47$。

（5）根轨迹与虚轴的交点。

方法一　系统闭环特征方程为

$$D(s) = s^3 + 6s^2 + 5s + K^* = 0$$

令 $s = j\omega$，代入闭环特征方程，有

$$\begin{cases} -6\omega^2 + K^* = 0 \\ -\omega^3 + 5\omega = 0 \end{cases}$$

解得

$$\begin{cases} \omega = \pm\sqrt{5} \\ K^* = 30 \end{cases}$$

舍去 $\begin{cases} \omega = 0 \\ K^* = 0 \end{cases}$。因此，根轨迹与虚轴的交点为 $s = \pm j\sqrt{5}$，对应的根轨迹增益 $K^* = 30$。

方法二　用劳斯判据求根轨迹与虚轴的交点。

列劳斯表如下：

$$\begin{array}{ccc} s^3 & 1 & 5 \\ s^2 & 6 & K^* \\ s^1 & \dfrac{30 - K^*}{6} & \\ s^0 & K^* & \end{array}$$

当 $K^* = 30$ 时，s^1 行为全零行，系统存在共轭虚根。共轭虚根可由 s^2 行的辅助方程求得

$$F(s) = 6s^2 + K^* \big|_{K^*=30} = 0$$

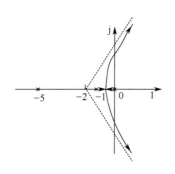

图 4-7　例 4-4 根轨迹图

得 $s = \pm j\sqrt{5}$ 为根轨迹与虚轴的交点。绘制出根轨迹图如图 4-7 所示。

法则 8　根之和。当系统开环传递函数的分子、分母阶次 $n - m \geqslant 2$ 时，系统闭环极点之和等于系统开环极点之和，即 $\sum_{i=1}^{n} s_i = \sum_{i=1}^{n} p_i$。

证明：设系统开环传递函数为

$$G(s)H(s) = \frac{K^* \prod_{i=1}^{m}(s - z_i)}{\prod_{j=1}^{n}(s - p_j)} = \frac{K^*(s^m + b_{m-1}s^{m-1} + \cdots + b_0)}{s^n + a_{n-1}s^{n-1} + a_{n-2}s^{n-2} + \cdots + a_0}$$

式中，$a_{n-1} = \sum_{j=1}^{n}(-p_j)$。

系统的闭环特征方程在 $n > m$ 的情况下，可以有不同形式的表示：

$$\prod_{j=1}^{n}(s - p_j) + K^* \prod_{i=1}^{m}(s - z_i) = s_n + a_{n-1}s^{n-1} + \cdots + a_1 s + a_0$$

$$= \prod_{j=1}^{n}(s - s_j) = s_n + (-\sum_{j=1}^{n} s_j)s^{n-1} + \cdots + \prod_{j=1}^{n}(-s_j) = 0$$

式中，s_i 为闭环特征根。

当 $n - m \geqslant 2$ 时，特征方程第二项系数与 K^* 无关，无论 K^* 取何值，开环 n 个极点之和总是等于闭环特征方程 n 个根之和，即

$$\sum_{j=1}^{n} s_j = \sum_{j=1}^{n} p_j$$

在开环极点确定的情况下，这是一个不变的常数。因此，当开环增益 K 增大时，若闭环某些根在 s 平面向左移动，则另一部分根必向右移动。可以用法则 8 判断根轨迹的走向。

【例 4-5】　已知系统的开环传递函数为 $G(s)H(s) = \dfrac{K^*}{s(s+1)(s+2)}$，试绘制该系统的根轨迹图。

解：（1）将零极点在 s 平面上表示出来。

（2）实轴上根轨迹的分布：$[-1, 0]$ 和 $(-\infty, -2]$。

（3）渐近线的计算。

由 $n = 3$，$m = 0$，所以渐近线有 3 条，且

$$\sigma_a = \frac{\sum_{i=1}^{n} p_i - \sum_{j=1}^{m} z_j}{n - m} = \frac{0 + (-1) + (-2)}{3 - 0} = -1$$

$$\varphi_a = \frac{(2k+1)\pi}{n-m} = \frac{(2k+1)\pi}{3}, \quad k = 0,1,2$$

$$\varphi_a = \frac{\pi}{3}, \pi, -\frac{\pi}{3}$$

（4）分离点和分离角。

由 $\sum_{i=1}^{n} \frac{1}{d-p_i} = \sum_{j=1}^{m} \frac{1}{d-z_j}$，得

$$\frac{1}{d} + \frac{1}{d+1} + \frac{1}{d+2} = 0$$

解得

$$d_1 = -0.42, \quad d_2 = -1.58 \text{（不在根轨迹上，舍去）}$$

分离角为 $\pm 90°$。

（5）根轨迹与虚轴的交点。

令 $s = \mathrm{j}\omega$，代入特征方程得

$$\begin{cases} -\omega^3 + 2\omega = 0 \\ -3\omega^2 + K^* = 0 \end{cases}$$

解得

$$\begin{cases} \omega = 0 \\ K^* = 0 \end{cases}, \begin{cases} \omega = 1.41 \\ K^* = 6 \end{cases}, \begin{cases} \omega = -1.41 \\ K^* = 6 \end{cases}$$

式中，$\omega = 0$，$K^* = 0$ 是根轨迹的起点；而 $\omega = \pm 1.41$，$K^* = 6$ 是根轨迹与虚轴的交点。绘制出根轨迹图如图 4-8 所示。

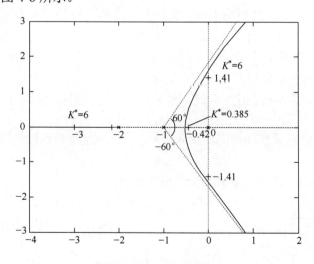

图 4-8 例 4-7 根轨迹图

（6）利用幅值条件可确定相应根轨迹点的 K^* 值，分离点的 K^* 值为 0.385。

（7）根据根轨迹的走势，可计算出当 $K^* = 6$ 时，两个极点为 $\pm \mathrm{j}1.41$，另一个极点为 -3。

4.3　参数根轨迹

在控制系统中，负反馈系统根轨迹增益 K^* 是变化参数的根轨迹称为常规根轨迹。除根轨迹增益变化参数外，其他情形下的根轨迹称为广义根轨迹，如系统的参数根轨迹、开环传递函数中零点个数多于极点个数时的根轨迹，以及零度根轨迹等均是广义根轨迹。

在控制系统的分析和设计中，常常要考虑其他参数变化对系统的影响，就需绘制其他参数变化时的系统根轨迹图，因此，除根轨迹增益 K^* 或以非开环增益为可变参数的根轨迹称为参数根轨迹。

绘制参数根轨迹图的法则与绘制常规根轨迹图的法则完全相同。只要在绘制参数根轨迹图前，引入等效单位反馈系统和等效开环传递函数的概念，将绘制参数根轨迹图的问题转化为常规根轨迹图的绘制即可。因此，需要对闭环特征方程进行等效变换。

单位负反馈系统的特征方程为

$$1 + G(s)H(s) = 0 \qquad (4\text{-}26)$$

进行等效变换，将其写为如下形式：

$$1 + A\frac{P(s)}{Q(s)} = 0 \qquad (4\text{-}27)$$

其中，A 为除 K^* 外系统任意变化的参数，而 $P(s)$ 和 $Q(s)$ 为两个与 A 无关的首一多项式。

根据式（4-27），可得等效单位反馈系统，其等效开环传递函数为

$$G(s)H(s) = A\frac{P(s)}{Q(s)} \qquad (4\text{-}28)$$

利用式（4-28）绘制出的根轨迹图，就是参数 A 变化时的参数根轨迹图。需要强调指出，等效开环传递函数是根据式（4-28）得来的，因此"等效"的含义仅在闭环极点相同这一点上成立，而闭环零点一般是不同的。由于闭环零点对系统动态性能有影响，所以由闭环零点、极点分布来分析和估算系统性能时，可以采用参数根轨迹上的闭环极点，但必须采用原来闭环系统的零点。这一处理方法和结论，对绘制开环零点、极点变化时的根轨迹图，同样适用。

【例 4-6】　设随动系统结构图如图 4-9 所示。加入速度负反馈 K_v 后，试分析 K_v 对系统性能的影响。

解：以 K_v 为参数，绘制出系统的参数根轨迹图。

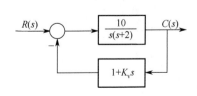

图 4-9　某随动系统结构图

（1）系统的开环传递函数为

$$G(s)H(s) = \frac{10(1 + K_v s)}{s(s+2)}$$

系统的特征方程为 $1 + G(s)H(s) = 0$，整理得

$$s^2 + 2s + 10K_v s + 10 = 0$$

为绘制 K_v 的参数根轨迹图，进行如下整理：以特征方程中不含 K_v 的各项（$s^2 + 2s + 10$）除特征方程，得

$$1 + \frac{10K_v s}{s^2 + 2s + 10} = 0$$

其等效开环传递函数为

$$G'(s)H'(s) = \frac{10K_v s}{s^2 + 2s + 10}$$

下面以 K_v 为根轨迹增益，绘制 $G'(s)H'(s)$ 的根轨迹图。

（2） $n = 2$ ， $m = 1$ ，因此根轨迹有 2 条。

（3）起点： $-1 + j3$ ， $-1 - j3$ ；终点： 0 和无穷远。

（4）根轨迹在实轴上的分布：负实轴。

（5）分离点。

因为 $K_v = -\dfrac{s^2 + 2s + 10}{10s}$ ，由 $\dfrac{dK_v}{ds} = 0$ ，得

$$\frac{10s(2s + 2) - 10(s^2 + 2s + 10)}{100s^2} = 0$$

解得

$$s = \pm\sqrt{10} = \pm 3.16$$

式中， $s = -3.16$ 是分离点（ $s = +3.16$ 不在根轨迹区，舍去），分离角是 $\pm 90°$ ，将 $s = -3.16$ 代入特征方程中，求得分离点处的 $K_v = 0.432$ 。

（6）复数极点 $-1 + j3$ 的起始角为

$$\theta = 180° - 90° + \varphi = 90° + \arctan\left(\frac{3}{-1}\right) = 198.4°$$

这样就可绘制出参数根轨迹图，如图 4-10 所示。

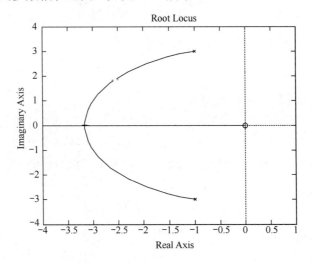

图 4-10 例 4-6 参数根轨迹图

4.4 利用根轨迹分析系统性能

在经典控制理论中，控制系统设计的重要评价取决于系统的单位阶跃响应。应用根轨迹法，可以迅速确定系统在某一开环增益或某一参数值下的闭环零点、极点位置，从而得到相应的闭环传递函数。这时，可以利用拉普拉斯反变换法或者 MATLAB 仿真法确定系统的单位阶跃响应，有阶跃响应不难求出系统的各项性能指标。然而，在系统初步设计过程中，重要之处往往不是如何求出系统的阶跃响应，而是如何根据已知的闭环零点、极点去定性地分析系统的性能。

前面讨论了闭环控制系统根轨迹的绘制方法，本节讨论控制系统的根轨迹与系统性能的关系，采用根轨迹法分析系统的一般步骤如下。

- 绘制系统的根轨迹图。
- 分析根轨迹，采用幅值方程估计系统根轨迹增益 K^* 取不同数值时的闭环极点分布，高阶系统对某一 K^* 值要尽可能地找出一对闭环主导极点。
- 根据开环传递函数中前向通道的零点和反馈通道中的极点得到闭环传递函数的零点。
- 根据闭环零极点的分布估算系统暂态响应指标和稳态误差特征。

4.4.1 已知根轨迹增益确定闭环极点和传递函数

根据根轨迹分析系统性能，有时需要确定根轨迹增益 K^* 取某值时的闭环极点，进而确定闭环传递函数。已知 K^*，一般采用试探法确定闭环极点。

【例 4-7】 已知系统的开环传递函数为 $G(s)H(s)=\dfrac{K^*}{s(s+1)(s+2)}$，试确定 $K^*=1$ 时系统的闭环极点。

解： 系统的根轨迹图如图 4-11 所示。

因为根轨迹的分离点在 $K^*=0.358$，$s=-0.423$ 处，所以 $K^*=1$ 时，系统的闭环极点中必然有一对复数极点，还有一个实数极点。由于当 K^* 从 $0\rightarrow\infty$ 变化时，一条根轨迹分支始终在负实轴上，所以在这条根轨迹上取试验点比较方便。根据幅值方程求出试验点对应的 K^* 值，最终可以找到 $K^*=1$ 时系统的闭环极点。

取 $s_3=-2.32$，$K^*=|s_3||s_3+1||s_3+2|=2.32\times1.32\times0.32=0.98$；

取 $s_3=-2.33$，$K^*=|s_3||s_3+1||s_3+2|=2.33\times1.33\times0.33=1.023$；

取 $s_3=-2.325$，$K^*=|s_3||s_3+1||s_3+2|=2.325\times1.325\times0.325=1.001$，

即 $K^*=1$ 时，$s_3=-2.325$。

根据闭环特征方程和长除法，有

$$\frac{s^3 + 3s^2 + 2s + 1}{s + 2.325} = s^2 + 0.675s + 0.431 = 0$$

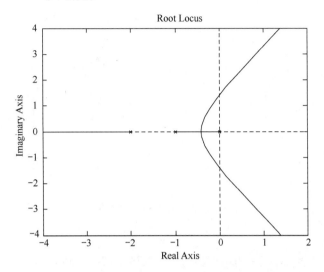

图 4-11　例 4-7 根轨迹图

可求得另两个极点

$$s_{2,3} = -0.338 \pm j0.56$$

故系统的闭环传递函数为

$$G(s)H(s) = \frac{1}{(s + 2.325)(s^2 + 0.675s + 0.431)}$$

4.4.2　已知系统性能指标确定闭环极点

在根轨迹法的运用中，通常也需要根据对系统的性能指标要求，确定闭环极点的位置和对应的 K^* 值，使系统的性能满足要求。

【例 4-8】　已知系统的开环传递函数为 $G(s)H(s) = \dfrac{K^*}{s(s+1)(s+2)}$，若 $\xi = 0.5$，试确定系统的闭环极点和对应的 K^*。

解：系统的根轨迹图如图 4-12 所示。

根据性能指标要求可得 $\beta = \arccos \xi = 60°$。

在根轨迹图上作 $\beta = \pm 60°$ 的射线，它们与根轨迹的交点为 s_1 和 s_2（根据对称性，只画出了 s_1），从图上可以确定 s_1 和 s_2 的坐标，即

$$s_{1,2} = -0.33 \pm j0.58$$

因为 $n - m \geqslant 2$，所以

$$s_3 = \sum_{j=1}^{3} p_j - s_1 - s_2 = -3 + 0.33 \times 2 = -2.34$$

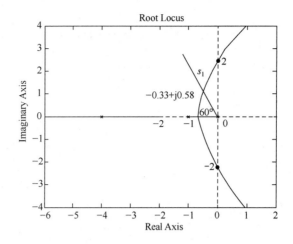

图 4-12　例 4-8 根轨迹图

则有

$$K^* = |s_3||s_3 + 1||s_3 + 2| = 2.34 \times 1.34 \times 0.34 = 1.066$$

故系统的闭环传递函数为

$$\Phi(s) = \frac{1.066}{(s + 2.34)[(s + 0.33)^2 + 0.58^2]}$$

4.4.3　增加开环零点对系统性能的影响

下面通过一个例子分析增加开环零点对系统性能的影响。

【例 4-9】　设控制系统的开环传递函数为

$$G(s)H(s) = \frac{K^*}{s(s + 1)(s + 3)}$$

当 K^* 从 $0 \to \infty$ 变化时，闭环系统的根轨迹图如图 4-13（a）所示。

若系统增加一个开环零点 $z = -a$，则开环传递函数为

$$G(s)H(s) = \frac{K^*(s + a)}{s(s + 1)(s + 3)}$$

零点在不同位置时的系统根轨迹图如图 4-13（b）、图 4-13（c）、图 4-13（d）所示。

通过图 4-13 可知，选择增加合适的开环零点，将使根轨迹向左弯曲或移动，可改善系统的稳定性和快速性。但零点选择不合适，则达不到改善系统性能的目的。一般，先根据性能指标的要求确定闭环极点的位置，再选择增加合适的开环零点。

【例 4-10】　已知系统的开环传递函数为 $G(s)H(s) = \dfrac{K^*}{s(s + 1)(s + 4)}$，要使系统满足 $\xi = 0.5$，$t_s \leqslant 3s$ 的要求，试确定增加开环零点的位置。

解：（1）绘制出系统的根轨迹图如图 4-14 所示。

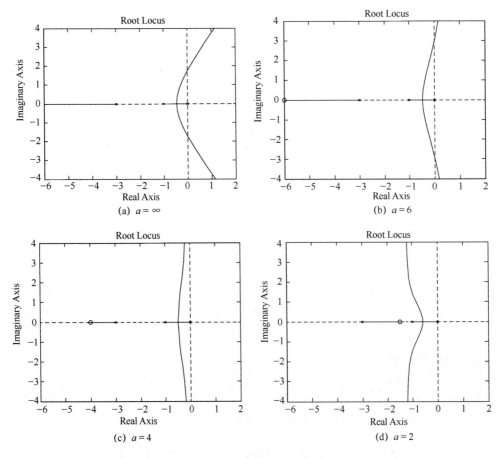

(a) $a = \infty$　　　　(b) $a = 6$

(c) $a = 4$　　　　(d) $a = 2$

图 4-13　例 4-9 根轨迹图

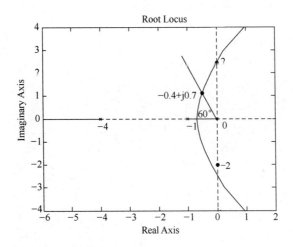

图 4-14　例 4-10 根轨迹图

实轴上的根轨迹：$[-1,0]$ 和 $(-\infty,-4]$。

根轨迹的渐近线：$\sigma = -1.66$，$\theta = \pm 180°, \pm 60°$（$k = 0,1$）。

根轨迹的分离点：$s = -0.46$。

根轨迹与虚轴的交点：$K^* = 20$，$\omega = \pm 2$。

（2）验证系统是否满足性能指标的要求。

作 $\beta = \arccos \xi = 60°$ 的射线，它与根轨迹相交处的闭环极点为主导极点，即

$$s_{1,2} = -0.4 \pm j0.7$$

调节时间为 $t_s = \dfrac{3}{\xi \omega_n} = \dfrac{3}{0.4} = 7.5\text{s}$，显然不满足题设要求。可加入开环零点来改善系统的性能。

（3）确定开环零点的位置。

根据 $t_s = \dfrac{3}{\xi \omega_n} \leqslant 3$，得

$$\xi \omega_n \geqslant 1$$

① 将开环零点配置在-1 和-4 之间，如选择 $z = -2$，增加开环零点以后的传递函数为

$$G(s)H(s) = \frac{K^*(s + 2)}{s(s + 1)(s + 4)}$$

分离点：$s_1 = -0.55$，$K^* = 0.59$。

根轨迹的渐近线：$\sigma = -1.5$，$\theta = \pm 90°$（$k = 0$）。

系统零点配置根轨迹图如图 4-15 所示。

作 $\beta = \arccos \xi = 60°$ 的射线，其与根轨迹的交点便确定了闭环极点的位置和相应的 K^* 值。$s_{1,2} = -1 \pm j1.732$，$K^* = 6$ 与这对主导极点对应的系统调节时间 $t_s = \dfrac{3}{\xi \omega_n} = 3\text{s}$，正好满足要求。如果不满足，可进一步调整零点的位置。

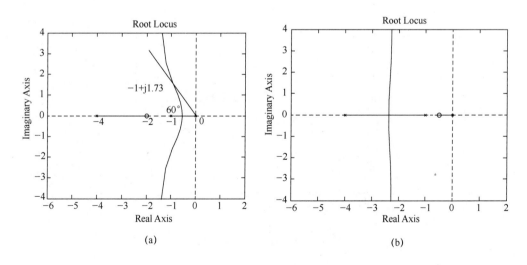

图 4-15 例 4-10 系统零点配置根轨迹图

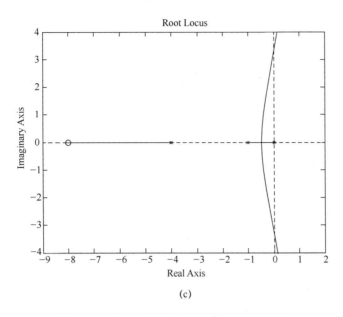

图 4-15　例 4-10 系统零点配置根轨迹图（续）

一般，将开环零点配置在左边两个极点-1 和-4 之间，则系统可用一个二阶系统来近似。这样既可保证系统的响应速度，又可使超调量在一定范围内。这是一般对随动系统所期望的性能要求。

② 若将开环零点配置在右边两个极点 0 与-1 之间，系统的根轨迹图如图 4-15（b）所示。此时，由于闭环实数极点靠近虚轴，所以系统响应速度较低。一般不希望随动系统出现这种情况。

③ 若将开环零点配置在左边的极点-4 和 -∞ 之间，系统的根轨迹图如图 4-15（c）所示。可见，系统的性能并没有大的改善。

4.4.4　增加开环极点对系统性能的影响

与增加开环零点时的情况相反，在系统的开环传递函数中增加极点，会使系统的根轨迹向右弯曲或移动，系统的稳定性变差。

二阶系统 $G(s)H(s) = \dfrac{K^*(s+3)}{s(s+1)}$、$G(s)H(s) = \dfrac{K^*(s+3)}{s(s+1)(s+6)}$、$G(s)H(s) = \dfrac{K^*(s+3)}{s(s+1)(s+2)}$ 和

$G(s)H(s) = \dfrac{K^*(s+3)}{s(s+1)(s+0.5)}$ 的根轨迹图分别如图 4-16（a）、（b）、（c）、（d）所示。

比较各根轨迹图不难发现，所增加极点的模值越小，即距离虚轴越近，则根轨迹向右弯曲或移动的趋势越明显，对系统稳定性的影响也越大。当所增加极点的模值小于某一定值后，随着 K^* 的增大，系统的稳定性将变差。当所增加极点的模值进一步减小至某值后，可能使系统不稳定。

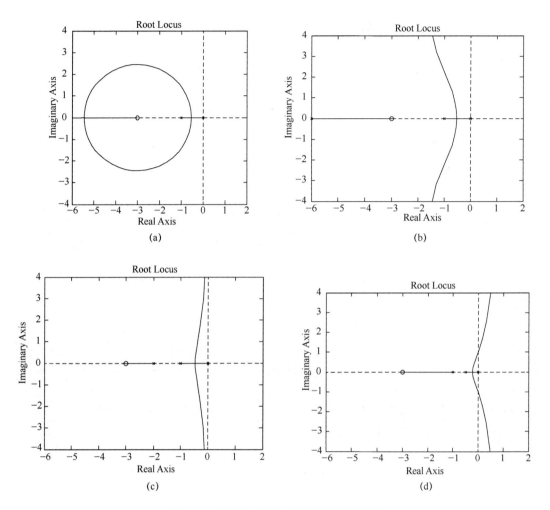

图 4-16 开环极点变化时系统的根轨迹图

本章小结

　　本章详细介绍了根轨迹的基本概念、根轨迹图的绘制方法及根轨迹在控制系统性能分析中的应用。根轨迹法是一种图解方法，可以避免繁重的计算工作，工程上使用比较方便。根轨迹法特别适合分析当某一个参数变化时，系统性能的变化趋势。

　　根轨迹是系统某个参量从 $0 \to \infty$ 变化时闭环特征根相应在 s 平面上移动而描绘出的轨迹。绘制根轨迹图是用根轨迹法分析系统的基础。正确区分并处理常规根轨迹和广义根轨迹问题，牢固掌握并熟练应用绘制根轨迹图的基本法则，就可以快速绘出根轨迹图的大致形状。

　　根轨迹法的基本思路是：在已知系统开环零点、极点分布的情况下，依据绘制根轨迹图的基本法则绘制出根轨迹图；分析系统性能随参数的变化趋势；在根轨迹上确定出满足系统要求的闭环极点位置，标出闭环零点；再利用闭环主导极点的概念，对系统控制性能进行定性分析和定量估算。

在控制系统中适当设置一些开环零点、极点，可以改变根轨迹的形状，从而达到改善系统性能的目的。一般情况下，增加开环零点可使根轨迹左移，有利于改善系统的相对稳定性和动态性能；单纯加入开环极点，则效果相反。

------------------------------ 课程思政 ------------------------------

在通过绘制根轨迹图进行系统分析的过程中，也是我们透过现象看本质、总结事物发展规律的过程。

习　题

1. 已知系统的零点、极点分布如图 4-17 所示，试大致绘制根轨迹的形状。

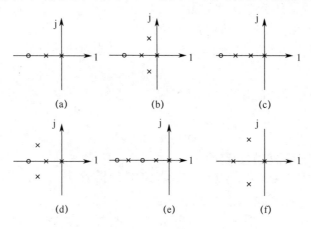

图 4-17　题 1 图

2. 如果单位反馈控制系统的开环传递函数为 $G(s) = \dfrac{K^*}{s+1}$，试用解析法绘制出 K^* 从零变化到无穷时的闭环根轨迹图，并判断 $-2+j0$，$0+j1$，$-3+j2$ 是否在根轨迹上。

3. 已知反馈控制系统的开环传递函数为

（1）$G(s) = \dfrac{K^*(s+1.5)(s+5.5)}{s(s+1)(s+5)}$，

（2）$G(s) = \dfrac{K^*(s+1.5)}{s(s+1)(s+4)}$，

（3）$G(s) = \dfrac{K^*}{s(s+1)^2}$，

且 $K^* \geqslant 0$，试绘制出各系统的根轨迹图。

4．已知单位反馈系统开环传递函数为 $G(s) = \dfrac{K^*(s^2 + 6s + 10)}{s^2 + 2s + 10}$，试证明该系统的根轨迹位于一个圆的圆弧上，并指出该圆的半径和圆心坐标。

5．已知系统的开环传递函数为 $G(s) = \dfrac{K^*(s+2)}{s(s+1)}$。

（1）绘制出系统的根轨迹图，标出分离点和会合点；

（2）当增益 K^* 为何值时，复数特征根的实部为 -2？求出此根。

6．设有一单位反馈系统，已知其前向通道传递函数为

$$G(s) = \dfrac{K^*}{s(s+1)(s+3)}$$

为使主导极点具有阻尼比 $\xi = 0.5$，确定 K^* 的值。

7．已知反馈系统的开环传递函数为

$$G(s) = \dfrac{K^*}{s(s+2)(s+4)}$$

（1）绘制出该反馈系统的根轨迹图；

（2）求系统具有阻尼振荡响应的 K^* 取值范围；

（3）求使主导极点具有阻尼比 $\xi = 0.5$ 的 K^* 值，并求对应该值时，用因式分解形式表示的闭环传递函数。

8．已知单位反馈系统的开环传递函数为

$$G(s) = \dfrac{K^*}{s(s+1)(0.5s+1)}$$

（1）用根轨迹分析系统的稳定性；

（2）若主导极点的阻尼比 $\xi = 0.5$，求系统的性能指标。

9．设单位反馈控制系统的开环传递函数为

$$G(s) = \dfrac{K^*}{s(0.01s+1)(0.02s+1)}$$

（1）绘制出系统的根轨迹图；

（2）确定系统的临界稳定开环增益；

（3）确定与临界阻尼比相应的开环增益。

10．已知系统的开环传递函数为 $G(s) = \dfrac{K^*(s+2)}{s^2 + 2s + 3}$，试绘制出系统在 K^* 从 $0 \to \infty$ 变化时的根轨迹图，并确定系统临界阻尼时的 K^* 值。

11．已知反馈控制系统的结构图如图 4-18 所示，试绘制出反馈系统 K 为参变量的根轨迹图。

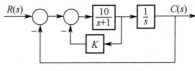

图 4-18　题 11 图

12. 已知系统结构图如图 4-19 所示，试绘制出系统的根轨迹图。

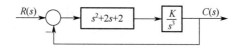

图 4-19　题 12 图

13. 系统结构图如图 4-20 所示，已知闭环根轨迹通过$-0.62+j1.07$ 点，试绘制出当 K 从 $0 \rightarrow \infty$ 变化时系统的根轨迹图。

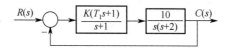

图 4-20　题 13 图

14. 已知单位反馈控制系统的开环传递函数为 $G(s) = \dfrac{K^{*}(s+1)}{s^{2}(s+a)}$，$a > 0$。试确定除坐标原点外，分别使根轨迹具有一个、两个分离点（会合点）时的 a 取值范围，并绘制出几种情况下的根轨迹草图。

15. 已知单位反馈系统的闭环特征方程为 $s^{3} + 2s^{2} + (K^{*}+1)s + 4K^{*} = 0$，试绘制出系统的根轨迹图，并求闭环出现重根时的 K^{*} 值和对应的闭环根。

16. 给定控制系统结构图如图 4-21 所示，$K^{*} \geqslant 0$，试绘制出系统的根轨迹图，并分析增益对系统阻尼特性的影响。

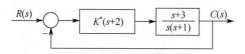

图 4-21　题 16 图

第 5 章 线性系统的频域分析

频域法是图形与计算相结合的一种方法，通过系统的频率特性分析系统的性能。系统的频率特性可以直接反映系统的稳态性能，也可以间接反映系统的稳定性和暂态性能。频域法是一种常用的分析和设计线性系统的工程实用方法。

5.1 频率特性的基本概念

5.1.1 频率特性的定义

现以 RC 滤波电路的正弦稳态响应为例介绍频率特性的基本概念。一阶 RC 电路如图 5-1 所示，由图 5-1 可以得到输出和输入之间的传递函数为

$$G(s) = \frac{U_o(s)}{U_i(s)} = \frac{1}{Ts+1} \qquad (5\text{-}1)$$

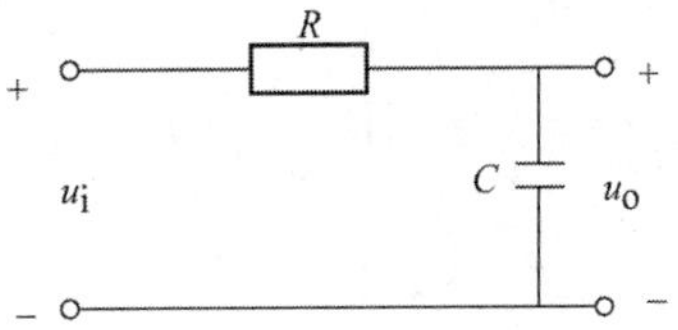

图 5-1 一阶 RC 电路

式中，$T = RC$。
输入信号为

$$u_i(t) = A\sin\omega t \qquad (5\text{-}2)$$

式中，A 为正弦信号的幅值；ω 为正弦信号的频率。对式（5-1）进行拉普拉斯变换，得

$$U_i(s) = \frac{A\omega}{s^2 + \omega^2}$$

系统输出信号的拉普拉斯变换为

$$
\begin{aligned}
U_o(s) &= \frac{1}{Ts+1} \cdot \frac{A\omega}{s^2+\omega^2} \\
&= \frac{a}{s+1/T} + \frac{b}{s+j\omega} + \frac{c}{s-j\omega} \\
&= \frac{\dfrac{\omega TA}{1+T^2\omega^2}}{s+1/T} + \frac{A}{2j\sqrt{1+(\omega T)^2}}\left(\frac{e^{j\varphi(\omega)}}{s-j\omega} - \frac{e^{-j\varphi(\omega)}}{s+j\omega}\right)
\end{aligned}
$$

式中，$\varphi(\omega) = -\arctan(\omega T)$。对上式进行拉普拉斯反变换，得

$$u_o(t) = \underbrace{\frac{A\omega T}{1+(\omega T)^2}e^{-\frac{t}{T}}}_{\text{暂态分量}} + \underbrace{\frac{A}{\sqrt{1+(\omega T)^2}}\sin(\omega t + \varphi)}_{\text{稳态响应分量}}$$

则在正弦输入信号作用下，一阶系统的稳态响应为

$$u_{os}(t) = \frac{A}{\sqrt{1 + (\omega T)^2}} \sin(\omega t + \varphi)$$
$$= A \cdot A(\omega) \sin(\omega t + \varphi(\omega))$$
$$= A \left| G(j\omega) \right| \sin(\omega t + \angle G(j\omega)) \tag{5-3}$$

其中，$A(\omega) = \dfrac{1}{\sqrt{1 + (\omega T)^2}} = \left| G(j\omega) \right|$，$\varphi(\omega) = -\arctan(\omega T) = \angle G(j\omega)$。

系统的稳态响应用复数向量表示为

$$U_{om}(j\omega) = A \cdot A(\omega) \angle \varphi(\omega)$$

上式表明，当给线性系统的输入端加上频率为 ω 的正弦信号时，系统的稳态输出是与输入同频率的正弦信号，其幅值和相位是频率 ω 的函数。

比较式（5-2）和式（5-3）可知，系统稳态输出与输入的幅值之比为 $\left| G(j\omega) \right|$，稳态输出与输入的相位差为 $\angle G(j\omega)$，稳态输出与输入的复数之比为 $G(j\omega)$。

定义如下。

系统的幅频特性：$A(\omega) = \left| G(j\omega) \right|$。 (5-4)

系统的相频特性：$\varphi(\omega) = \angle G(j\omega)$。 (5-5)

系统的频率特性：$A(\omega)e^{j\varphi(\omega)} = G(j\omega)e^{j\angle G(j\omega)} = G(j\omega) = G(s)\big|_{s=j\omega}$。 (5-6)

由式（5-6）可知，将系统传递函数中的 s 用 $j\omega$ 代替可得到系统的频率特性，频率特性是控制系统的一种数学模型，包含系统的全部动态结构参数，反映系统的内在性质。

5.1.2　频率特性的表示方法

频域分析是一种图解分析，就是将系统的频率特性用曲线表示出来，利用图解法进行研究。常见的频率特性曲线有以下两种。

1. 幅相频率特性曲线

幅相频率特性曲线是当 ω 从 $-\infty \rightarrow +\infty$ 变化时，$G(j\omega)$ 在复平面上矢量终端运动的轨迹。矢量的长度为频率特性的幅值 $A(\omega)$，矢量与实轴正方向的夹角为频率特性的相位 $\varphi(\omega)$。幅相频率特性曲线又称奈奎斯特（H.Nyquist）曲线，简称奈氏图，也称极坐标图。由于幅频特性为 ω 的偶函数，相频特性为 ω 的奇函数，则 ω 从零变化到 $+\infty$ 和 ω 从零变化到 $-\infty$ 的幅相频率特性曲线关于实轴对称，因此一般只绘制 ω 从零变化到 $+\infty$ 的幅相频率特性曲线。

【例 5-1】 试绘制惯性环节 $G(s) = \dfrac{1}{Ts + 1}$ 的幅相频率特性曲线。

解：惯性环节的频率特性为

$$G(j\omega) = G(s)\big|_{s=j\omega} = \frac{1}{1 + j\omega T} = A(\omega) \angle \varphi(\omega)$$

式中，$A(\omega) = \dfrac{1}{\sqrt{1 + (\omega T)^2}}$，$\varphi(\omega) = -\arctan(\omega T)$。

列表 5-1。

表 5-1　例 5-1 表

ω	0	$1/T$	$3/T$	$5/T$	∞
$A(\omega)$	1	0.707	0.316	0.196	0
$\varphi(\omega)$	0	$-45°$	$-71.57°$	$-78.69°$	$-90°$

惯性环节的幅相频率特性曲线如图 5-2 所示。

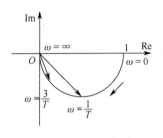

图 5-2　惯性环节的幅相频率特性曲线

2．对数频率特性曲线

对数频率特性曲线又称伯德（Bode）图，由对数幅频特性曲线和对数相频特性曲线组成。对数幅频特性曲线的横坐标用 ω 表示，按照 ω 的对数 $\lg \omega$ 均匀分度，单位为弧度/秒（rad/s），频率每变化 10 倍称为一个十倍频程，记为 dec；纵坐标用 $L(\omega)$ 表示，单位为分贝（dB），按线性分度。其中，

$$L(\omega) = 20\lg |G(j\omega)| = 20\lg A(\omega) \qquad (5-7)$$

对数相频特性曲线的横坐标也按 $\lg \omega$ 均匀分度，纵坐标表示为 $\varphi(\omega)$，单位为度（°），按线性分度，如表 5-2 所示。

表 5-2　十倍频程中的对数分度

ω / ω_0	1	2	3	4	5	6	7	8	9	10
$\lg(\omega / \omega_0)$	0	0.301	0.477	0.602	0.699	0.788	0.845	0.903	0.954	1

对数频率特性曲线采用 ω 的对数分度实现了横坐标的非线性压缩，便于在较大频率范围内反映频率特性的变化情况。若对数幅频特性采用 $20\lg A(\omega)$，则将幅值的乘除运算化为加减运算，可以简化曲线的绘制过程。

5.2　典型环节及系统频率特性

线性定常系统由各环节组成，由于开环传递函数分子多项式和分母多项式的系数皆为实数，系统开环零极点为实数或共轭复数。根据开环零极点，可先将分子多项式和分母多项式分解成因式，再将因式分类，即得典型环节。常见的典型环节及其传递函数如下。

- 比例环节：$G(s) = K$。
- 微分环节：$G(s) = s$。
- 积分环节：$G(s) = 1/s$。
- 惯性环节：$G(s) = 1/(Ts+1)$。
- 一阶微分环节：$G(s) = \tau s + 1$。

- 二阶振荡环节：　$G(s) = 1/(T^2 s^2 + 2\xi Ts + 1)$。
- 二阶微分环节：　$G(s) = T^2 s^2 + 2\xi Ts + 1$。
- 延迟环节：　$G(s) = \mathrm{e}^{-\tau s}$。

5.2.1　典型环节的频率特性

1. 比例环节

传递函数：

$$G(s) = K$$

频率特性：

$$G(\mathrm{j}\omega) = K \tag{5-8}$$

幅频特性：

$$A(\omega) = K \tag{5-9}$$

相频特性：

$$\varphi(\omega) = 0° \tag{5-10}$$

可见，比例环节的频率特性与频率无关。

（1）奈氏图

根据式（5-9）和式（5-10），有

$$A(0) = K，\quad \varphi(0) = 0°$$
$$A(\infty) = K，\quad \varphi(\infty) = 0°$$

依照奈氏图的近似作图方法，比例环节的奈氏图如图 5-3 所示。

（2）伯德图

比例环节的对数频率特性为

$$\begin{cases} L(\omega) = 20\lg A(\omega) = 20\lg K \\ \varphi(\omega) = 0° \end{cases} \tag{5-11}$$

比例环节的伯德图如图 5-4 所示，对数幅频特性曲线是一条高度为 $20\lg K$ 且与横轴平行的直线；对数相频特性曲线是一条与横轴重合的直线。

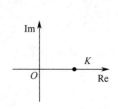

图 5-3　比例环节的奈氏图

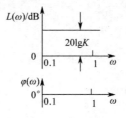

图 5-4　比例环节的伯德图

2. 微分环节

传递函数：

$$G(s) = s$$

频率特性：

$$G(j\omega) = j\omega \tag{5-12}$$

幅频特性：

$$A(\omega) = \omega \tag{5-13}$$

相频特性：

$$\varphi(\omega) = 90° \tag{5-14}$$

（1）奈氏图

根据式（5-13）式（5-14），有

$$A(0) = 0 , \quad \varphi(0) = 90°$$

$$A(\infty) = \infty , \quad \varphi(\infty) = 90°$$

则微分环节的奈氏图如图 5-5 所示，是一条与正虚轴重合的直线。

（2）伯德图

微分环节的对数频率特性为

$$\begin{cases} L(\omega) = 20\lg A(\omega) = 20\lg\omega \\ \varphi(\omega) = 90° \end{cases} \tag{5-15}$$

由式（5-15）知：

$\omega = 1$ 时，$L(\omega) = 0\text{dB}$；

$\omega = 10$ 时，$L(\omega) = 20\text{dB}$。

微分环节的伯德图如图 5-6 所示。微分环节的对数幅频特性曲线是一条过点(1,0)、斜率为 +20dB / dec 的直线；对数相频特性曲线是一条平行于横坐标的直线，其纵坐标为 90°。

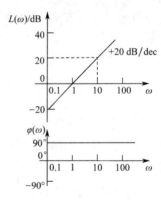

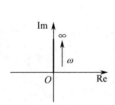

图 5-5　微分环节的奈氏图　　　　图 5-6　微分环节的伯德图

3. 积分环节

传递函数：

$$G(s) = \frac{1}{s}$$

频率特性：

$$G(j\omega) = \frac{1}{j\omega} \tag{5-16}$$

幅频特性：

$$A(\omega) = \frac{1}{\omega} \tag{5-17}$$

相频特性：

$$\varphi(\omega) = -90° \tag{5-18}$$

（1）奈氏图

根据式（5-17）和式（5-18），有

$$A(0) = \infty , \quad \varphi(0) = -90°$$
$$A(\infty) = 0 , \quad \varphi(\infty) = -90°$$

则积分环节的奈氏图如图 5-7 所示，是一条与负虚轴重合的直线。

（2）伯德图

积分环节的对数频率特性为

$$\begin{cases} L(\omega) = 20\lg A(\omega) = -20\lg \omega \\ \varphi(\omega) = -90° \end{cases} \tag{5-19}$$

由式（5-19）知：

$\omega = 1$ 时，$L(\omega) = 0\mathrm{dB}$；

$\omega = 10$ 时，$L(\omega) = -20\mathrm{dB}$。

积分环节的伯德图如图 5-8 所示。积分环节的对数幅频特性曲线是一条过点(1,0)、斜率为 $-20\mathrm{dB/dec}$ 的直线；对数相频特性曲线是一条平行于横坐标的直线，其纵坐标为 $-90°$。

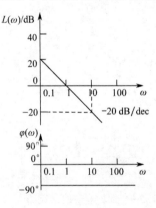

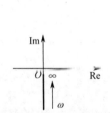

图 5-7　积分环节的奈氏图　　　　图 5-8　积分环节的伯德图

4．惯性环节

传递函数：

$$G(s) = \frac{1}{Ts+1}$$

频率特性：

$$G(\mathrm{j}\omega) = \frac{1}{\mathrm{j}\omega T + 1} \tag{5-20}$$

幅频特性：

$$A(\omega) = \frac{1}{\sqrt{1 + (\omega T)^2}} \qquad (5\text{-}21)$$

相频特性：

$$\varphi(\omega) = -\arctan \omega T \qquad (5\text{-}22)$$

（1）奈氏图

可以证明，惯性环节的奈氏图是以 $(\frac{1}{2}, \mathrm{j}0)$ 为圆心、以 $\frac{1}{2}$ 为半径的半圆，如图 5-9 所示。

（2）伯德图

惯性环节的对数幅频特性为

$$L(\omega) = 20\lg A(\omega) = 20\lg \frac{1}{\sqrt{1 + (\omega T)^2}} = \begin{cases} 0, & \omega \ll \dfrac{1}{T} \\ -20\lg \omega T, & \omega \gg \dfrac{1}{T} \end{cases} \qquad (5\text{-}23)$$

由式（5-23）可知，在 $\omega < \dfrac{1}{T}$ 频段，可用一条高度为 0dB 的水平渐近线近似精确曲线；在 $\omega > \dfrac{1}{T}$ 频段的渐近线是一条斜率为 –20dB/dec 的直线，两条渐近线交点的频率 $\omega = \dfrac{1}{T}$ 称为转折频率。惯性环节的精确曲线和渐近对数频率特性曲线即伯德图如图 5-10 所示。

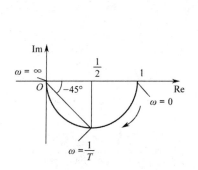

图 5-9 惯性环节的奈氏图

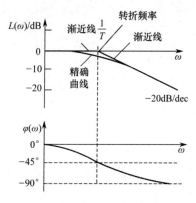

图 5-10 惯性环节的伯德图

精确曲线和渐近线相比，最大误差出现在 $\omega = \dfrac{1}{T}$ 处，它的具体数值为

$$L(\omega) = 20\lg \left[\frac{1}{\sqrt{1 + (\omega T)^2}} \right] = 20\lg \frac{1}{\sqrt{2}} = -3.03\mathrm{dB}$$

由于误差不大，所以常用渐近对数频率特性曲线代替精确曲线。

根据式（5-22）可求出一些特殊点处的 $\varphi(\omega)$ 值：

$\omega = 0$ 时，$\varphi(\omega) = 0^\circ$；

$\omega = \dfrac{1}{T}$ 时，$\varphi(\omega) = -45^\circ$；

$\omega \to \infty$ 时，　$\varphi(\omega) = -90°$。

也可以根据需要再选择并计算出一些点，然后用平滑曲线将它们连接起来，得到近似的对数相频特性曲线，如图 5-10 所示。

5．一阶微分环节

传递函数：

$$G(s) = Ts + 1$$

频率特性：

$$G(j\omega) = j\omega T + 1 \tag{5-24}$$

幅频特性：

$$A(\omega) = \sqrt{1 + (\omega T)^2} \tag{5-25}$$

相频特性：

$$\varphi(\omega) = \arctan \omega T \tag{5-26}$$

（1）奈氏图

根据式（5-24），有

$$\mathrm{Re}[G(j\omega)] = 1，\quad \omega : 0 \to \infty，\quad \mathrm{Im}[G(j\omega)]:0 \to \infty$$

一阶微分环节的奈氏图如图 5-11 所示，是一条平行于虚轴的直线，随着 ω 的增加，实部不变，虚部增加。

（2）伯德图

一阶微分环节的对数幅频特性为

$$L(\omega) = 20\lg A(\omega) = 20\lg \sqrt{1 + (\omega T)^2} = \begin{cases} 0, & \omega \ll \dfrac{1}{T} \\ 20\lg \omega T, & \omega \gg \dfrac{1}{T} \end{cases} \tag{5-27}$$

由式（5-27）可知，在 $\omega < \dfrac{1}{T}$ 频段，可用一条高度为 0dB 的水平渐近线近似精确曲线；在 $\omega > \dfrac{1}{T}$ 频段的渐近线是一条斜率为 20dB/dec 的直线，两条渐近线交点的频率 $\omega = \dfrac{1}{T}$ 称为转折频率。一阶微分环节的精确曲线和渐近对数频率特性曲线即伯德图如图 5-12 所示。

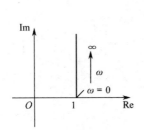

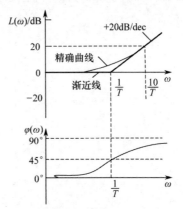

图 5-11　一阶微分环节的奈氏图　　　　图 5-12　一阶微分环节的伯德图

一阶微分环节的频率特性是惯性环节频率特性的倒数，两者的对数幅频特性曲线关于 0dB 线对称，两者的对数相频特性曲线关于 0° 线对称。可见，其对数幅频特性曲线可分为频段为 0dB 和斜率为 20dB/dec 的直线近似。对数相频特性曲线为一条在 0°~90° 之间变化的平滑曲线。

6. 振荡环节

传递函数：

$$G(s) = \frac{\omega_n^2}{s^2 + 2\xi\omega_n s + \omega_n^2}$$

频率特性：

$$G(j\omega) = \frac{\omega_n^2}{(j\omega)^2 + 2\xi\omega_n j\omega + \omega_n^2} = \frac{\omega_n^2}{\omega_n^2 - \omega^2 + j2\xi\omega_n\omega} \tag{5-28}$$

幅频特性：

$$A(\omega) = \frac{\omega_n^2}{\sqrt{(\omega_n^2 - \omega^2)^2 + (2\xi\omega_n\omega)^2}} = \frac{1}{\sqrt{\left(1 - \dfrac{\omega^2}{\omega_n^2}\right)^2 + \left(\dfrac{2\xi\omega}{\omega_n}\right)^2}} \tag{5-29}$$

相频特性：

$$\varphi(\omega) = -\arctan\left(\frac{2\xi\omega_n\omega}{\omega_n^2 - \omega^2}\right) \tag{5-30}$$

（1）奈氏图

根据式（5-29）和式（5-30），有

$$A(0) = 1 , \quad \varphi(0) = 0°$$

$$A(\infty) = 0 , \quad \varphi(\infty) = -180°$$

另外，由 $\varphi(\omega) = -90°$ 可解得曲线与负虚轴交点处的频率为 ω_n，即有

$$A(\omega_n) = \frac{1}{2\xi} , \quad \varphi(\omega_n) = -90°$$

依照奈氏图的近似作图方法，作出奈氏图如图 5-13 所示。由图可见，ξ 取不同值时，曲线形状类似。

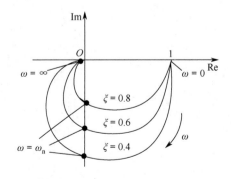

图 5-13　振荡环节的奈氏图

（2）伯德图

振荡环节的对数幅频特性为

$$L(\omega) = 20\lg A(\omega) = 20\lg\left[\frac{1}{\sqrt{\left(1-\frac{\omega^2}{\omega_n^2}\right)^2 + \left(\frac{2\xi\omega}{\omega_n}\right)^2}}\right] \tag{5-31}$$

当 $\omega \ll \omega_n$ 时，略去式（5-31）中的 $\frac{\omega^2}{\omega_n^2}$ 和 $\left(2\xi\frac{\omega}{\omega_n}\right)^2$ 项，得

$$L(\omega) \approx 20\lg 1 = 0\text{dB}$$

表示 $L(\omega)$ 的低频渐近线为一条 0dB 的水平线。

当 $\omega \gg \omega_n$ 时，略去式（5-31）中的 1 和 $(2\xi\frac{\omega}{\omega_n})^2$ 项，得

$$L(\omega) \approx -20\lg\left(\frac{\omega^2}{\omega_n^2}\right) = -40\lg\left(\frac{\omega}{\omega_n}\right)$$

表示 $L(\omega)$ 的高频渐近线为一条斜率-40dB/dec 的直线。$\omega = \omega_n$ 为两条渐近线的交点，ω_n 称为振荡环节的转折频率。

振荡环节的精确对数幅频特性曲线随着 ξ 值的不同而不同，当 ξ 较小时，对数幅频特性曲线出现了峰值，称之为谐振峰值 M_r，对应的频率称为谐振频率 ω_r。求解过程如下。

令

$$\frac{\mathrm{d}A(\omega)}{\mathrm{d}\omega} = 0$$

可得谐振频率

$$\omega_r = \omega_n\sqrt{1-2\xi^2}, \quad 0 \leqslant \xi \leqslant 0.707 \tag{5-32}$$

由

$$M_r = A(\omega_r)$$

可得谐振峰值

$$M_r = \frac{1}{2\xi\sqrt{1-\xi^2}} \tag{5-33}$$

图 5-14 给出了不同 ξ 值时对应的对数幅频特性精确曲线及渐近线（伯德图）。由图可见，它们之间存在一定的误差，误差的大小与 ξ 值有关，当 ξ 在 0.4~0.7 之间取值时，误差较小。ξ 过大或过小，误差都较大，一般情况下，需适当修正。

根据式（5-30）可计算出一些特殊点：

$\omega = 0$ 时，$\varphi(\omega) = 0°$；

$\omega = \omega_n = 1/T$ 时，$\varphi(\omega) = -90°$；

$\omega \to \infty$ 时，$\varphi(\omega) = -180°$。

还可以根据需要，再选择并计算出其他若干点，将这些点用平滑曲线连接起来，得到振荡环节的近似对数相频特性曲线，它也因 ξ 值的不同而异，如图 5-14 所示。

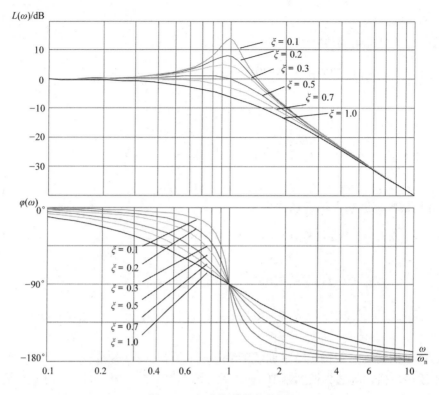

图 5-14　振荡环节的伯德图

7．延迟环节

传递函数：

$$G(s) = e^{-\tau s}$$

频率特性：

$$G(j\omega) = e^{-j\omega\tau} = A(\omega)e^{j\varphi(\omega)} \tag{5-34}$$

幅频特性：

$$A(\omega) = 1 \tag{5-35}$$

相频特性：

$$\varphi(\omega) = -\tau\omega \tag{5-36}$$

（1）奈氏图

由式（5-35）可知，延迟环节的幅频值恒为 1，与 ω 无关，其相位则与 ω 成比例变化，因而它的奈氏图是一个单位圆，如图 5-15 所示。

因为

$$e^{-j\omega\tau} = \frac{1}{e^{j\omega\tau}} = \frac{1}{1 + j\omega\tau + \dfrac{1}{2!}(j\omega\tau)^2 + \cdots}$$

当 $\omega\tau \ll 1$ 时，可近似为

$$e^{-j\omega\tau} \approx \frac{1}{1 + j\omega\tau} \tag{5-37}$$

所以，当 $\omega << \dfrac{1}{\tau}$ 时，常用惯性环节近似表示延迟环节。

（2）伯德图

延迟环节的对数幅频特性为

$$L(\omega) = 20\lg A(\omega) = 20\lg 1 = 0\text{dB} \qquad (5\text{-}38)$$

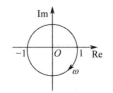

延迟环节的对数幅频特性曲线是一条与 0dB 重合的直线。对数相频特性曲线 $\varphi(\omega)$ 随着 ω 的增大而减小。

图 5-15　延迟环节的奈氏图

在开环传递函数中没有 s 右半平面上极点和零点的环节（或系统），称为最小相位环节（或系统）；而在开环传递函数中含有 s 右半平面上零点或极点的环节（或系统），则称为非最小相位环节（或系统）。

5.2.2　开环系统的频率特性

频率特性法的最大特点是可以根据系统的开环频率特性来分析系统的闭环性能，使系统的分析过程得到简化。

1. 系统开环奈氏图

系统的开环传递函数可看成由典型环节串联而成，这里仅考虑一阶因式的情况，开环传递函数表示为

$$G(s) = \dfrac{K\displaystyle\prod_{i=1}^{m}(\tau_i s + 1)}{s^v\displaystyle\prod_{j=1}^{n-v}(T_j s + 1)}, \quad n > m \qquad (5\text{-}39)$$

频率特性：

$$G(\text{j}\omega) = \dfrac{K\displaystyle\prod_{i=1}^{m}(\tau_i \text{j}\omega + 1)}{(\text{j}\omega)^v\displaystyle\prod_{j=1}^{n-v}(T_j \text{j}\omega + 1)} \qquad (5\text{-}40)$$

式中，τ_i、T_j 为时间常数，n 为系统的阶次，v 为积分环节的个数，K 为开环增益。根据式（5-40），可求出幅频特性和相频特性的一般表达式为

$$A(\omega) = \dfrac{K\displaystyle\prod_{i=1}^{m}\sqrt{1 + (\omega\tau_i)^2}}{\omega^v\displaystyle\prod_{j=1}^{n-v}\sqrt{1 + (\omega T_j)^2}} \qquad (5\text{-}41)$$

$$\varphi(\omega) = -v90^\circ + \sum_{i=1}^{m}\arctan\omega\tau_i - \sum_{j=1}^{n-v}\arctan\omega T_j \qquad (5\text{-}42)$$

可采用近似作图法绘制系统的奈氏图。下面根据系统的型别进行分析。

（1）0 型系统

此时 $v = 0$，幅频特性和相频特性分别为

$$A(\omega) = \frac{K\prod_{i=1}^{m}\sqrt{1+(\omega\tau_i)^2}}{\prod_{j=1}^{n}\sqrt{1+(\omega T_j)^2}} \tag{5-43}$$

$$\varphi(\omega) = \sum_{i=1}^{m}\arctan\omega\tau_i - \sum_{j=1}^{n}\arctan\omega T_j \tag{5-44}$$

曲线的起点和终点如下：

$\omega=0$ 时，$A(\omega)=K$，$\varphi(\omega)=0°$；

$\omega\to\infty$ 时，$A(\omega)=0$，$\varphi(\omega)=-(n-m)90°$。

由曲线的起点、终点，再根据需要选取曲线与虚轴、负实轴的交点等特殊点，将所有点用平滑曲线连接起来，可得到 0 型系统的奈氏图。

（2）Ⅰ型系统

此时 $v=1$，幅频特性和相频特性分别为

$$A(\omega) = \frac{K\prod_{i=1}^{m}\sqrt{1+(\omega\tau_i)^2}}{\omega\prod_{j=1}^{n-1}\sqrt{1+(\omega T_j)^2}} \tag{5-45}$$

$$\varphi(\omega) = -90° + \sum_{i=1}^{m}\arctan\omega\tau_i - \sum_{j=1}^{n-1}\arctan\omega T_j \tag{5-46}$$

曲线的起点和终点如下：

$\omega=0$ 时，$A(\omega)=\infty$，$\varphi(\omega)=-90°$；

$\omega\to\infty$ 时，$A(\omega)=0$，$\varphi(\omega)=-(n-m)90°$。

采用近似作图法可得到Ⅰ型系统的奈氏图。

（3）Ⅱ型系统

此时 $v=2$，幅频特性和相频特性分别为

$$A(\omega) = \frac{K\prod_{i=1}^{m}\sqrt{1+(\omega\tau_i)^2}}{\omega^2\prod_{j=1}^{n-2}\sqrt{1+(\omega T_j)^2}} \tag{5-47}$$

$$\varphi(\omega) = -180° + \sum_{i=1}^{m}\arctan\omega\tau_i - \sum_{j=1}^{n-2}\arctan\omega T_j \tag{5-48}$$

曲线的起点和终点如下：

$\omega=0$ 时，$A(\omega)=\infty$，$\varphi(\omega)=-180°$；

$\omega\to\infty$ 时，$A(\omega)=0$，$\varphi(\omega)=-(n-m)90°$。

采用近似作图法可得到Ⅱ型系统的奈氏图。

0 型、Ⅰ型和Ⅱ型系统起点的情况如图 5-16 所示，终点的情况如图 5-17 所示。

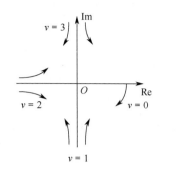

图 5-16　起点　　　　　　　　　图 5-17　终点

以上讨论的是 $n-m>0$ 的情况，并且是针对最小相位系统而言的。对特殊的系统，必须根据具体的情况来确定。

根据系统开环频率特性的表达式，可以通过取点、计算和作图等方法绘制系统开环幅相频率特性曲线。下面介绍结合工程需要，绘制概略开环幅相频率特性曲线的方法。

概略开环幅相频率特性曲线反映开环频率特性的三个重要因素。

- 开环幅相频率特性曲线的起点（$\omega=0_+$）和终点（$\omega=\infty$）。
- 开环幅相频率特性曲线与实轴的交点。设 $\omega=\omega_g$ 时，$G(j\omega_g)H(j\omega_g)$ 的虚部为

$$\mathrm{Im}\left[G(j\omega_g)H(j\omega_g)\right]=0 \tag{5-49}$$

或

$$\varphi(\omega_g)=\angle G(j\omega_g)H(j\omega_g)=k\pi,\quad k=0,\pm1,\pm2,\cdots \tag{5-50}$$

ω_g 称为穿越频率，而开环幅相频率特性曲线与实轴交点坐标值为

$$\mathrm{Re}\left[G(j\omega_g)H(j\omega_g)\right]=G(j\omega_g)H(j\omega_g) \tag{5-51}$$

- 开环幅相频率特性曲线的变化范围（象限、单调性）。

【例 5-2】　已知系统的开环传递函数为 $G(s)=\dfrac{K(1+\tau s)}{1+Ts}$，试绘制出该系统的开环幅相频率特性曲线。

解： 本系统为 0 型系统，由 $n=m$，故应根据具体情况进行分析。

开环频率特性：

$$G(j\omega)=\frac{K(1+j\omega\tau)}{1+j\omega T}$$

幅频特性：

$$A(\omega)=\frac{K\sqrt{1+(\omega\tau)^2}}{\sqrt{1+(\omega T)^2}}$$

相频特性：

$$\varphi(\omega)=\arctan\omega\tau-\arctan\omega T$$

（1）设 $\tau>T$，求出特殊点：

$\omega=0$ 时，$A(\omega)=K$，$\varphi(\omega)=0°$；

$\omega>0$ 时，$A(\omega)>K$，$\varphi(\omega)>0°$；

$\omega \to \infty$ 时，$A(\omega) = \dfrac{\tau}{T} K > K$，$\varphi(\omega) = 0°$。

由近似作图法得奈氏图如图 5-18 所示。

（2）设 $T > \tau$，求出特殊点：

$\omega = 0$ 时，$A(\omega) = K$，$\varphi(\omega) = 0°$；

$\omega > 0$ 时，$A(\omega) < K$，$\varphi(\omega) < 0°$；

$\omega \to \infty$ 时，$A(\omega) = \dfrac{\tau}{T} K < K$，$\varphi(\omega) = 0°$。

由近似作图法得奈氏图如图 5-19 所示。

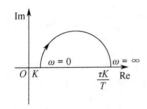

图 5-18　$\tau > T$ 时的奈氏图

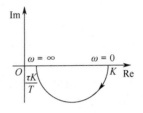

图 5-19　$T > \tau$ 时的奈氏图

【例 5-3】　已知系统的开环传递函数为 $G(s) = \dfrac{K}{s(Ts+1)}$，试绘制出该系统的开环幅相频率特性曲线。

解：本系统为 I 型系统。

幅频特性：

$$A(\omega) = \frac{K}{\omega\sqrt{1+(\omega T)^2}}$$

相频特性：

$$\varphi(\omega) = -90° - \arctan \omega T$$

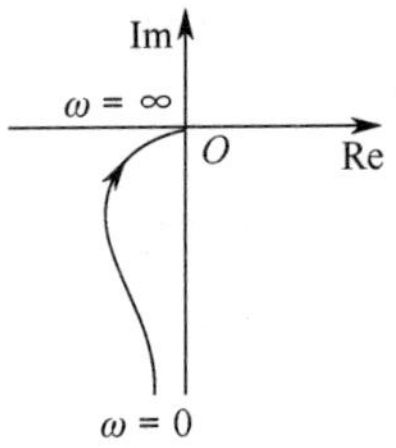

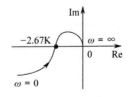

图 5-20　例 5-3 奈氏图

$n - m = 2$，根据上述作图方法，得奈氏图如图 5-20 所示。

【例 5-4】　已知单位反馈系统的开环传递函数为 $G(s) = \dfrac{K(2s+1)}{s^2(0.5s+1)(s+1)}$，试绘制出系统概略开环幅相频率特性曲线。

解：系统型别 $v = 2$。

（1）起点：$G(j0_+) = \infty \angle -180°$。

（2）终点：$G(j\omega) = 0 \angle -270°$。

（3）与坐标轴的交点：

$$G(j\omega) = \frac{K}{\omega^2(1+0.25\omega^2)(1+\omega^2)}[-(1+2.5\omega^2) - j\omega(0.5 - \omega^2)]$$

令 $\text{Im}[G(j\omega)] = 0$，解得 $\omega_g^2 = 0.5$，即 $\omega_g = 0.707$，则 $\text{Re}[G(j\omega)] = -2.67K$。

绘制概略开环幅相频率特性曲线如图 5-21 所示。

图 5-21　例 5-4 奈氏图

2．系统开环对数频率特性曲线

将开环传递函数表示为典型环节串联而成，系统的频率特性为

$$
\begin{aligned}
G(j\omega) &= G_1(j\omega)G_2(j\omega)\cdots G_l(j\omega) \\
&= A_1(\omega)e^{j\varphi_1(\omega)} \cdot A_2(\omega)e^{j\varphi_2(\omega)} \cdot \cdots \cdot A_l(\omega)e^{j\varphi_l(\omega)} \\
&= A(\omega)e^{j\varphi(\omega)}
\end{aligned}
\tag{5-52}
$$

式中，

$$
\begin{cases}
A(\omega) = A_1(\omega) \cdot A_2(\omega) \cdot \cdots \cdot A_l(\omega) \\
\varphi(\omega) = \varphi_1(\omega) + \varphi_2(\omega) + \cdots + \varphi_l(\omega)
\end{cases}
\tag{5-53}
$$

则开环系统的对数频率特性为

$$
\begin{aligned}
L(\omega) &= 20\lg A(\omega) = 20\lg[A_1(\omega)A_2(\omega)\cdots A_l(\omega)] \\
&= 20\lg A_1(\omega) + 20\lg A_2(\omega) + \cdots + 20\lg A_l(\omega) \\
&= L_1(\omega) + L_2(\omega) + \cdots + L_l(\omega)
\end{aligned}
\tag{5-54}
$$

$$
\varphi(\omega) = \varphi_1(\omega) + \varphi_2(\omega) + \cdots + \varphi_l(\omega)
$$

式中，$L_i(\omega)$ 和 $\varphi_i(\omega)$ 分别表示各典型环节的对数幅频特性和对数相频特性。

式（5-54）表明，只要能作出 $G(j\omega)$ 所包含的各典型环节的对数幅频和对数相频特性曲线，将它们进行代数相加，就可以求得开环系统的伯德图。实际上，在熟悉对数幅频特性的性质后，可以采用更简捷的办法直接绘制出开环系统的伯德图，具体步骤如下。

- 将开环传递函数写成尾 1 标准形式：

$$
G(s) = \frac{K\prod_{i=1}^{p}\left(\dfrac{s}{z_i}+1\right)\prod_{h=1}^{(m-p)/2}\left[\left(\dfrac{s}{\omega_{zh}}\right)^2 + 2\xi_{zh}\dfrac{s}{\omega_{zh}} + 1\right]}{s^v\prod_{j=1}^{q}\left(\dfrac{s}{p_j}+1\right)\prod_{k=1}^{(n-q-v)/2}\left[\left(\dfrac{s}{\omega_{pk}}\right)^2 + 2\xi_{pk}\dfrac{s}{\omega_{pk}} + 1\right]}
$$

确定系统开环增益 K 和型别 v，把各典型环节的转折频率由小到大依次标在频率轴上。

- 绘制开环对数幅频特性低频段的渐近线。由于低频段渐近线的频率特性为 $K/(j\omega)^v$，所以它就是过点 $(1,20\lg K)$、斜率为 $-20v$dB/dec 的直线。

- 在低频段渐近线的基础上，沿频率增大的方向每遇到一个转折频率就改变一次斜率，其规律是遇到惯性环节的转折频率，斜率变化 -20dB/dec；遇到一阶微分环节的转折频率，斜率变化 20dB/dec；遇到二阶微分环节的转折频率，斜率变化 40dB/dec；遇到振荡环节的转折频率，斜率变化 -40dB/dec；直至所有转折全部进行完毕。最右端转折频率之后的渐近线斜率应该为 $-20(n-m)$dB/dec，其中，n、m 分别为开环传递函数分母、分子的阶数。

- 如果需要，可按照各典型环节的误差曲线在响应转折频率附近进行修正，得到较准确的对数幅频特性曲线。

- 绘制对数相频特性曲线，可分别绘制出各典型环节的对数相频特性曲线，在沿频率增大的方向逐点叠加，最后将相加点连接成光滑曲线。

下面举例说明开环对数频率特性曲线的绘制过程。

【例 5-5】 已知系统的开环传递函数为 $G(s) = \dfrac{s+10}{s(2s+1)}$，试绘制出系统的开环对数频率特性曲线。

解：先将 $G(s)$ 标准化，并写成典型环节乘积的形式：

$$G(s) = \frac{10(0.1s+1)}{s(2s+1)} = 10 \cdot \frac{1}{s} \cdot \frac{1}{2s+1} \cdot (0.1s+1)$$

各环节转折频率为

$$\omega_1 = \frac{1}{2} = 0.5, \quad \omega_2 = \frac{1}{0.1} = 10$$

确定低频段曲线。在 $\omega = 1$ 的高度为

$$L(\omega) = 20\lg K = 20\lg 10 = 20\text{dB}$$

过点 $(1,20)$ 画一条斜率为 -20dB/dec 的直线；在第一个转折处（$\omega_1 = 0.5$），根据惯性环节的特性，将曲线的斜率改变为 -40dB/dec；在第二个转折处（$\omega_2 = 10$），根据一阶微分环节的特性，将曲线的斜率改变为 -20dB/dec。得到该系统的伯德图如图 5-22 所示。根据传递函数，可确定对数相频特性曲线。

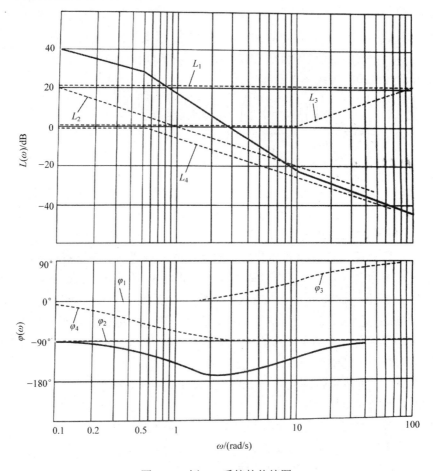

图 5-22 例 5-5 系统的伯德图

$\omega = 0$ 时， $\varphi(\omega) = -90°$；

$\omega = \infty$ 时， $\varphi(\omega) = -90°$。

5.3 频域特性法的稳定性分析

闭环系统稳定的充要条件是闭环特征方程的根均具有负实部；劳斯判据根据闭环特征方程的系数来判断闭环系统的稳定性。频域稳定判据是奈奎斯特于 1932 年提出的，是频域法的重要内容。利用奈奎斯特稳定判据，不但可以判断系统的稳定性，也可以判断系统的相对稳定性，还可以用于分析系统的动态性能及指出改善系统性能指标的途径。奈奎斯特稳定判据在工程上应用十分广泛。

5.3.1 奈奎斯特稳定判据

1. 开环频率特性和闭环特征方程的关系

系统的结构图如图 5-23 所示。设系统的开环传递函数为

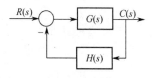

$$G(s)H(s) = \frac{M(s)}{N(s)} = \frac{M_1(s)M_2(s)}{N_1(s)N_2(s)}$$

式中， $G(s) = \dfrac{M_1(s)}{N_1(s)}$ ； $H(s) = \dfrac{M_2(s)}{N_2(s)}$ 。

图 5-23 系统的结构图

系统的闭环传递函数为

$$\Phi(s) = \frac{G(s)}{1+G(s)H(s)} = \frac{M_1(s)N_2(s)}{M(s)+N(s)} = \frac{B(s)}{D(s)}$$

设

$$F(s) = 1 + G(s)H(s) = 1 + \frac{M(s)}{N(s)} = \frac{N(s)+M(s)}{N(s)} = \frac{D(s)}{N(s)} = \frac{K_p \prod\limits_{i=1}^{n}(s-s_i)}{\prod\limits_{j=1}^{n}(s-p_j)} \qquad (5\text{-}55)$$

式中， $s_i(i=1,\cdots,n)$ 是 $F(s)$ 的零点，即系统闭环传递函数的极点（闭环极点），也是系统闭环特征方程的根（闭环特征根）； $p_j(j=1,\cdots,n)$ 是 $F(s)$ 的极点，即系统开环传递函数的极点（开环极点），也是系统开环特征方程的根（开环特征根）。

在式（5-55）中，以 $j\omega$ 代替 s ，得

$$F(j\omega) = \frac{D(j\omega)}{N(j\omega)}$$

上式确立了系统开环频率特性与闭环特征方程之间的关系。

2．相角变化量和系统稳定性的关系

（1）相角变化量

为了分析方便，如不指明，将式（5-55）中的闭环特征根和开环特征根统称为特征根。对因式 $Ts+1$ 来说，当 ω 由 $0 \to \infty$ 时，相角变化量为

$$\mathop{\Delta}_{\omega=0\to\infty} \angle(\mathrm{j}\omega T+1)=90°-0°=90°$$

可见，特征根的实部为负（稳定根），相应子因式的相角变化量为90°。同理，对实部为负的一对共轭复根，当 ω 由 $0\to\infty$ 变化时，相应子因式的相角变化量为180°。

对因式 $Ts-1$ 来说，当 ω 由 $0\to\infty$ 变化时，相角变化量为

$$\mathop{\Delta}_{\omega=0\to\infty} \angle(\mathrm{j}\omega T-1)=90°-180°=-90°$$

特征根的实部为正（不稳定根），相应因式的相角变化量为-90°。同理，对实部为正的一对共轭复根，当 ω 由 $0\to\infty$ 变化时，相角变化量为 $-180°$。

（2）系统特征方程的相角变化量

设系统阶次为 n，即 $N(s)$ 和 $D(s)$ 均为 n 阶。

$$F(\mathrm{j}\omega)=1+G(\mathrm{j}\omega)H(\mathrm{j}\omega)=\frac{D(\mathrm{j}\omega)}{N(\mathrm{j}\omega)}$$

相角变化量为

$$\mathop{\Delta}_{\omega=0\to\infty} \angle F(\mathrm{j}\omega)=\mathop{\Delta}_{\omega=0\to\infty}\angle D(\mathrm{j}\omega)-\mathop{\Delta}_{\omega=0\to\infty}\angle N(\mathrm{j}\omega) \tag{5-56}$$

如果系统开环是稳定的，即开环特征方程中有 n 个对应稳定根的因式，则

$$\mathop{\Delta}_{\omega=0\to\infty}\angle N(\mathrm{j}\omega)=n\cdot 90°$$

设闭环系统稳定，即闭环特征方程中有 n 个对应稳定根的因式，则

$$\mathop{\Delta}_{\omega=0\to\infty}\angle D(\mathrm{j}\omega)=n\cdot 90°$$

此时，

$$\mathop{\Delta}_{\omega=0\to\infty}\angle F(\mathrm{j}\omega)=0$$

上述分析说明，若系统开环传递函数中不稳定极点的个数为 0，则系统闭环稳定的充要条件是，当 ω 由 $0\to\infty$ 变化时，$F(\mathrm{j}\omega)$ 相角变化量为零，即 $F(\mathrm{j}\omega)$ 绕原点的周数为0。

如果系统开环传递函数有 p 个不稳定极点和 $n-p$ 个稳定极点，则

$$\mathop{\Delta}_{\omega=0\to\infty}\angle N(\mathrm{j}\omega)=(n-p)\cdot 90°-p\cdot 90°=(n-2p)\cdot 90°$$

设系统闭环稳定，则

$$\mathop{\Delta}_{\omega=0\to\infty}\angle D(\mathrm{j}\omega)=n\cdot 90°$$

由式（5-56）知，此时必有

$$\mathop{\Delta}_{\omega=0\to\infty}\angle F(\mathrm{j}\omega)=\mathop{\Delta}_{\omega=0\to\infty}\angle D(\mathrm{j}\omega)-\mathop{\Delta}_{\omega=0\to\infty}\angle N(\mathrm{j}\omega)$$
$$=n\cdot 90°-(n-2p)\cdot 90°=2p\cdot 90°=p\cdot 180°$$

由此可得，如果开环传递函数有 p 个不稳定极点，则闭环系统稳定的充要条件是，$F(\mathrm{j}\omega)$ 的相角变化量为 $p\cdot 180°$，即 $F(\mathrm{j}\omega)$ 曲线逆时针绕原点 $\dfrac{p}{2}$ 周。

3. 奈奎斯特稳定判据定义

考虑到 $F(j\omega) = 1 + G(j\omega)H(j\omega)$ 的原点为 $G(j\omega)H(j\omega)$ 的 $(-1, j0)$ 点。因此，奈奎斯特稳定判据（简称奈氏稳定判据）可表述为：若开环传递函数有 p 个不稳定极点，则闭环系统稳定的充要条件是，当 ω 由 $0 \to \infty$ 变化时，系统开环幅相频率特性曲线 $G(j\omega)H(j\omega)$ 逆时针绕 $(-1, j0)$ 点的周数 $N = \dfrac{p}{2}$，即转过 $p \cdot 180°$；否则，闭环系统不稳定。

注意：曲线绕 $(-1, j0)$ 点是以该点作为矢量的始端，向曲线轨迹点作矢量的，矢量逆时针方向转动为正绕行，顺时针方向为负绕行。正、负绕行角度之代数和为曲线绕 $(-1, j0)$ 点的角度。

【例 5-6】　已知系统的开环幅相频率特性曲线如图 5-24 所示，其中 p 为开环不稳定极点的个数，试判断系统的稳定性。

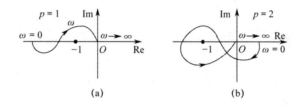

图 5-24　例 5-6 系统的开环幅相频率特性曲线

解： 图 5-24（a）中，$p = 1$，而曲线绕点 $(-1, j0)$ 转过 $-180°$，所以系统不稳定。

图 5-24（b）中，$p = 2$，而曲线绕点 $(-1, j0)$ 转过 $2 \cdot 180° = p \cdot 180°$，所以系统是稳定的。

4. $G(s)H(s)$ 中含有积分环节的奈氏稳定判据

如果系统中出现积分环节，即开环传递函数中包含为零的极点，则需对幅相频率特性曲线修正以后，才能使用奈氏稳定判据来判断系统的稳定性。

为此，可将零根 s 看成稳定根。问题是，当 ω 由 $0 \to \infty$ 变化时，稳定根所对应子因式的相角变化量为 $90°$，而零根所对应子因式的相角变化量为

$$\underset{\omega = 0 \to \infty}{\Delta} \angle j\omega - 0 = 90° - 90° = 0°$$

为使二者的相角变化量一致，假设零根的子因式 $j\omega - 0$ 从正实轴 $\omega = 0$ 处开始，以无穷小的半径逆时针转 $90°$ 后，至虚轴 $\omega = 0^+$ 处，然后随 ω 的增加沿虚轴趋于 ∞。这样处理之后，当 ω 由 $0 \to \infty$ 变化时，零根与稳定根的子因式具有同样的相角变化量。也就是说，将零根处理成了稳定根。

由于零根 s 处在 $G(s)H(s)$ 的分母中，所以上述处理相当于在 $\omega = 0$ 处给幅相频率特性曲线 $G(j\omega)H(j\omega)$ 补画一个半径为无穷大、顺时针转 $90°$ 的大圆弧至 $\omega = 0^+$ 处。若 $G(s)H(s)$ 有 v 个积分环节，则此大圆弧的转角为 $v \cdot 90°$。

综上所述，若开环传递函数 $G(j\omega)H(j\omega)$ 含有 v 个积分环节，则先绘制出 $\omega = 0^+ \to \infty$ 的幅相频率特性曲线，然后从 $\omega = 0$ 开始顺时针方向补画一个半径为无穷大、相角为 $v \cdot 90°$ 的大圆弧至 $\omega = 0^+$ 处，即补画 $\omega = 0 \to 0^+$ 曲线，再根据奈氏稳定判据判断稳定性。

【例 5-7】 系统的奈氏图如图 5-25 所示，v 为积分环节的个数，p 为开环不稳定极点的个数。试用奈氏稳定判据判断闭环系统的稳定性。

解：图 5-25（a）、（b）、（c）中，$p=0$，因为修正起点后的曲线绕$(-1,j0)$点转过的角度为零，所以系统均是稳定的。图 5-25（d）中，$p=1$，因为修正起点后的曲线绕$(-1,j0)$点的角度恰好为 $p\cdot 180°$，所以系统也是稳定的。

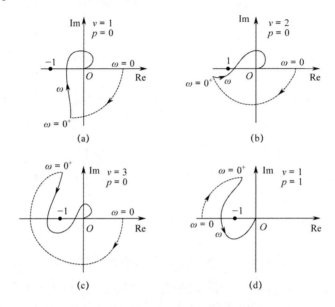

图 5-25　例 5-7 中各系统的奈氏图

5．奈氏稳定判据的实用表述及对数频率稳定判据

奈氏稳定判据是根据奈氏图中 $G(j\omega)H(j\omega)$ 曲线绕 $(-1,j0)$ 点的周数与开环不稳定根的个数 p 之间的关系，来判断闭环系统稳定性的。而 $G(j\omega)H(j\omega)$ 曲线绕 $(-1,j0)$ 点的周数，与 $G(j\omega)H(j\omega)$ 曲线对负实轴上 $(-1,j0)$ 点至 $-\infty$ 区段的穿越次数有关。若规定 $G(j\omega)H(j\omega)$ 曲线沿相角增加的方向，从上向下穿越负实轴上 $(-1,j0)$ 点至 $-\infty$ 区段为正穿越，从下向上的穿越为负穿越，则奈氏稳定判据的另一种实用表述如下。

设 $G(j\omega)H(j\omega)$ 曲线对负实轴上 $(-1,j0)$ 点至 $-\infty$ 区段的正穿越次数为 N_+，负穿越次数为 N_-，则正负穿越次数之差 $N=N_+-N_-=\dfrac{p}{2}$ 是系统闭环稳定的充要条件。

若 $G(j\omega)H(j\omega)$ 曲线起始或终止于负实轴上 $(-1,j0)$ 点至 $-\infty$ 区段，则算 $\dfrac{1}{2}$ 次穿越。

【例 5-8】 已知系统开环传递函数为 $G(s)H(s)=\dfrac{K}{s(Ts-1)}$，试用奈氏稳定判据判断闭环系统的稳定性。

解：系统开环频率特性为

$$G(j\omega)H(j\omega)=\dfrac{K}{j\omega(j\omega T-1)}$$

幅频特性为

$$A(\omega) = \frac{K}{\omega\sqrt{1 + (\omega T)^2}}$$

当 $\omega > 0^+$ 时，相频特性为

$$\varphi(\omega) = -90° - \arctan\left(\frac{\omega T}{-1}\right)$$

先按作图法作出奈氏图。由于该系统有一个积分环节 $(\nu = 1)$，所以将曲线的起点逆时针修正 $90°$，并顺时针补画 $\omega = 0 \to 0^+$ 曲线，修正后的奈氏图如图 5-26 所示。

由于系统开环传递函数中有一个不稳定极点，所以 $p = 1$，即 $\dfrac{p}{2} = \dfrac{1}{2}$，这就是判定系统稳定所要求的穿越次数。然而，由图可见，曲线对负实轴上 $(-1, j0)$ 点至 $-\infty$ 区段的穿越次数为 $-\dfrac{1}{2}$，根据奈氏稳定判据，系统不稳定。

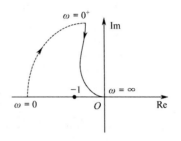

图 5-26　例 5-8 系统的奈氏图

【**例 5-9**】　设系统的开环传递函数为 $G(s)H(s) = \dfrac{K(T_1 s + 1)}{s^2(T_2 s + 1)}$，试判断闭环系统的稳定性。

解：开环传递函数中没有不稳定极点，故 $p = 0$。

（1）当 $T_1 > T_2$ 时，修正起点后的系统奈氏图如图 5-27 所示。$\omega = 0^+$ 时的相角略大于 $-180°$，故曲线对实轴 $(-1, j0)$ 点至 $-\infty$ 区段的穿越次数恰好为 0，根据奈氏稳定判据，系统是稳定的。

（2）当 $T_1 < T_2$ 时，修正起点后的系统奈氏图如图 5-28 所示。$\omega = 0^+$ 时的相角略小于 $-180°$，故曲线对负实轴上 $(-1, j0)$ 点左侧区段的穿越次数为 -1，根据奈氏稳定判据，系统是不稳定的。

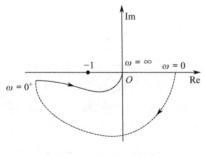

图 5-27　$T_1 > T_2$ 时的奈氏图

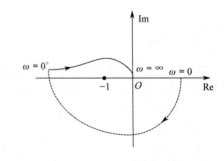

图 5-28　$T_1 < T_2$ 时的奈氏图

奈氏稳定判据的实用表述可用于对数频率特性曲线上。奈氏图 $(-1, j0)$ 点的左侧，对应着伯德图中 $L(\omega) > 0$ 的区段。奈氏图中的负实轴对应着伯德图中的 $-180°$ 线。

$G(j\omega)H(j\omega)$ 曲线沿相角增加方向从上往下穿越负实轴（正穿越），对应着对数相频特性曲线沿相角增加方向从下往上穿过 $-180°$ 线（正穿越），反之亦然。因此，对数频率稳定判据定义如下。

在 $L(\omega) > 0$ 区段内，$\angle G(\mathrm{j}\omega)H(\mathrm{j}\omega)$ 对 $-180°$ 线的正、负穿越次数之差为 $\dfrac{p}{2}$，则系统稳定。

【例 5-10】 设系统的开环传递函数为

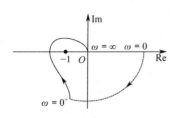

图 5-29 例 5-10 系统奈氏图

$$G(s)H(s) = \frac{100}{s(0.0.2s+1)(0.2s+1)}$$

试用奈氏稳定判据判断闭环系统的稳定性。

解： 绘制出系统奈氏图，如图 5-29 所示。

由于该系统 $p = 0$，所以当曲线和负实轴有一个交点时，若坐标的绝对值大于 1，则说明曲线对负实轴上 $(-1, \mathrm{j}0)$ 点左侧的穿越次数不为零，闭环系统不稳定；反之，若绝对值小于 1，则闭环系统稳定。

$$
\begin{aligned}
G(\mathrm{j}\omega)H(\mathrm{j}\omega) &= \frac{100}{\mathrm{j}\omega(0.02\mathrm{j}\omega+1)(0.2\mathrm{j}\omega+1)} \\
&= \frac{-22\omega + \mathrm{j}(0.4\omega^2 - 100)}{\omega(1 + 0.0004\omega^2)(1 + 0.04\omega^2)}
\end{aligned}
$$

令虚部等于零，即有

$$Q(\omega) = 0.4\,\omega^2 - 100 = 0$$

得

$$\omega^2 = 250$$

$$P(\omega) = \frac{-22}{(0.0004\omega^2 + 1)(0.04\omega^2 + 1)}\bigg|_{\omega^2 = 250} = -\frac{22}{12.1}$$

将 $\omega^2 = 250$ 代入实部，可求出曲线与实轴的交点。

可见，曲线与负实轴有一交点，因为 $|P(\omega)| > 1$，所以系统不稳定。

5.3.2 稳定裕度

当自动控制系统为最小相位系统时，其开环不稳定极点数 $p = 0$，所以根据奈氏稳定判据判断闭环系统的稳定性，主要看曲线是否绕过 $(-1, \mathrm{j}0)$ 点，若 $G(\mathrm{j}\omega)H(\mathrm{j}\omega)$ 曲线不包围 $(-1, \mathrm{j}0)$ 点，则闭环系统稳定。显然，$G(\mathrm{j}\omega)H(\mathrm{j}\omega)$ 曲线离 $(-1, \mathrm{j}0)$ 点越远，则系统越难出现不稳定的情况，相对稳定性越好；反之，$G(\mathrm{j}\omega)H(\mathrm{j}\omega)$ 曲线越靠近 $(-1, \mathrm{j}0)$ 点，相对稳定性就越差；如果穿过 $(-1, \mathrm{j}0)$ 点，则系统处于临界稳定状态。在频域法中，采用相位裕度和幅值裕度两个性能指标来衡量系统的相对稳定性。

1. 相位裕度 γ

对应 $|G(\mathrm{j}\omega_{\mathrm{c}})H(\mathrm{j}\omega_{\mathrm{c}})| = 1$ 的频率 ω_{c} 称为穿越频率，或称剪切频率，也称截止频率。

相位裕度：$G(\mathrm{j}\omega)H(\mathrm{j}\omega)$ 曲线上，模值为 1 处对应的矢量与负实轴之间的夹角。其算式为

$$\gamma = \varphi(\omega_{\mathrm{c}}) - (-180°) = \varphi(\omega_{\mathrm{c}}) + 180° \tag{5-57}$$

可见，相位裕度是指在穿越频率 ω_{c} 处，使系统达到临界稳定状态尚可附加的相角滞后量。

当 $\gamma > 0^\circ$ 时，$G(\mathrm{j}\omega)H(\mathrm{j}\omega)$ 曲线不包围 $(-1, \mathrm{j}0)$ 点，相应的闭环系统稳定，如图 5-30（a）所示。一般，γ 值越大，表明 $G(\mathrm{j}\omega)H(\mathrm{j}\omega)$ 曲线离 $(-1, \mathrm{j}0)$ 点越远，系统的相对稳定性越好；反之，当 $\gamma < 0^\circ$ 时，$G(\mathrm{j}\omega)H(\mathrm{j}\omega)$ 曲线包围 $(-1, \mathrm{j}0)$ 点，相应的闭环系统不稳定，如图 5-30（b）所示。

从对数频率特性曲线上看，相位裕度 γ 相当于 $20\lg|G(\mathrm{j}\omega)H(\mathrm{j}\omega)| = 0$ 处相频曲线与 -180° 线的相角差。

在工程中，通常要求 $\gamma = 30^\circ \sim 60^\circ$。

2. 幅值裕度 K_{g}

幅值裕度：开环频率特性的相角 $\varphi(\omega_{\mathrm{g}}) = -180^\circ$ 时，在对应的频率 ω_{g} 处，开环频率特性的幅值 $|G(\mathrm{j}\omega_{\mathrm{g}})H(\mathrm{j}\omega_{\mathrm{g}})|$ 的倒数。其算式为

$$K_{\mathrm{g}} = \frac{1}{|G(\mathrm{j}\omega_{\mathrm{g}})H(\mathrm{j}\omega_{\mathrm{g}})|} = \frac{1}{A(\omega_{\mathrm{g}})} \tag{5-58}$$

对最小相位系统而言，幅值裕度表示在 ω_{g} 处，若系统的开环增益增加到当前增益的 K_{g} 倍，则闭环系统处于临界稳定状态。幅值裕度又称增益裕度。

由奈氏稳定判据知，对最小相位系统，其闭环稳定的充要条件是 $G(\mathrm{j}\omega)H(\mathrm{j}\omega)$ 曲线不包围 $(-1, \mathrm{j}0)$ 点，即 $|G(\mathrm{j}\omega_{\mathrm{g}})H(\mathrm{j}\omega_{\mathrm{g}})| < 1$，对应的 $K_{\mathrm{g}} > 1$。如图 5-30（a）所示。一般，K_{g} 值越大，说明曲线离 $(-1, \mathrm{j}0)$ 点越远，系统的相对稳定性越好；反之，当 $K_{\mathrm{g}} < 1$ 时，对应的闭环系统不稳定，如图 5-30（b）所示。

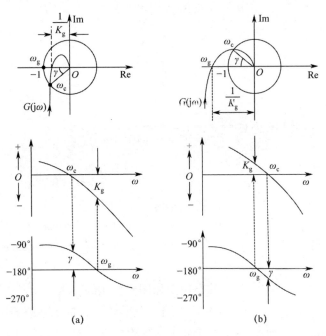

图 5-30　相位裕度和幅值裕度的图示

在对数频率特性曲线上，幅值裕度相当于 $\angle\varphi(\omega_{\mathrm{g}}) = -180°$ 时，幅频值 $20\lg\left|G(\mathrm{j}\omega_{\mathrm{g}})H(\mathrm{j}\omega_{\mathrm{g}})\right| = 20\lg A(\omega_{\mathrm{g}})$ 的负值，即

$$20\lg K_{\mathrm{g}} = 20\lg\frac{1}{A(\omega_{\mathrm{g}})} = -20\lg A(\omega_{\mathrm{g}})\mathrm{dB} \tag{5-59}$$

工程中，一般要求幅值裕度大于 6dB。

【例 5-11】 系统开环传递函数为

$$G(s) = \frac{1}{s(s+1)(0.1s+1)}$$

试求闭环系统的幅值裕度和相位裕度。

解：系统开环频率特性为

$$
\begin{aligned}
G(\mathrm{j}\omega)H(\mathrm{j}\omega) &= \frac{1}{\mathrm{j}\omega(\mathrm{j}\omega+1)(0.1\mathrm{j}\omega+1)} \\
&= \frac{10}{\mathrm{j}\omega(\mathrm{j}\omega+1)(\mathrm{j}\omega+10)} \\
&= \frac{-110\omega - \mathrm{j}10(10-\omega^2)}{\omega[(10-\omega^2)^2 - (\mathrm{j}11\omega)^2]} \\
&= \frac{-110}{\omega^4 + 101\omega^2 + 100} - \mathrm{j}\frac{10(10-\omega^2)}{\omega(\omega^4 + 101\omega^2 + 100)} \\
&= P(\omega) + Q(\omega)
\end{aligned}
$$

令 $Q(\omega) = 0$，得 $\omega_{\mathrm{g}} = \sqrt{10} = 3.16$。将 ω_{g} 的值代入 $P(\omega)$ 中，可求得

$$\left|G(\mathrm{j}\omega_{\mathrm{g}})H(\mathrm{j}\omega_{\mathrm{g}})\right| = \left|P(\omega_{\mathrm{g}})\right|$$

进而可得幅值裕度

$$K_{\mathrm{g}} = \frac{1}{\left|P(\omega_{\mathrm{g}})\right|} = 11$$

另外，令

$$\left|G(\mathrm{j}\omega)H(\mathrm{j}\omega)\right| = \frac{10}{\omega\sqrt{(1+\omega^2)(10^2+\omega^2)}} = 1$$

可得

$$\omega_{\mathrm{c}} = 0.784$$

故相位裕度

$$
\begin{aligned}
\gamma &= 180° + \angle\varphi(\omega_{\mathrm{c}}) \\
&= 180° + [-90° - \arctan\omega_{\mathrm{c}} - \arctan(0.1\omega_{\mathrm{c}})] \\
&= 47.4°
\end{aligned}
$$

其奈氏图如图 5-31 所示。

【例 5-12】 某砂轮位置控制系统的结构图如图 5-32 所示。为了减小系统的稳态误差，取 $K = 10$，试绘制系统的开环伯德图，并确定系统的相位裕度 γ。

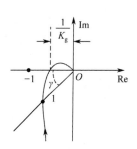

图 5-31 例 5-11 系统的奈氏图

解：根据开环传递函数绘制出系统的伯德图如图 5-33 所示。

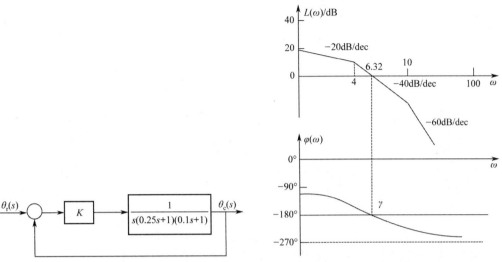

图 5-32　例 5-12 结构图　　　　　图 5-33　例 5-12 系统的伯德图

　　从对数幅频特性渐近线看，对系统在 ω_c 处幅频值有影响的环节包括比例环节、积分环节、纯微分环节及转折频率小于 ω_c 的惯性环节、一阶微分环节、振荡环节等。因此，近似计算在 ω_c 处的系统幅频值时，仅包括这些环节，且略去各环节的常数项 1。由图 5-33，利用幅频值近似算式可确定 ω_c，即

$$\frac{10}{0.25\omega_c^2} \approx 1$$

$$\omega_c = 6.32$$

$$\gamma = 180^\circ + \varphi(\omega_c)$$
$$= 180^\circ - 90^\circ - \arctan(0.25 \times 6.32) - \arctan(0.1 \times 6.32)$$
$$= 90^\circ - 57.67^\circ - 32.3^\circ = 0.03^\circ$$

5.3.3　开环对数幅频特性曲线与系统性能之间的关系

1. 开环频率特性与闭环系统性能的关系

　　频率特性法的主要特点之一是，根据系统的开环频率特性分析闭环系统的性能。对最小相位系统进行分析时，通常只关注其对数幅频特性即可。一般，将开环幅频特性分为低频段、中频段和高频段三个频段。三个频段的划分不是严格的。一般来说，第一个转折频率以前的部分称为低频段，穿越频率 ω_c 附近的区段为中频段，中频段以后的部分（$\omega > 10\omega_c$）为高频段，为便于说明，给出某系统开环幅频特性曲线如图 5-34 所示。下面分析各频段与系统性能之间的关系。为了分析方便，又不失一般性，在本节讨论中均以单位反馈系统作为讨论对象。

自动控制原理

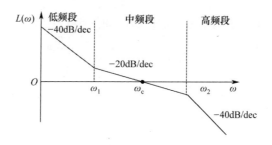

图 5-34 某系统开环幅频特性曲线

（1）低频段

开环对数幅频特性的低频段主要由积分环节和放大环节确定，反映了系统的稳态性能。低频段的数学模型可近似表示为

$$G(s) = \frac{K}{s^v} \tag{5-60}$$

式中，K 为开环增益，v 为积分环节的个数。

对应的频率特性为

$$G(j\omega) = \frac{K}{(j\omega)^v} \tag{5-61}$$

对数幅频特性为

$$L(\omega) = 20\lg A(\omega) = 20\lg\left(\frac{K}{\omega^v}\right)$$
$$= 20\lg K - v\cdot 20\lg\omega \tag{5-62}$$

由式（5-62）可知，低频渐近线（或其延长线）在 $\omega=1$ 处的纵坐标值为 $20\lg K$；从数值上看，低频渐近线（或其延长线）交于 0dB 线处的频率值 ω_0 和开环增益 K 的关系为 $K = \omega_0^v$；当 v 取不同值时，可分别作出对数幅频特性的低频渐近线，它们的斜率分别为 $-v\cdot 20\text{dB}/\text{dec}$。

由上述分析可见，对数幅频特性曲线的位置越高，说明开环增益 K 越大；低频渐近线斜率越负，说明积分环节数越多。这些均表明系统稳态性能越好。

（2）中频段

开环对数幅频特性的中频段反映系统动态响应的稳定性和快速性，即系统的动态性能。

① 穿越频率 ω_c 与动态性能的关系。

设系统开环对数幅频特性的中频段曲线斜率为 $-20\text{dB}/\text{dec}$，且占据频段比较宽，如图 5-35（a）所示。若只从与中频段相关的稳定性和快速性来考虑，可近似认为整个曲线是一条斜率为 $-20\text{dB}/\text{dec}$ 的直线。其开环传递函数为

$$G(s) \approx \frac{K}{s} = \frac{\omega_c}{s} \tag{5-63}$$

闭环传递函数为

$$\Phi(s) = \frac{G(s)}{1+G(s)}$$

$$= \frac{\dfrac{\omega_c}{s}}{1+\dfrac{\omega_c}{s}} = \frac{1}{\dfrac{1}{\omega_c}s+1} \qquad (5\text{-}64)$$

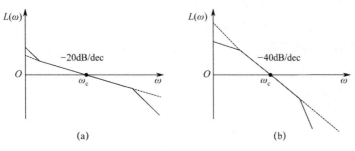

图 5-35　中频段对数幅频特性曲线

这相当于一阶系统。其阶跃响应按指数规律变化，无振荡。

调节时间为

$$t_s \approx 3T = \frac{3}{\omega_c} \qquad (5\text{-}65)$$

可见，在一定条件下，ω_c 越大，t_s 越小，系统响应也越快，即穿越频率 ω_c 反映系统响应的快速性。

② 中频段的斜率与动态性能的关系。

设系统开环对数幅频特性的中频段曲线斜率为 –40dB / dec，且占据频段较宽，如图 5-35（b）所示。同理，可近似认为整个曲线是一条斜率为 –40dB / dec 的直线。其开环传递函数为

$$G(s) \approx \frac{K}{s^2} = \frac{\omega_c^2}{s^2} \qquad (5\text{-}66)$$

闭环传递函数为

$$\Phi(s) = \frac{G(s)}{1+G(s)} = \frac{\dfrac{\omega_c^2}{s^2}}{1+\dfrac{\omega_c^2}{s^2}} = \frac{\omega_c^2}{s^2+\omega_c^2} \qquad (5\text{-}67)$$

可见，系统含有一对闭环共轭须根 $\pm j\omega_c$，这相当于无阻尼二阶系统，系统响应持续振荡，系统处于临界稳定状态。

因此，实际工程中，如果中频段曲线斜率为 –40dB / dec，则所占频率区间不能过宽；否则，系统稳定性将难以满足要求。可进一步推知，若中频段曲线斜率为负，则闭环系统将难以稳定。通常，取中频段曲线斜率为 –20dB / dec 。

（3）高频段

开环对数幅频特性在高频段的幅值，直接反映系统对输入端高频干扰信号的抑制能力。

在开环幅频特性的高频段，一般有

$$L(\omega) = 20\lg\left|G(j\omega)\right| \ll 0$$

即 $|G(\mathrm{j}\omega)| \ll 1$，故有

$$\left|\varPhi(\mathrm{j}\omega)\right| = \frac{\left|G(\mathrm{j}\omega)\right|}{\left|1 + G(\mathrm{j}\omega)\right|} \approx \left|G(\mathrm{j}\omega)\right| \qquad (5\text{-}68)$$

可见，闭环幅频特性与开环幅频特性近似相等。因此，开环幅频特性高频段的分贝值越低，表明闭环系统对高频信号的抑制能力越强，即系统的抗干扰能力越强。高频段的转折频率对应系统的小时间常数，因而对系统动态性能的影响不大。

2. 二阶系统开环频率特性与动态性能的关系

典型二阶系统的开环传递函数为

$$G(s) = \frac{\omega_\mathrm{n}^2}{s(s + 2\xi\omega_\mathrm{n})} \qquad (5\text{-}69)$$

系统的开环频率特性为

$$G(\mathrm{j}\omega) = \frac{\omega_\mathrm{n}^2}{\mathrm{j}\omega(\mathrm{j}\omega + 2\xi\omega_\mathrm{n})} \qquad (5\text{-}70)$$

幅频特性为

$$A(\omega) = \frac{\omega_\mathrm{n}^2}{\omega\sqrt{\omega^2 + (2\xi\omega_\mathrm{n})^2}} \qquad (5\text{-}71)$$

相频特性为

$$\varphi(\omega) = -90^\circ - \arctan\left(\frac{\omega}{2\xi\omega_\mathrm{n}}\right) \qquad (5\text{-}72)$$

二阶系统的开环对数频率特性曲线如图 5-36 所示。在时域法中，二阶系统的性能分析中主要采用超调量 $\sigma\%$ 来衡量系统的稳定性，采用调节时间 t_s 来衡量系统的快速性。而在频率特性法中，常采用相位裕度 γ 来衡量系统的相对稳定性，采用穿越频率 ω_c 来衡量系统的快速性。下面分析它们之间的关系。

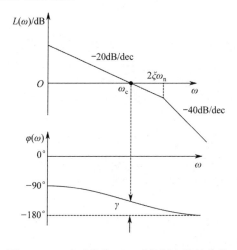

图 5-36　二阶系统的开环对数频率特性曲线

（1）相位裕度 γ 和超调量 $\sigma\%$ 之间的关系

将 ω_{c} 代入式（5-71），并考虑到 $A(\omega_{\text{c}})=1$，有

$$A(\omega_{\text{c}})=\frac{\omega_{\text{n}}^2}{\omega_{\text{c}}\sqrt{\omega_{\text{c}}^2+(2\xi\omega_{\text{n}})^2}}=1$$

即

$$\omega_{\text{c}}^4+4\xi^2\omega_{\text{n}}^2\omega_{\text{c}}^2-\omega_{\text{n}}^4=0$$

解此方程，并取正值，得

$$\omega_{\text{c}}=\omega_{\text{n}}\sqrt{\sqrt{4\xi^4+1}-2\xi^2} \tag{5-73}$$

相位裕度为

$$\gamma=180°+\varphi(\omega_{\text{c}})=180°-90°-\arctan\left(\frac{\omega_{\text{c}}}{2\xi\omega_{\text{n}}}\right)$$

$$=\arctan\left(\frac{2\xi\omega_{\text{n}}}{\omega_{\text{c}}}\right)$$

$$=\arctan\left(\frac{2\xi}{\sqrt{\sqrt{4\xi^4+1}-2\xi^2}}\right) \tag{5-74}$$

可见，对典型二阶系统，相位裕度 γ 只与系统的阻尼比 ξ 有关。ξ 越大，系统的稳定性及相对稳定性越高。当 $0<\xi<0.707$ 时，可近似地视为 ξ 每增加 0.1，γ 增加 $10°$，即

$$\gamma(\omega_{\text{c}})=100\xi \tag{5-75}$$

在时域分析中，典型二阶系统的超调量 $\sigma\%$ 与阻尼比 ξ 的关系为

$$\sigma\%=\text{e}^{-\xi\pi/\sqrt{1-\xi^2}}\times100\%$$

根据以上分析可知，相位裕度 γ 越大，超调量 $\sigma\%$ 越小；反之亦然。

（2）ω_{c}、γ 与 t_{s} 之间的关系

根据时域分析的结果有

$$t_{\text{s}}=\frac{3}{\xi\omega_{\text{n}}}$$

将式（5-73）所给出的 ω_{c}、ω_{n} 与 t_{s} 之间的关系式代入上式，得

$$t_{\text{s}}\omega_{\text{c}}=\frac{3\sqrt{\sqrt{4\xi^4+1}-2\xi^2}}{\xi} \tag{5-76}$$

再将式（5-74）代入式（5-76），得

$$t_{\text{s}}\omega_{\text{c}}=\frac{6}{\tan\gamma} \tag{5-77}$$

由上式可知，调节时间 t_{s} 与 ω_{c}、γ 有关。在 γ 不变时，穿越频率 ω_{c} 越大，调节时间 t_{s} 越短。

【例 5-13】　求图 5-37 所示随动系统的频域指标 ω_{c} 和 γ，并采用频域法分析系统的性能。对典型二阶系统，同时求其时域指标 t_{s} 和 $\sigma\%$。

解：（1）这是一个典型二阶系统，伯德图如图 5-38 所示。

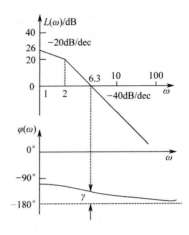

图 5-38 例 5-13 伯德图

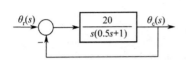

图 5-37 随动系统结构图

① 求频域指标 ω_c、γ。

由 ω_c 处幅频值近似算式

$$\frac{20}{0.5\omega_c^2} \approx 1$$

得 $\omega_c \approx 6.3$。

相位裕度为

$$\begin{aligned}
\gamma &= 180° + \varphi(\omega_c) \\
&= 180° - 90° - \arctan(0.5 \times 6.3) \\
&= 90° - 72.38° = 17.62°
\end{aligned}$$

由频域指标可见，该系统稳定，并有一定稳定裕度。

② 求时域指标 t_s、$\sigma\%$。

通过典型二阶系统参数及时域指标和频域指标的关系求取。

据式（5-75），有

$$\xi = \gamma / 100 = 0.176$$

据式（5-73），有

$$\omega_n = \frac{\omega_c}{\sqrt{\sqrt{4\xi^4 + 1} - 2\xi^2}} = 6.5$$

超调量为

$$\sigma\% = \mathrm{e}^{-\xi\pi/\sqrt{1-\xi^2}} = 57\%$$

据式（5-77），有

$$t_s = \frac{6}{\omega_c \tan \gamma} = 3\mathrm{s}$$

实际上，由于系统结构已知，也可直接采用时域法中介绍的方法，即先求系统闭环传递函数，然后与典型二阶系统标准式对照系统，求得 ξ 和 ω_n，再利用公式可求得 t_s 和 $\sigma\%$。

（2）在系统前向通道中加入比例微分环节，如图 5-39 所示。

① 当 $\tau = 0.01$ 时，系统的开环传递函数为

$$G(s) = \frac{20(0.01s + 1)}{s(0.5s + 1)}$$

此时系统的伯德图如图 5-40 所示。

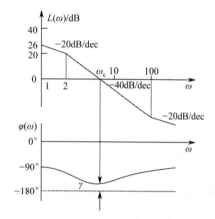

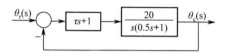

图 5-39　加入比例微分环节后的结构图　　　图 5-40　加入比例微分环节后的伯德图

由于所加比例微分环节的转折频率大于 ω_c，对该频率处的幅值没有影响，所以 ω_c 处幅频值近似算式仍为 $\dfrac{20}{0.5\omega_c^2} \approx 1$，有 $\omega_c \approx 6.3$。

故有

$$\begin{aligned}
\gamma &= 180° + \varphi(\omega_c) \\
&= 180° - 90° - \arctan(0.5 \times 6.3) + \arctan(0.01 \times 6.3) \\
&= 90° - 72.38° + 3.6° = 21.22°
\end{aligned}$$

因为式（5-73）、式（5-75）及式（5-77）都是针对典型二阶系统推得的，而前向通道中加入比例微分环节后，系统已不是典型二阶系统，所以从理论上讲，不能再利用这些关系式来求时域指标。

对这种形式的二阶系统，可按带闭环零点的二阶系统计算 t_s 和 $\sigma\%$。

从频率指标来看，系统的开环传递函数中加入比例微分环节后，相位裕度增加，但穿越频率变化不大。总体来说，加入环节的转折频率远大于穿越频率，故对系统性能的影响不太明显。

② 若取 $\tau = 0.2$，则系统开环传递函数为

$$G(s) = \frac{20(0.2s + 1)}{s(0.5s + 1)}$$

由于所加比例微分环节的转折频率小于 ω_c，对该频率处的幅值产生影响，所以 ω_c 处幅频值近似算式

$$\frac{20 \times 0.2\omega_c}{0.5\omega_c^2} \approx 1$$

有
$$\omega_c \approx 8$$

故
$$\gamma = 180° + \varphi(\omega_c)$$
$$= 180° - 90° - \arctan(0.5 \times 8) + \arctan(0.2 \times 8)$$
$$= 90° - 75.96° + 58° = 72°$$

开环传递函数中加入比例微分环节 $(0.2s+1)$ 后，将引起幅频曲线斜率的改变。由于其转折频率低于原系统穿越频率，所以将对穿越频率产生影响，其结果是 ω_c 增加，系统的响应加快。由于相位裕度 γ 增大，系统的相对稳定性将增加，稳定性亦有所增强。

3. 闭环频率特性与时域指标的关系

根据开环频率特性分析系统性能是控制系统分析和设计的一种主要方法，它的特点是简便实用。但在工程实际中，有时也需对闭环频率特性有所了解，并据此分析系统性能。不失一般性，下面仍以单位反馈系统作为讨论对象，介绍闭环频率特性的基本概念和二阶系统中闭环频率指标与时域指标的关系。

（1）闭环频率特性及频域指标

设系统的开环传递函数为 $G(s)$，则闭环传递函数为
$$\Phi(s) = \frac{G(s)}{1+G(s)}$$

对应的闭环频率特性为
$$\Phi(j\omega) = \frac{G(j\omega)}{1+G(j\omega)} = M(\omega)e^{j\alpha\omega} \tag{5-78}$$

式（5-78）给出了闭环频率特性与开环频率特性的关系。如果已知 $G(j\omega)$ 曲线上的一点，即可由式（5-78）求得 $\Phi(j\omega)$ 曲线上的一点，用这种方法逐点绘制出闭环频率特性曲线。现在，这一烦琐的工作可利用计算机来完成。

控制系统的典型闭环幅频特性曲线如图 5-41 所示。衡量系统性能的闭环频率指标如下。

① 零频幅值 M_0。

$\omega = 0$ 时的闭环幅频值称为零频幅值 M_0。它表征系统跟踪阶跃（恒值）输入时的稳态精度。$M_0 = 1$，表明在零频时，系统输出与输入幅值相等，即没有误差。

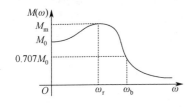

图 5-41 典型闭环幅频特性曲线

设系统开环传递函数为
$$G(s) = \frac{KG_0(s)}{s^v} \tag{5-79}$$

式中，$\lim_{s \to 0} G_0(s) = 1$。则
$$\Phi(s) = \frac{KG_0(s)}{s^v + KG_0(s)} \tag{5-80}$$

$v = 0$ 时，
$$M_0 = M(0) = \lim_{\omega \to 0} \left| \frac{KG_0(j\omega)}{(j\omega)^0 + KG_0(j\omega)} \right| = \frac{K}{1+K} < 1 \tag{5-81}$$

$v \geqslant 1$ 时，
$$M_0 = M(0) = \lim_{\omega \to 0} \left| \frac{KG_0(j\omega)}{(j\omega)^v + KG_0(j\omega)} \right| = 1 \tag{5-82}$$

可见，系统在跟踪阶跃输入时的稳态误差是不同的，0 型系统有稳态误差，而 I 型及 I 型以上的系统没有稳态误差。

② 谐振峰值 M_r。

幅频特性最大值 M_m 与零频幅值 M_0 之比称为谐振峰值 M_r。它反映了系统的稳定性。当 $v \geqslant 1$ 时，$M_0 = 1$，即有 $M_r = M_m$。

③ 谐振频率 ω_r。

闭环幅频特性出现峰值时的频率称为谐振频率 ω_r。它在一定程度上反映了系统的快速性。ω_r 越大，系统瞬态响应越快。

④ 带宽频率 ω_b。

闭环幅频值 $M(\omega)$ 降到 $0.707\, M_0$ 时对应的频率称为带宽频率 ω_b，也称闭环截止频率。频率范围 $0 \leqslant \omega \leqslant \omega_b$ 称为系统的频带宽度，简称带宽。系统的带宽反映系统复现输入信号的能力。带宽较宽，说明系统对高频信号的衰减减小，跟踪快变信号的能力强，即瞬态响应的速度快；反之亦然。

（2）二阶系统闭环频域指标与时域指标的关系

由前所述，二阶系统闭环传递函数的标准式为

$$\Phi(s) = \frac{C(s)}{R(s)} = \frac{\omega_n^2}{s^2 + 2\xi\omega_n s + \omega_n^2}, \quad 0 < \xi < 1$$

对应的闭环频率特性为

$$\begin{aligned}
\Phi(j\omega) &= \frac{\omega_n^2}{(j\omega)^2 + 2\xi\omega_n(j\omega) + \omega_n^2} \\
&= \frac{1}{\left(1 - \dfrac{\omega^2}{\omega_n^2}\right) + j2\xi\dfrac{\omega}{\omega_n}} \\
&= M(\omega)e^{j\alpha(\omega)}
\end{aligned} \tag{5-83}$$

闭环幅频特性为

$$M(\omega) = \frac{1}{\sqrt{\left(1 - \dfrac{\omega^2}{\omega_n^2}\right)^2 + \left(2\xi\dfrac{\omega}{\omega_n}\right)^2}} \tag{5-84}$$

闭环相频特性为

$$\alpha(\omega) = -\arctan \frac{2\xi\dfrac{\omega}{\omega_n}}{1 - \dfrac{\omega^2}{\omega_n^2}} \tag{5-85}$$

由闭环二阶系统的典型结构可知，它的开环传递函数中有一个积分环节，即 $v = 1$，因而其零频幅值 $M_0 = 1$。用求极值的方法，即令

$$\frac{\mathrm{d}M(\omega)}{\mathrm{d}\omega} = 0$$

可求得

$$\omega_r = \omega_n \sqrt{1 - 2\xi^2}, \quad 0 \leqslant \xi \leqslant \frac{\sqrt{2}}{2} \tag{5-86}$$

将式（5-86）代入式（5-84），得

$$M_r = M_n = \frac{1}{2\xi\sqrt{1 - \xi^2}}, \quad 0 \leqslant \xi \leqslant \frac{\sqrt{2}}{2} \tag{5-87}$$

由上述分析可见，对二阶系统，当 $0 \leqslant \xi \leqslant \frac{\sqrt{2}}{2}$ 时，幅频特性的谐振峰值 M_r 与系统的阻尼比 ξ 有对应关系，因而 M_r 反映了系统的稳定性；如果给定 ξ，则谐振频率 ω_r 与无阻尼自然振荡频率 ω_n 成正比，再由调节时间 $t_s = \frac{3}{\xi\omega_n}$ 可推知，ω_r 反映系统的快速性。

另外，设 $M_0 = 1$，根据 ω_b 的定义，由 $M(\omega) = \frac{\sqrt{2}}{2}M_0 = \frac{\sqrt{2}}{2}$，得

$$\omega_b = \omega_n \sqrt{(1 - 2\xi^2) + \sqrt{2 - 4\xi^2 + 4\xi^4}} \tag{5-88}$$

由式（5-88）可见，在 ξ 一定的情况下，ω_b 越大，t_s 越小。因此，ω_b 表征控制系统的响应速度。

本章小结

频率特性是线性定常系统在正弦信号作用下，稳态输出、输入的复数之比与频率的函数关系。频率特性是传递函数的一种特殊形式，将系统（或环节）传递函数中的复数 s 换成纯虚数 $j\omega$，即可得出系统（或环节）的频率特性。

频率特性图形因其采用的坐标不同而分为幅相频率特性、对数频率特性等形式。各种形式之间是互通的，每种形式有其特定的适用场合。开环幅相频率特性在分析闭环系统的稳定性时比较直观，理论分析时经常采用；伯德图在分析系统参数变化对系统性能的影响及运用频域法校正时很方便，实际工程应用十分广泛；由开环频率特性获取闭环频率特征时，用对数频率特性最直接。绘制开环频率特性（主要指幅相频率特性和对数频率特性）曲线是进行频域法分析、校正的基础，必须熟练掌握绘制方法，熟悉不同特性曲线之间的对应关系。奈氏稳定判据是频域法的重要理论基础。利用奈氏稳定判据，除可判断闭环系统的稳定性外，还可引出相角裕度和幅值裕度的概念，对多数工程系统而言，可以用相角裕度和幅值裕度描述系统的相对稳定性。

对单位反馈的最小相角系统，根据开环对数幅频特性 $L(\omega)$ 可以确定闭环系统的性能。将 $L(\omega)$ 划分为低、中、高三个频段，$L(\omega)$ 低频段的渐近线斜率和高度分别反映系统的型别和开环增益，因而低频段集中体现系统的稳态性能；中频段反映系统的截止频率和相角

裕度，集中体现系统的动态性能；高频段反映系统抗高频干扰的能力。三频段理论为设计系统指出了原则和方向。

开环频率特性指标（ω_c、γ 和 k_g）或闭环频率特性的某些特征量（ω_b、ω_r 和 M_r）与系统时域指标 $\sigma\%$、t_s 密切相关，这种关系对二阶系统是准确的，而对高阶系统则是近似的，然而在工程设计中完全可以满足精度要求。利用这些关系可以估算闭环系统的时域指标。

-------------------- 课程思政 --------------------

　　认识基本的工程哲学，将理论和实践相结合，可以培养学生从工程的角度思考理论问题。

习　　题

1．设单位反馈系统的开环传递函数为 $G(s) = \dfrac{10}{s+1}$，当下列输入信号作用于闭环系统输入端时，试求系统的稳态输出。

（1）$r(t) = \sin(t + 30°)$；

（2）$r(t) = 2\cos(2t - 45°)$；

（3）$r(t) = \sin(t + 30°) - 2\cos(2t - 45°)$。

2．设控制系统的开环传递函数如下，试绘制各系统的开环幅相频率特性曲线和开环对数频率特性曲线。

（1）$G(s) = \dfrac{750}{s(s+5)(s+15)}$；

（2）$G(s) = \dfrac{1000(s+1)}{s(s^2 + 8s + 100)}$；

（3）$G(s) = \dfrac{10s+1}{3s+1}$；

（4）$G(s) = \dfrac{10s-1}{3s+1}$；

（5）$G(s) = \dfrac{10(s+1)}{s^2(s+0.1)(s+10)}$。

3．已知电路如图 5-42 所示，设 $R_1 = 100\text{k}\Omega$，$R_2 = 1\text{k}\Omega$，$C = 10\mu\text{F}$。试求该系统的传递函数，并作出该系统的伯德图。

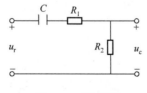

图 5-42　题 3 图

4．已知一些最小相位系统的对数幅频特性曲线如图 5-43 所示，试写出它们的传递函数，并概略地绘制出各传递函数所对应的对数相频特性曲线。

5．试由下述幅值和相角计算公式确定最小相位系统的开环传递函数。

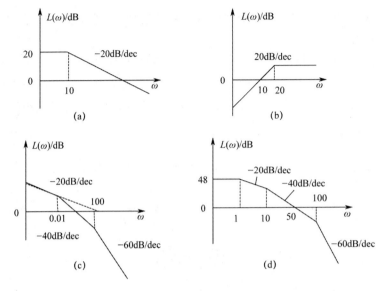

图 5-43　题 4 图

（1）$\varphi = -90° - \arctan(2\omega) + \arctan(0.5\omega) - \arctan(10\omega)$，$A(1)=3$；

（2）$\varphi = -180° + \arctan(5\omega) - \arctan\omega - \arctan(0.1\omega)$，$A(5)=10$。

6．绘制出下列给定传递函数的幅相频率特性曲线。试问这些曲线是否穿越实轴。若穿越，则求其与实轴交点的频率 ω 及相应的幅值 $|G(j\omega)|$。

（1）$G(s) = \dfrac{1}{(s+1)(2s+1)}$；　　　（2）$G(s) = \dfrac{1}{s(s+1)(2s+1)}$；

（3）$G(s) = \dfrac{1}{s^2(s+1)}$；　　　（4）$G(s) = \dfrac{0.02s+1}{s^2(0.005s+1)}$。

7．设开环系统的幅相频率特性曲线如图 5-44 所示，其中 p 为 s 右半平面上开环根的个数，v 为开环积分环节的个数，试判断系统的稳定性。

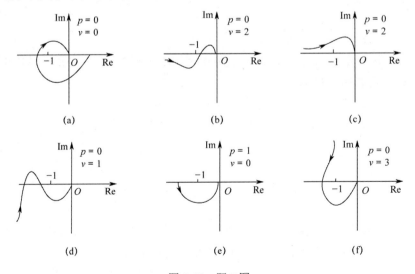

图 5-44　题 7 图

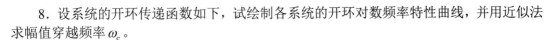

8．设系统的开环传递函数如下，试绘制各系统的开环对数频率特性曲线，并用近似法求幅值穿越频率 ω_c。

（1） $G(s) = \dfrac{10}{s(0.5s+1)(0.1s+1)}$ ；

（2） $G(s) = \dfrac{10(0.5s+1)}{s(0.01s^2+0.1s+1)}$ 。

9．某单位反馈控制系统的开环传递函数为

$$G(s) = \dfrac{K}{s(T_1 s+1)(T_2 s+1)}$$

式中， $T_1 = 0.1\text{s}$ ， $T_2 = 10\text{s}$ 。设开环对数幅频特性最左端渐近线的延长线与 0dB 线交点处的角频率为 10rad/s。试问：

（1）系统的开环放大倍数 K 等于多少？

（2）系统的穿越频率 ω_c 等于多少？

（3）分析系统参数 K、T_1 和 T_2 变化时对系统稳定性和稳态性能的影响。

10．已知某反馈控制系统的开环传递函数为 $G(s) = \dfrac{10(s-1)}{s(s+1)}$ ，试绘制出系统的幅相频率特性曲线，并判断闭环系统的稳定性。

11．设某反馈控制系统开环幅相频率特性曲线如图 5-45 所示，设开环增益 $K=50$，且在 s 右半平面上无开环极点，试确定使闭环系统稳定的 K 取值范围。

12．闭环控制系统结构图如图 5-46（a）所示，其中 $G_1(s)$ 是最小相位传递函数，其幅相频率特性曲线如图 5-46（b）所示， $T>0$， $\tau>0$，试用奈氏稳定判据判断闭环系统的稳定性。

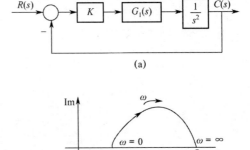

(a)

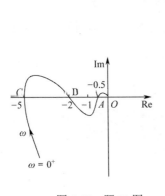

图 5-45　题 11 图　　　　　图 5-46　题 12 图

13．反馈控制系统的特征方程是 $s^3 + 4Ks^2 + (K+3)s + 10 = 0$ ，试确定使闭环系统稳定的 K 取值范围。

14．已知系统的开环传递函数为 $G(s) = \dfrac{K}{s(s+1)(0.1s+1)}$ ，分别求当开环放大倍数 $K=5$ 和 $K=20$ 时，系统的相位裕度和幅度裕度，并判断闭环系统的稳定性。

15．单位反馈系统的开环传递函数为 $G(s) = \dfrac{K(s+3)}{s(s-1)}$，试用奈氏稳定判据确定使闭环系统稳定的 K 取值范围。

16．已知单位反馈控制系统的开环传递函数为 $G(s) = \dfrac{(-2s+1)}{(2s+1)(s+1)}$，试用奈氏稳定判据判断闭环系统的稳定性，并求出幅值裕度 K_g。

17．某最小相位系统的开环对数幅频特性曲线如图 5-47 所示。

（1）求出系统开环传递函数；

（2）利用相位裕度判断系统稳定性；

（3）将其对数幅频特性曲线向右平移十倍频程，试讨论对系统性能的影响。

18．已知系统的结构图如图 5-48 所示，试绘制系统的开环对数频率特性曲线，并求 $\gamma(\omega_c)$。

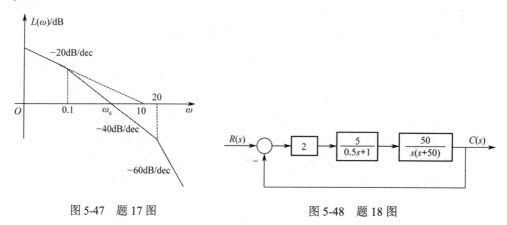

图 5-47 题 17 图　　　　　图 5-48 题 18 图

19．已知系统的结构图如图 5-49 所示，试绘制系统开环对数频率特性曲线，并求 $\gamma(\omega_c)$。其中，$K=1$。

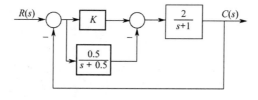

图 5-49 题 19 图

20．设单位反馈系统的开环传递函数为 $G(s) = \dfrac{7}{s(0.087s+1)}$，试用频域和时域关系求系统的超调量和调节时间。

21．设单位反馈系统的开环传递函数 $G(s) = \dfrac{16}{s(s+2)}$，试确定系统的谐振峰值 M_r、谐振频率 ω_r，并求相位裕度 $\gamma(\omega_c)$。

第 6 章　控制系统设计

控制系统设计是指根据系统性能指标的要求，首先确定系统组成的基本元件和参数，然后对系统进行理论分析，检查系统的性能指标是否完全满足要求，若系统的性能指标满足要求，则进入系统运行调试阶段；若系统的性能指标不能完全满足要求，则对系统进行校正。其实，系统设计的过程是一个反复试探的过程。

本章重点介绍 PID 控制器，以及如何利用频域法分析和设计一个系统。通过本章的学习，读者可对控制系统分析、设计的基本概念和方法有一个较全面的认识，熟悉控制系统校正的基本概念，熟练掌握 PID 控制的原理和参数配置。

6.1　概述

在分析和设计一个控制系统时，既要分析其性能，又要考虑其经济性、对环境的适应性和寿命等，还需要具备一定的实践经验。如果已经给定了系统的基本元件及其参数，就要利用前几章所述的方法分析其各项性能指标能否满足要求，解决这类问题的过程称为系统的分析。如果系统各项性能指标不能满足要求，就要通过改变系统结构，或在系统中增加附加装置或元件对已有的系统（固有部分）进行再设计，使之满足性能要求，增加的附加装置或元件称为校正装置，这一过程又称为系统的校正与综合。控制系统的设计本质上是寻找合适的校正装置。

6.2　PID 控制器

6.2.1　PID 控制器概述

PID（Proportion Integration Differentiation）控制器，又称比例积分微分控制器，由比例单元 P、积分单元 I、微分单元 D 组成。PID 控制器作为通用控制器使用的场合很多，在工程实际应用中，采用 PID 控制，不需要被控对象的精确数学模型，三个参数的选取需要在现场调试而定。

6.2.2　比例控制器

图 6-1 所示为一个含比例控制器的闭环系统结构图。

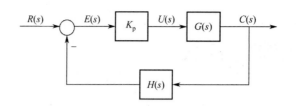

图 6-1　含比例控制器的闭环系统结构图

系统的闭环特征方程为

$$D(s) = 1 + K_p G(s)H(s) \tag{6-1}$$

其中，比例控制器的传递函数为

$$G_c(s) = \frac{U(s)}{E(s)} = K_p \tag{6-2}$$

式中，K_p 为比例控制器的比例系数（或增益）。比例控制器实质上是一种增益可调的放大器，它的作用是通过加大比例系数 K_p 来增加开环增益、减小稳态误差，从而使系统的控制精度提高，但同时系统的相对稳定性会下降，严重时可使系统不稳定，故比例控制器一般很少被单独设计使用于系统中。

6.2.3　比例微分控制器

图 6-2 所示为一个含比例微分控制器的二阶闭环系统结构图。

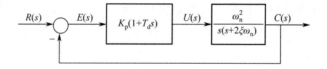

图 6-2　含比例微分控制器的二阶闭环系统结构图

比例微分控制器的输出信号为

$$u(t) = K_p e(t) + K_p T_d \frac{\mathrm{d}e(t)}{\mathrm{d}t} \tag{6-3}$$

对应的传递函数为

$$G_c(s) = \frac{U(s)}{E(s)} = K_p(1 + T_d s) \tag{6-4}$$

式中，K_p 为比例系数，T_d 为微分时间常数，K_p 和 T_d 均为可调参数。在加入比例微分控制器前，此二阶系统的开环传递函数为

$$G_0(s) = \frac{\omega_n^2}{s(s + 2\xi\omega_n)} \tag{6-5}$$

加入比例微分控制器后，开环传递函数变为

$$G(s) = G_c(s)G_0(s) = \frac{K_p \omega_n^2 (1 + T_d s)}{s(s + 2\xi\omega_n)} \tag{6-6}$$

由式（6-6）看出，系统加入比例微分控制器后，增加了一个负实轴上的开环零点 $s = -\dfrac{1}{T_d}$，系统阻尼比增加，提高了系统稳定性。在串联校正时，使系统的相角裕度提高，改善系统的动态性能。

另外，由于微分控制器对噪声敏感，仅仅在系统的瞬态过程中起作用，因此微分控制器不宜单独与被控对象串联使用，通常与比例控制器或比例积分控制器组合成比例微分或比例积分微分控制器作用于系统。

6.2.4 积分控制器

图 6-3 所示为一个含积分控制器的闭环系统结构图。

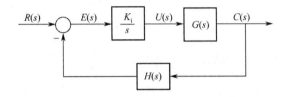

图 6-3 含积分控制器的闭环系统结构图

积分控制器的输出信号为

$$u(t) = K_i \int_0^t e(t)\mathrm{d}t \qquad (6\text{-}7)$$

对应的传递函数为

$$G_c(s) = \frac{U(s)}{E(s)} = \frac{K_i}{s} \qquad (6\text{-}8)$$

式中，K_i 是一个可调参数。可以看出，系统中加入一个积分控制器，系统的型别会提高，从而提高系统的稳态性能。但是积分控制器增加了系统在原点的一个开环极点，而减小了系统的相角裕度，降低了稳定性，所以通常积分控制器不单独使用。

6.2.5 比例积分控制器

图 6-4 所示为一个含比例积分控制器的闭环系统结构图。

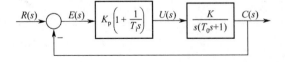

图 6-4 含比例积分控制器的闭环系统结构图

比例积分控制器的输出信号为

$$u(t) = K_p e(t) + \frac{K_p}{T_i} \int_0^t e(t)\mathrm{d}t \qquad (6\text{-}9)$$

对应的传递函数为

$$G_c(s) = \frac{U(s)}{E(s)} = K_p\left(1 + \frac{1}{T_i s}\right)$$ （6-10）

式中，K_p 为可调比例系数，T_i 为可调积分时间常数。

系统没有加入比例积分控制器时的开环传递函数为

$$G_0(s) = \frac{C(s)}{R(s)} = \frac{K}{s(T_0 s + 1)}$$ （6-11）

加入比例积分控制器后，开环传递函数变为

$$G(s) = \frac{C(s)}{R(s)} = \frac{K_p K(T_i s + 1)}{T_i s^2 (T_0 s + 1)}$$ （6-12）

可以看出，比例积分控制器的作用是增加了一个积分环节，提高了系统的稳态精度；还增加了一个开环零点 $s = -\dfrac{1}{T_i}$，弥补了积分环节对系统稳定性的不利影响。在控制工程实践中，比例积分控制主要用来改善控制系统的稳态性能。

6.2.6　比例积分微分控制器

图 6-5 所示为一个含比例积分微分控制器的闭环系统结构图，比例积分微分控制是综合比例、积分和微分控制规律的复合控制。

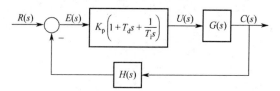

图 6-5　含比例积分微分控制器的闭环系统结构图

比例积分微分控制器的输出信号为

$$u(t) = K_p e(t) + K_p T_d \frac{\mathrm{d}e(t)}{\mathrm{d}t} + \frac{K_p}{T_i}\int_0^t e(t)\,\mathrm{d}t$$ （6-13）

对应的传递函数为

$$G_c(s) = \frac{U(s)}{E(s)} = K_p\left(1 + T_d s + \frac{1}{T_i s}\right) = \frac{K_p}{T_i} \cdot \frac{T_i T_d s^2 + T_i s + 1}{s}$$ （6-14）

当 $4T_d/T_i < 1$ 时，上式可写为

$$G_c(s) = \frac{K_p}{T_i} \cdot \frac{(T_1 s + 1)(T_2 s + 1)}{s}$$ （6-15）

式中，

$$T_1 = \frac{T_i}{2}\left(1 + \sqrt{1 - \frac{4T_d}{T_i}}\right), \quad T_2 = \frac{T_i}{2}\left(1 - \sqrt{1 - \frac{4T_d}{T_i}}\right)$$

由式（6-15）可知，当引入比例积分微分控制器后，控制系统增加了一个零极点和两个负实零点。相比于比例积分控制器和比例微分控制器，比例积分微分控制器的引入使系统产生了一个超前的相角，增加了系统的阻尼系数和相位裕度，提高了相对稳定性。因此，比例积分微分控制器综合了比例积分、比例微分控制器的特点，不仅可以提高系统的稳态性能，还能提高系统的动态性能。

6.3 基于频域法的控制系统设计

根据前几章的介绍，控制系统的设计方法有时域法、频域法和根轨迹法。其中最常用的方法是频域法，也是最重要、方便的方法。本节主要介绍使用频域法设计控制系统。

6.3.1 相位超前补偿

图 6-6 所示为一个由无源 RC 网络构成的超前校正装置，其传递函数为

$$G_c(s) = \frac{1}{\alpha} \cdot \frac{\alpha\tau s + 1}{\tau s + 1} \tag{6-16}$$

式中，$\alpha = \dfrac{R_1 + R_2}{R_2} > 1$，$\tau = \dfrac{R_1 R_2}{R_1 + R_2} C_1$。

α 是衰减因子，τ 为时间常数。由式（6-16）可知，采用超前 RC 网络校正装置时，系统开环增益将下降为原系统的 $\dfrac{1}{\alpha}$，所以为了补偿超前校正装置引起的幅值衰减，应相应地增加放大器增益。图 6-7 所示为超前校正网络的零点、极点分布，可以看出零点 $s = -\dfrac{1}{\alpha\tau}$、极点 $s = -\dfrac{1}{\tau}$ 均在负实轴上，且由 $\alpha > 1$，故零点总处于极点右方，α 决定零点与极点之间的距离。

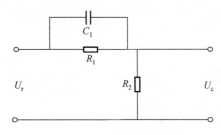

图 6-6 超前校正装置

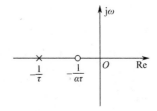

图 6-7 超前校正网络的零点、极点分布

超前校正装置的伯德图如图 6-8 所示。由图可知，频率 ω 在 $\dfrac{1}{\alpha\tau}$ 和 $\dfrac{1}{\tau}$ 之间，超前校正网

络对输入信号存在比例微分控制，有明显的微分作用。在此频率段内，相角的输出信号超前于输入信号，且在 ω_m 处，具有最大超前角 φ_m。φ_m 在 $\dfrac{1}{\alpha\tau}$ 与 $\dfrac{1}{\tau}$ 的几何中心，证明如下。

由式（6-16）可得无源超前网络的相频特性为

$$\varphi(\omega) = \arctan\alpha\tau\omega - \arctan\tau\omega = \arctan\frac{(\alpha-1)\tau\omega}{1+\alpha\tau^2\omega^2} \tag{6-17}$$

可见相角在 ω_m 位置达到最大值，之后单调下降。对上式求导后使其为零，即 $\mathrm{d}\varphi(\omega)/\mathrm{d}\omega = 0$，$\omega$ 范围为 $\left(\dfrac{1}{\alpha\tau}, \dfrac{1}{\tau}\right)$，可求出最大超前相角频率为

$$\omega_m = \frac{1}{\sqrt{\alpha\tau}} \tag{6-18}$$

式（6-18）表明 ω_m 为 $\dfrac{1}{\alpha\tau}$ 和 $\dfrac{1}{\tau}$ 的几何中心。将式（6-18）代入式（6-17），可求得最大超前相角为

$$\varphi_m = \arctan\frac{\alpha-1}{2\sqrt{\alpha}} = \arctan\frac{\alpha-1}{\alpha+1} \tag{6-19}$$

由上式可见，φ_m 仅与常数 α 有关。α 值越大，超前校正网络的微分作用越强，此时通过网络的信号幅度衰减程度越大。当 $\alpha > 20$ 时，随着 α 值的增大，φ_m 变化较小。当 α 取值较小时，φ_m 也较小，此时超前校正作用不明显，不利于抑制系统噪声。因此，为了保持较高的系统信噪比，一般在 5～20 之间取 α 值。将 ω_m 代入传递函数公式可以得到超前校正网络在 ω_m 处的对数幅值为

$$L(\omega_m) = 20\lg\left|\alpha G_c(\mathrm{j}\omega_m)\right| = 10\lg\alpha \tag{6-20}$$

采用串联超前校正网络进行校正时，主要利用的是超前校正网络的相位超前特性。

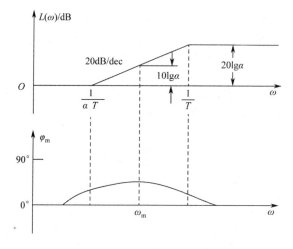

图 6-8　超前校正网络的伯德图

校正装置分为无源的和有源的两种。无源校正网络易理解，且结构简单，在实际控制系统中应用广泛，但在放大器极间引入无源校正网络，因其负载效应问题，控制效率往往

会降低，很难达到预期的控制规律。另外，无源校正网络引起的幅值衰减，需外加放大器进行补偿。因此，有时也采用含运算放大器的有源校正网络，因其元件中含有放大器，故上述补偿问题可在有源校正网络中自行解决，而不必增加额外的放大器。有源校正装置通常是指由运算放大器和电阻、电容所组成的各种调节器，这类校正装置需要外加电源，但本身有增益，且输入阻抗高，输出阻抗低，无须考虑阻抗匹配问题，调整参数也很方便，所以实际应用中多采用有源校正网络。

6.3.2　相位滞后补偿

图 6-9 所示为一个由无源 RC 网络构成的滞后校正装置，其传递函数为

$$G_c(s) = \frac{\beta\tau s + 1}{\tau s + 1} \tag{6-21}$$

式中，$\beta = \dfrac{R_2}{R_1 + R_2} < 1$，$\tau = (R_1 + R_2)C_1$。

β 为分度系数，τ 为时间常数。图 6-10 所示为滞后校正网络的零点、极点分布，可以看出零点 $s = -\dfrac{1}{\beta\tau}$、极点 $s = -\dfrac{1}{\tau}$ 均在负实轴上，且由 $\beta < 1$，故极点总处于零点右方，β 决定零点与极点之间的距离。

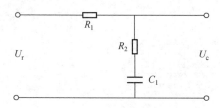

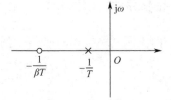

图 6-9　滞后校正装置　　　　图 6-10　滞后校正网络的零点、极点分布

滞后校正网络的频率特性为

$$G_c(j\omega) = \frac{j\beta\tau\omega + 1}{j\tau\omega + 1} \tag{6-22}$$

图 6-11 所示为滞后校正网络的伯德图。由图可知，频率 ω 在 $\dfrac{1}{\tau}$ 和 $\dfrac{1}{\beta\tau}$ 之间存在比例积分控制，即积分作用。对数幅频特性在此区间内以 -20dB/dec 衰减，而对数相频特性呈滞后状态。滞后校正网络的最大滞后相角 φ_m 同样处于 $\dfrac{1}{\tau}$ 与 $\dfrac{1}{\beta\tau}$ 的几何中心，最大滞后相角频率为 ω_m，ω_m 和 φ_m 公式如下：

$$\omega_m = \frac{1}{\sqrt{\beta}\tau} \tag{6-23}$$

$$\varphi_m = \arcsin\frac{1-\beta}{1+\beta} \tag{6-24}$$

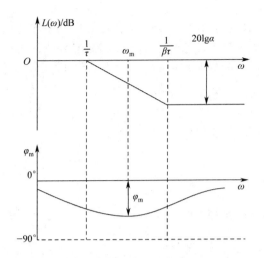

图 6-11 滞后校正网络的伯德图

可见，φ_m 只与 β 有关，β 值越小，滞后作用越强。由滞后校正网络的伯德图可见，滞后校正网络在低频段没有衰减信号，在中频段以–20dB/dec 对数幅值衰减，在高频段有削弱高频噪声信号的作用。滞后校正网络主要利用其高频衰减特性，降低系统开环穿越频率来提高系统相角裕度，增加系统稳定性。

6.3.3 相位滞后–超前补偿

一个由无源网络构成的滞后–超前校正装置，其传递函数为

$$G_c(s) = \frac{(\tau_1 s + 1)(\tau_2 s + 1)}{\tau_1 \tau_2 s^2 + (\tau_1 + \tau_2 + \tau_{12})s + 1} \tag{6-25}$$

式中，$\tau_1 = R_1 C_1$，$\tau_2 = R_2 C_2$，$\tau_{12} = R_1 C_2$。

令式（6-25）有两个不相等的负实数根，则传递函数可写为

$$G_c(s) = \frac{(\tau_1 s + 1)(\tau_2 s + 1)}{(\tau_a s + 1)(\tau_b s + 1)} \tag{6-26}$$

比较传递函数公式和上式，可得

$$\tau_1 \tau_2 = \tau_a \tau_b$$
$$\tau_a + \tau_b = \tau_1 + \tau_2 + \tau_{12}$$

设 $\tau_a < \tau_b$，$\dfrac{\tau_1}{\tau_a} = \dfrac{\tau_b}{\tau_2} = \alpha$，其中 $\alpha > 1$，则有

$$\tau_a = \frac{\tau_1}{\alpha}, \quad \tau_b = \alpha \tau_2$$

将 τ_a、τ_b 代入式（6-26）可得无源滞后超前网络的传递函数为

$$G_c(s) = \frac{(\tau_1 s + 1)(\tau_2 s + 1)}{\left(\dfrac{\tau_1}{\alpha} s + 1\right)(\alpha \tau_2 s + 1)} \tag{6-27}$$

其中，$\dfrac{\tau_1 s+1}{\dfrac{\tau_1}{\alpha}s+1}$ 和 $\dfrac{\tau_2 s+1}{\alpha\tau_2 s+1}$ 分别起超前网络和滞后网络的作用。无源滞后–超前网络的伯德图

如图 6-12 所示，可见其低频段和高频段都起于和终于水平坐标轴。因此，只要确定 τ_1、τ_2 和 α，就可以确定图 6-12 的形状。

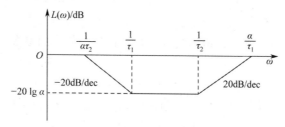

图 6-12　无源滞后–超前网络伯德图

6.3.4　串联补偿网络的期望幅频特性设计方法

在线性控制系统中，常用分析法和综合法设计校正装置。

分析法也称试探法。用分析法设计校正装置比较直观，在物理上易于实现，但它的设计过程带有试探性，要求设计者有一定的工程设计经验。

综合法也称期望特性法，利用系统的闭环性能与开环特性密切相关这一概念，先根据规定的性能指标要求确定期望的系统开环幅频特性形状，然后与原有开环幅频特性相比较，从而确定系统的校正方式、校正装置的形式和参数。综合法存在重要的理论意义，但期望的校正装置传递函数可能相当复杂，在物理上难以准确实现。不管是分析法还是综合法，它们都只适用于最小相位系统。

频域法是一种简单实用的设计控制系统校正装置的方法，主要通过改变系统幅频特性的形状，使系统经过校正后具有期望的低、中和高频特性及足够的稳定裕度，从而满足系统所要求的性能指标。

频域法主要是通过伯德图来设计校正装置的。伯德图的低频段反映系统的稳态误差，低频段的斜率和高度由系统的稳态性能指标来确定。为确保系统具有足够的稳定裕度，伯德图在剪切频率附近的斜率应为–20dB/dec，并且中频宽度应足够宽，或在剪切频率附近的斜率为–40dB/dec，且有较窄的中频段宽度。为抑制高频干扰的影响，高频段应尽可能迅速衰减。

如果系统设计要求满足的性能指标属频域特征量，则通常采用频域校正方法。本节介绍在开环系统对数频率特性的基础上，以满足稳态误差、开环系统截止频率和相角裕度等要求为出发点，进行串联校正的方法。

1．串联超前校正

串联超前校正的目的是将校正装置的最大超前相角补在系统开环幅频特性截止频率处，从而增加系统的相角裕度，改善系统的动态性能。

使用频域法设计串联超前校正网络的一般步骤如下。

① 根据给定的稳态性能要求，确定开环增益 K。

② 利用步骤①的 K 值，绘制未校正系统的伯德图，并求出相角裕度 γ_0。

③ 计算系统达到所期望的相角裕度时，需增加的超前相角 φ_n 为

$$\varphi_n = \gamma - \gamma_0 + (5° \sim 15°) \tag{6-28}$$

式中，γ 为期望的相角裕度，γ_0 是未校正前系统的相角裕度，附加的裕度 $5° \sim 15°$ 是对校正装置引起校正前损失的相角裕度进行的补偿。

④ 根据式（6-28）所确定的最大超前相角，计算出相应的参数 α：

$$\alpha = \frac{1 - \sin\varphi_n}{1 + \sin\varphi_n} \tag{6-29}$$

⑤ 在伯德图上确定幅值是 $20\lg\sqrt{\alpha}$ 的频率 ω_m，ω_m 是未校正时系统的频率，使校正后的系统剪切频率 ω_c 等于 ω_m，即 $\omega_m = \omega_c$。

⑥ 确定串联校正装置的转折频率：

$$\omega_1 = \frac{1}{\tau} = \omega_m\sqrt{\alpha} \tag{6-30}$$

$$\omega_2 = \frac{1}{\alpha\tau} = \frac{\omega_m}{\sqrt{\alpha}} \tag{6-31}$$

校正装置的传递函数为

$$G_c(s) = \alpha\frac{\tau s + 1}{\alpha\tau s + 1} \tag{6-32}$$

⑦ 令放大倍数 $K_c = \frac{1}{\alpha}$，从而补偿超前装置造成的幅值衰减。

⑧ 绘制系统经过校正后的伯德图，系统校正后的开环传递函数为

$$G(s) = G_0(s)G_c(s)K_c \tag{6-33}$$

⑨ 验算系统的性能指标是否满足要求，若不满足，可增大式（6-28）中附加的裕度，从步骤③开始重新计算。

【例 6-1】 设单位反馈系统的开环传递函数为

$$G_0(s) = \frac{K}{s(0.1s + 1)}$$

试设计系统的串联校正装置，要求稳态误差系数 $K_v = 100s^{-1}$，相角裕度 $\gamma \geqslant 55°$，幅值裕度 $K_g \geqslant 10\text{dB}$。

解： 根据 $K_v = 100s^{-1}$ 可得 $K = 100$，绘制此时未校正系统的伯德图，如图 6-13 中 $L_0(\omega)$ 所示。

求出校正前系统的剪切频率和相应相角裕度分别为 $\omega_{c1} = 31.6\text{rad/s}$，$\gamma_0 = 180° - 90° - \arctan 0.1\omega_{c1} = 17.15° < \gamma$（$\geqslant 55°$），幅值裕度 $K_g = \infty\text{dB}$。可以看出系统的相角裕度远小于所要求的值，动态响应会出现严重振荡，所以要使系统达到要求的性能指标，可采用超前校正。

需要提供的最大超前相角为

$$\varphi_n = \gamma - \gamma_0 + \varepsilon = 55° - 17.5° + 7.5° = 45°$$

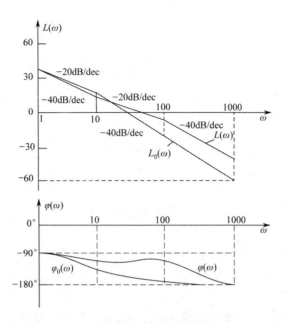

图 6-13　例 6-1 的幅频特性

因此，校正装置参数为

$$\alpha = \frac{1 - \sin \varphi_n}{1 + \sin \varphi_n} = 0.167$$

根据校正装置的对数幅值 $-20 \lg \sqrt{\alpha} = 7.78 \text{dB}$，计算出系统校正前的对数幅值为$-7.78\text{dB}$处的频率，可作为系统校正后的剪切频率 ω_{c2}。

$$-7.78 - 20 = -40 \lg \frac{\omega_{c2}}{10}$$

$$\omega_{c2} = 50 \text{rad/s} = \omega_m$$

计算校正装置的两个转折频率为

$$\omega_1 = \frac{1}{\iota} = \omega_m \sqrt{\alpha} = 20.4 \text{rad/s}$$

$$\omega_2 = \frac{1}{\alpha \tau} = \frac{\omega_m}{\sqrt{\alpha}} = 122.4 \text{rad/s}$$

为补偿超前校正网络造成的幅值衰减，可附加一个放大器 $K_c = \dfrac{1}{\alpha} = 6$，校正后系统的开环传递函数为

$$G(s) = G_0(s)G_c(s)K_c = \frac{100(0.049s + 1)}{s(0.1s + 1)(0.008s + 1)}$$

绘制系统校正后的伯德图，如图 6-13 中的 $L(\omega)$ 所示。

系统校正后相角裕度为

$$\gamma = 180° - 90° + \arctan 0.49\omega_{c2} - \arctan 0.1\omega_{c2} - \arctan 0.008\omega_{c2} = 56.9°$$

幅值裕度 $K_g = \infty \text{dB}$，系统满足要求的性能指标。

通过这个例子可见，串联超前校正装置可以增大系统的相角裕度，降低系统响应的超

调量,使系统的频带宽度增加,响应速度加快。但串联超前校正在某些情况下,应受到限制。例如,当系统校正前的相角裕度相差很大时,校正装置的参数值 α 会过小,而使系统的带宽过大,不利于抑制高频噪声。另外,校正前系统的相角在剪切频率附近急剧向负值增大时,采用串联超前校正装置往往效果不佳,此时应考虑其他类型的校正装置。

2. 串联滞后校正

串联滞后校正的目的是提高系统的幅值裕度,通过滞后网络能够衰减系统的中、高频幅值特性,压低系统的中、高频段,使剪切频率左移,从而改善系统的稳态和动态性能。

使用频域法设计串联滞后校正网络的步骤如下。

① 根据稳态性能要求,确定系统的开环增益 K。并以此 K 值绘制系统校正前的伯德图,并求其相角裕度 γ_0、幅值裕度 K_g。

② 根据伯德图,求系统校正前相角裕度 $\gamma = \gamma_{期望值} +$(5°~15°)处的频率 ω_{c2},将 ω_{c2} 作为系统校正后的剪切频率,5°~15° 是为了补偿滞后装置在 ω_{c2} 处的相角滞后而附加的相角裕度。

③ 令校正前系统在 ω_{c2} 处的幅值 $L(\omega_{c2}) = 20\lg\beta$,确定参数 β 值。

④ 根据式 $\omega_2 = \dfrac{1}{\tau} = \dfrac{\omega_{c2}}{2} \sim \dfrac{\omega_{c2}}{10}$ 计算出第二个转折频率,保证系统经过串联滞后校正后在频率 ω_{c2} 处的相频特性基本不受影响,

⑤ 校正装置的传递函数为

$$G_0(s) = \frac{\tau s + 1}{\beta \tau s + 1} \tag{6-34}$$

⑥ 绘制出系统校正后的伯德图,并验证其性能指标是否满足要求,若不满足,则可通过改变附加的相角裕度5°~15°或 τ 值重新设计。

【例 6-2】 设单位反馈系统的开环传递函数为

$$G_0(s) = \frac{K}{s(0.04s+1)}$$

试设计系统的串联校正装置,使系统校正后满足所要求的性能指标:$K \geqslant 100$,$\gamma \geqslant 45°$。

解: 设 $K = 100$,绘制此时系统校正前的伯德图,如图 6-14 中 $L_0(\omega)$ 所示。

计算系统校正前的剪切频率 $\omega_{c1} = 50\text{rad/s}$,则系统的相角裕度为

$$\gamma_0 = 180° - 90° - \arctan 0.04\omega_{c1} = 26.6°$$

幅值裕度为 $K_g = \infty \text{dB}$

系统校正前对应相角裕度 $\gamma = \gamma_{期望值} +$(5°~15°)$= 45° + 5° = 50°$ 时的频率 $\omega_{c2} = 20.9\text{rad/s}$,此频率可作为系统校正后的开环剪切频率。

当 $\omega = \omega_{c2} = 20.9\text{rad/s}$ 时,令校正前系统在 ω_{c2} 处的对数幅值为 $20\lg\beta$,求出参数 β,即

$$L_0(\omega_{c2}) = 40 - 20\lg\omega_{c2} = 14\text{dB} = 20\lg\beta$$

得 $\beta = 5$

选取

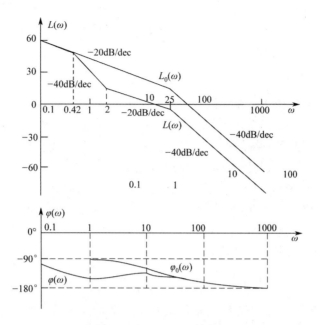

图6-14 例6-2的幅频特性

$$\omega_1 = \frac{1}{\beta\tau} = 0.42\text{rad/s} , \quad \omega_2 = \frac{1}{\tau} = \frac{\omega_{\text{c2}}}{10} = 2.1\text{rad/s}$$

滞后校正装置的传递函数为

$$G_{\text{c}}(s) = \frac{0.48s+1}{2.4s+1}$$

校正后系统的开环传递函数为

$$G(s) = G_0(s)G_{\text{c}}(s)K_{\text{c}} = \frac{100(0.48s+1)}{s(0.04s+1)(2.4s+1)}$$

绘制系统校正后的伯德图，如图 6-15 中 $L(\omega)$ 所示。

校验系统校正后的相角裕度为

$$\gamma = 180^\circ - 90^\circ + \text{arctan}0.48\omega_{\text{c2}} - \text{arctan}0.04\omega_{\text{c2}} - \text{arctan}2.4\omega_{\text{c2}} = 45.6^\circ$$

满足要求。

通过这个例子可以看出，滞后校正在保持系统稳态精度不变的情况下，减小了开环剪切频率上的幅值和暂态响应的超调量，增大了系统的相角裕度。ω 由于剪切频率减小，系统的频带宽度降低，系统对输入信号的响应速度也降低了。

串联超前校正与串联滞后校正都能够改善系统的暂态性能，但两者存在以下不同。

- 串联超前校正是通过超前网络的超前相角来提高系统的暂态性能的，而串联滞后校正是通过滞后网络的幅值衰减特性来提高系统的暂态性能的。
- 当采用 RC 无源校正装置时，超前校正需添加补偿增益才能使系统的稳态性能指标满足要求，而滞后校正不需要。
- 对同一控制系统，超前网络的频带宽度往往比滞后网络的频带宽度要宽，频带越宽，系统响应速度越快，但抗干扰能力越差。

- 串联滞后校正网络还可在保持系统暂态性能不变的情况下，增加开环增益系数，来提高系统的稳态性能指标。

3. 滞后−超前校正

只采用超前或滞后校正装置中的一个只能改善系统稳态或动态中一个方面的性能。如果要求同时改善一个不稳定系统的稳态和动态性能，则需要采用串联滞后超前校正。利用校正网络的超前部分改善系统的暂态性能，而校正网络的滞后部分可提高系统的稳态精度。

用频域法设计滞后−超前校正网络参数的步骤如下。

- 根据稳态性能要求，确定系统校正后的开环增益 K。并以此 K 值作出系统校正前的对数幅频特性曲线，并求其剪切频率 ω_c、相角裕度 γ 和幅值裕度 K_g。
- 验算性能指标是否满足要求。

【例 6-3】 设系统的开环传递函数为

$$G_0(s) = \frac{K}{s(0.5s+1)(0.167s+1)}$$

试设计串联校正装置，使系统满足下列性能指标：$K \geqslant 180$，$\gamma \geqslant 40°$，$3\text{rad/s} < \omega_c < 5\text{rad/s}$。

解： 若 $K = 180$，绘制系统的伯德图，如图 6-15 中的 $L_0(\omega)$ 所示。

可以看到系统通过 $\omega = 1\text{rad/s}$，$20\lg K = 20\lg 180$，且以 -60dB/dec 穿越 0dB 轴，交接频率分别为 $\omega_1 = 2$，$\omega_2 = 6$，增益与各交接频率之间存在下述关系：

$$20\lg 180 - 20\lg \omega_{c0} - 20\lg\sqrt{(0.5\omega_{c0})^2+1} - 20\lg\sqrt{(0.167\omega_{c0})^2+1} = 0$$

解得

$$\omega_{c0} = 12.9\text{rad/s}$$

校正前系统的相角裕度为

$$\gamma = 180° - 90° - \arctan 0.167\omega_{c0} - \arctan 0.5\omega_{c0} = -55.3°$$

由此可看出系统不稳定。根据给定要求的剪切频率选取 $\omega_c = 3.5\text{rad/s}$，然后过 ω_c 处作一斜率为 -20dB/dec 的直线作为期望特性的中频段。为使系统校正后的开环增益不小于 180，伯德图的低频段应与原系统一致。期望的对数幅频特性的中频段与系统校正后的低频段平行，两者斜率都为 -20dB/dec，因此，需在期望的对数幅频特性的中频段与低频段之间用斜率为 -40dB/dec 的直线连接。此连接线与中频段相交的转折频率 $\omega_2 = \frac{\omega_c}{2} \sim \frac{\omega_c}{10}$，取 $\omega_2 = \frac{\omega_c}{5} = 0.7\text{rad/s}$。为使校正装置简便，期望的对数幅频特性高频段与原系统一致。由于原系统在高频段的斜率为 -60dB/dec，所以期望的幅频特性中、高频段之间也应有一条直线斜率为 -40dB/dec 的连接线。此连接线与期望的幅频特性中频段相交的转折频率 ω_3 不宜距离 ω_c 过近，否则对系统的相较裕度有影响。考虑到校正前系统的惯性环节有一个 6rad/s 转折频率，为使校正装置易于实现，取 $\omega_3 = 6\text{rad/s}$，绘制出系统校正后的伯德图，如图 6-15 中 $L(\omega)$ 所示。

确定串联校正装置。将图 6-15 中 $L(\omega)$ 减去 $L_0(\omega)$，便可得到校正装置的特性曲线，如图 6-15 中 $L_c(\omega)$ 所示。

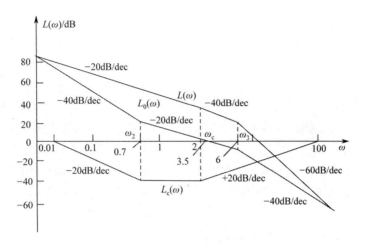

图 6-15　系统的伯德图

由此可写出校正装置的传递函数为

$$G_c(s) = \frac{(\tau_1 s + 1)(\tau_2 s + 1)}{(\beta \tau_1 s + 1)\left(\dfrac{\tau_2}{\beta} s + 1\right)}$$

式中，$\tau_1 = \dfrac{1}{0.7} = 1.43\text{s}$，$\tau_2 = \dfrac{1}{2}\text{s} = 0.5\text{s}$。

确定校正装置参数 β。系统校正后在 $\omega_2 = 0.7\text{rad/s}$ 时的增益为 $20\lg\dfrac{3.5}{0.7} = 14\text{dB}$，校正前在 $\omega_2 = 0.7\text{rad/s}$ 时的增益为

$$20\lg 180 - 20\lg K_1 = -20(\lg 1 - \lg 0.7)$$

$$20\lg K_1 = 20\lg\frac{180}{0.7} = 48.2\text{dB}$$

两者相减就可得到系统在 $0.7\text{rad/s} \leqslant \omega \leqslant 2\text{rad/s}$ 范围内增益减少 34.2dB。由 $-20\lg\dfrac{\beta \tau_1}{\tau_1} = -34.2\text{dB}$，可得 $\beta = 51.3$。

因此，滞后超前校正网络的传递函数为

$$G_c(s) = \frac{(1.43s + 1)(0.5s + 1)}{(73.3s + 1)(0.0097s + 1)}$$

系统校正后的开环传递函数为

$$G(s) = G_c(s)G_0(s) = \frac{180(1.43s + 1)}{s(73.3s + 1)(0.0097s + 1)(0.167s + 1)}$$

校验相角裕度

$$\gamma = 180° - 90° - \arctan 73.3\omega_c + \arctan 1.43\omega_c - \arctan 0.167\omega_c - \arctan 0.0097\omega_c = 46.7°$$

可见校正后的系统满足所要求的性能指标。

6.3.5 反馈补偿

除前面介绍的几种串联校正方式外，为改善自动控制系统的特性，在控制工程实践中，还常采用另一种校正方式：反馈校正。反馈校正是指将系统的输出信号反送到前向通道的某一处输入信号，校正装置就接在此反馈通道中，以此来实现反馈校正。图 6-16 为反馈校正系统结构图，与串联校正相比，反馈校正更具优势。它不仅能有效改变局部反馈所包围的前向通道中环节的结构和参数，而且在某些条件下，被局部反馈包围的前向通道中环节的特性可以完全被反馈校正装置取代，从而减弱因特性参数变化引起的干扰带来的影响。

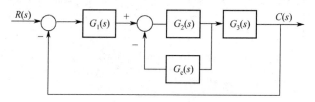

图 6-16 反馈校正系统结构图

1. 比例反馈

如图 6-17 所示，系统的反馈回路是一个比例环节，即为比例反馈校正。系统的闭环传递函数为

$$G_B(s) = \frac{G_0(s)}{1 + G_0(s)K_h} = \frac{1}{T^2s^2 + 2\xi Ts + 1 + K_h}$$

$$= \frac{\dfrac{1}{1+K_h}}{\dfrac{T^2}{1+K_h}s^2 + \dfrac{2\xi T}{1+K_h}s + 1} = \frac{K'}{(T')^2s^2 + 2\xi'T's + 1} \tag{6-35}$$

式中，$K' = \dfrac{1}{1+K_h}$，$T' = \dfrac{T}{\sqrt{1+K_h}}$，$\xi' = \dfrac{\xi}{1+K_h}$。

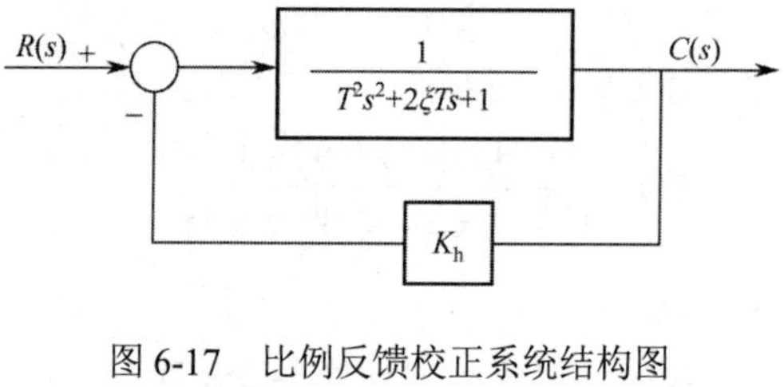

$$\begin{array}{c} R(s) + \\ \xrightarrow{\hspace{1cm}} \bigotimes \xrightarrow{\hspace{1cm}} \boxed{\dfrac{1}{T^2s^2+2\xi Ts+1}} \xrightarrow{\hspace{1cm}} C(s) \\ - \\ \boxed{K_h} \end{array}$$

图 6-17 比例反馈校正系统结构图

可以看出，比例反馈校正装置使原系统的振荡环节的放大系数 K、常数 T 和阻尼比 ξ 均减小了。因此，比例反馈加宽了系统频带，加快了动态响应速度，但降低了控制精度。这与串联校正主要提高系统的稳态精度不同，比例反馈主要提高被反馈包围部分的暂态特性。

2. 微分反馈

如图 6-18 所示，系统的反馈回路是一个微分环节，即为微分反馈校正。系统的闭环传递函数为

$$G_B(s) = \frac{G_0(s)}{1 + G_0(s)K_t s} = \frac{1}{T^2 s^2 + (2\xi T + K_t)s + 1} = \frac{1}{2\xi' T s + 1} \tag{6-36}$$

式中，$\xi' = \xi + \dfrac{K_t}{2T}$。

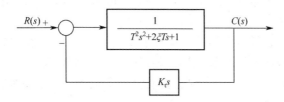

图 6-18　微分反馈校正系统结构图

可以看出，微分反馈校正装置加大了系统阻尼比，减小了系统暂态响应的超调量，提高了系统稳定性，且对被反馈包围的部分，微分反馈不改变其特性。

3. 反馈校正设计

图 6-16 所示为存在反馈校正装置的一个闭环系统，图中被反馈包围部分的传递函数为

$$\dot{G}_{2B}(s) = \frac{G_2(s)}{1 + G_2(s)G_c(s)} \tag{6-37}$$

整个闭环系统的开环传递函数为

$$G(s) = G_1(s)G_{2B}(s)G_3(s) = \frac{G_1(s)G_2(s)G_3(s)}{1 + G_2(s)G_c(s)} \tag{6-38}$$

由此可见，引入局部负反馈后，系统的开环传递函数减小为原系统开环传递函数的 $\dfrac{1}{1 + G_2(s)G_c(s)}$ 倍。由于存在负反馈作用，当被包围部分 $G_2(s)$ 内部参数变化或受到作用于 $G_2(s)$ 上的干扰影响时，其影响将下降 $1 + G_2(s)G_c(s)$ 倍，从而得到有效抑制。

如果反馈校正包围的回路部分均为最小相位环节，则其性能可用伯德图来分析。由式（6-38）可得其频率特性为

$$G(j\omega) = \frac{G_1(j\omega)G_2(j\omega)G_3(j\omega)}{1 + G_2(j\omega)G_c(j\omega)} \tag{6-39}$$

若选择结构参数，使

$$\left| G_2(j\omega)G_c(j\omega) \right| \gg 1 \tag{6-40}$$

则式（6-39）可近似为

$$G(j\omega) = \frac{G_1(j\omega)G_2(j\omega)G_3(j\omega)}{1 + G_2(j\omega)G_c(j\omega)} \approx \frac{G_1(j\omega)G_3(j\omega)}{G_c(j\omega)} \tag{6-41}$$

此时，反馈校正装置的特性几乎取代了 $G_2(j\omega)$ 部分的特性，在系统的设计中常常利用反馈校正的这种取代作用来改造不期望的某些环节，以达到提高系统性能的目的。

本章小结

为了改善控制系统的各方面性能，常常给系统增加校正装置，本章主要介绍了系统的基本控制规律、校正方式和校正装置的设计方法。

线性系统的基本控制包括比例、微分和积分控制。将它们分别组合成的控制器附加到系统中，可以起到校正系统性能的目的。

串联校正装置因其设计相对简单，且易于实现，被广泛应用于系统校正。

控制系统有串联校正装置、反馈校正装置和复合校正装置三种。每种校正装置根据其特性，又分为超前校正、滞后校正、滞后超前校正。采用频域法或根轨迹法设计校正装置，可使系统满足期望的性能指标。

反馈校正因其特点，可以完全取代被反馈包围部分的特性，从而起到提高系统性能的作用。

------- 课程思政 -------

系统"校正"的过程，也是我们人生偏离预期时，"三省吾身"即及时地自我反思校正、避免误入歧途的过程。

习　题

1. 校正是指系统的固有特性不满足性能指标要求时，增加（　　），改变（　　），改善（　　）的过程。

2. 根据相位特征，可将校正装置分为（　　）校正、（　　）校正、（　　）校正三种。

3. 控制系统的分析和综合方法有（　　）、时域法、（　　）、根轨迹法等。

4. （　　）是最常见的一种校正方式，常附加在系统中能量最小的地方。

5. 试说明超前校正与滞后校正的频率特性及其特点。

6. 设计控制系统的校正装置时，几乎不使用纯微分环节，为什么？

7. 已知单位反馈控制系统的开环传递函数为 $G(s)=\dfrac{10}{s(0.2s+1)}$，当串联校正装置的函数 $G_c(s)$ 分别为

$$G_c(s)=\frac{0.2s+1}{0.05s+1}, \quad G_c(s)=\frac{2(s+1)}{10s+1}$$

时，（1）绘制出两种校正方案校正前和校正后系统的伯德图；

（2）比较两种校正方案的优、缺点。

8. 图 6-19 所示为某最小相位系统的对数幅频特性曲线，其中 $L_0(\omega)$ 为系统开环幅频特性

曲线，$L_c(\omega)$ 为串联校正装置幅频特性曲线。求系统校正前的开环传递函数 $G_0(s)$ 和串联校正装置的传递函数 $G_c(s)$。绘制出校正后系统的开环对数幅频曲线 $L(\omega)$，并求出其相角裕度 γ'。

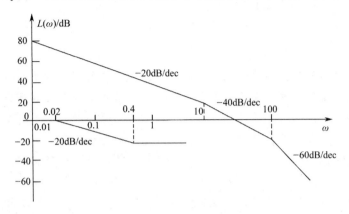

图 6-19 题 8 图

9．图 6-20 所示为采用比例微分串联校正的控制系统结构图。

（1）当 $K_p = 10$，$K_D = 1$ 时，求相位裕度；

（2）若要求该系统穿越频率 $\omega_c = 5$，相位裕度 $\gamma = 50°$，求 K_p 和 K_D 的值。

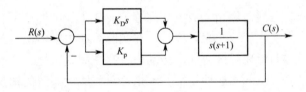

图 6-20 题 9 图

10．设单位反馈系统的开环传递函数为

$$G_0(j\omega) = \frac{2.5}{j\omega(j\omega + 1)(0.25j\omega + 1)}$$

若要求系统的相角裕度为 $45° \pm 5°$，试分别确定系统的串联超前、串联滞后、串联滞后超前装置。

11．设单位反馈系统的开环传递函数为

$$G(s) = \frac{2K}{s(s + 1)}$$

若要求系统的稳态误差系数 $K_v = 20s^{-1}$，相角裕度 $\gamma \geqslant 50°$，增益裕度 $K_g \geqslant 10\mathrm{dB}$，试设计系统的串联校正装置。

第7章 非线性系统分析

前面章节详细讨论了线性系统的分析与设计问题，主要研究的是满足叠加原理的线性定常系统。但事实上，非线性是自然界和工程技术领域中普遍存在的现象，线性只是非线性的特例和近似，理想的线性系统并不存在。对非线性系统的研究是自动控制中的一个重要组成部分，内容十分广泛，目前并没有统一、通用的分析与设计方法。本章主要研究控制系统各元件的无记忆（零记忆或静态）特性且具有非线性因素的环节，并以相平面法和描述函数法为工具来讨论非线性系统。

通过本章的学习，了解非线性系统的特性、特点、分析方法，掌握相平面、相轨迹、奇点和描述函数等概念，学会利用相平面法和描述函数法对系统进行分析。

7.1 非线性系统概述

线性系统及理论的发展已经相当成熟和完善了，在工业中的应用有悠久的历史，其分析设计系统的工具和方法也十分丰富。但是，在实际系统中常常出现晶体管放大器输出呈饱和现象、电动机的转动出现死区特性、传动齿轮存在间隙特性、磁性材料的迟滞属性等问题。这些实际系统显现出的非线性特征并不是可以用线性系统的知识就能解决的，还需要非线性系统的理论、方法和设计工具。众所周知，线性控制的一个关键假设在于系统模型需要是线性的或线性化的，但在控制系统中存在许多如上所述的非线性因素，其不连续性使它们的线性近似存在困难。这些"硬非线性特性"包括继电、死区、摩擦、饱和、间隙和迟滞等，并大量、时常出现在控制工程中。它们在系统中表现出的效应无法用线性方法得到，必须发展非线性分析方法和设计技术，继而准确地判断和预测这些非线性特性存在情况下的系统性能。同时，这些非线性因素在系统控制过程中常常导致被控对象出现有限时间逃逸、极限环、分频、倍频或殆周期振荡甚至出现混沌、不稳定等不良行为，因此必要时须对其影响进行预测和适当补偿。因此，学习非线性系统的理论、分析方法和设计技术，消化和吸收一些关于非线性系统的工具，工程技术人员在处理实际系统控制问题时更加方便、灵活和有效。

7.1.1 非线性系统的特性

非线性系统的特性可分为连续型和不连续型两种，后者称为"硬"非线性，其特性不能用线性函数逼近，又称为无记忆、零记忆或静态特性。下面着重介绍饱和、继电、死区、间隙这四种非线性特性。

1．饱和非线性特性

在线性系统中定义传递函数为输出的拉普拉斯变换与输入的拉普拉斯变换之比（零初始条件），即当系统的输入发生变化时，系统的输出也随之变换。但是在实际物理对象中，当输入超出一定范围时，输出会停留在一个常值附近，不再是输出随着输入线性变化，称这种现象为饱和非线性特性，其曲线如图 7-1 所示。

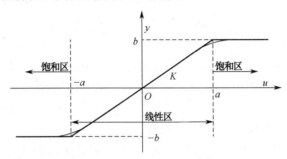

图 7-1　饱和非线性特性曲线

其中，细实线代表实际的饱和非线性特性曲线，粗实线代表理想的饱和非线性特性曲线，且理想情况下的饱和非线性函数可以表示为

$$y = K\mathrm{sat}\left(\frac{u}{a}\right) = \begin{cases} Ku & , |u| \leqslant a \\ Ka\,\mathrm{sgn}(u) & , |u| > a \end{cases} \qquad (7\text{-}1)$$

式中，y, u 分别表示非线性元件的输出信号和输入信号，K 为线性区的斜率，a 为线性区的宽度，$\mathrm{sgn}(\cdot)$ 为符号函数，即

$$\mathrm{sgn}(u) = \begin{cases} 1 & , u > 0 \\ 0 & , u = 0 \\ -1 & , u < 0 \end{cases} \qquad (7\text{-}2)$$

现实中，许多元件由于受到尺寸、材料、功率等限制而展现出饱和特性，如伺服电机的输出力矩不可能无限大只可能趋于饱和，放大元件由于受到功率的限制输入电压超过线性工作区域时输出只能趋于饱和。但有时，工程应用中引入饱和元件可以限制过载，降低增益。

2．继电非线性特性

饱和非线性特性的极端情形就是继电非线性特性，这时饱和函数就变成继电器函数，即线性区域变到零，斜率成垂直状，如图 7-2 所示。它的数学表达式就是上面给出的符号函数。此外，继电非线性特性与死区特性结合形成了死区继电非线性特性；当输入/输出关系不完全是单值时（如存在间隙），形成间隙继电非线性特性；若间隙、死区、继电三者联系一起就形成了间隙与死区继电非线性特性。

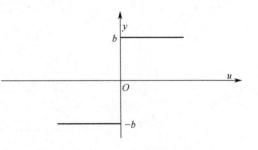

图 7-2　继电非线性特性曲线

3. 死区非线性特性

许多物理装置都存在不灵敏区，即输入较小时，输出为零；输入大于某个值后，才有输出，这种特性称为死区非线性特性，其曲线如图7-3所示。

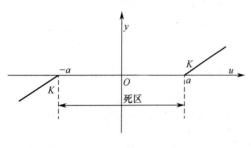

它的数学函数可以表示为

$$y = \begin{cases} K(u-a) & , u > a \\ 0 & , |u| \leqslant a \\ K(u+a) & , u < -a \end{cases} \quad (7\text{-}3)$$

图 7-3　死区非线性特性曲线

式中，y,u 分别表示非线性元件的输出信号和输入信号，K 为线性区的斜率，a 为死区的宽度。死区特性对系统性能的影响最常见的是降低了系统输出的精度，使系统跟踪信号时存在稳态误差，甚至在死区内会使系统出现极限环或不稳定，但有时它可以改善系统对测量噪声的鲁棒性，减少设备的磨损等。

4. 间隙非线性特性

间隙非线性特性又称滞环非线性特性，经常出现在传动系统中。例如，两个咬合的齿轮，由于齿轮与齿轮之间总有微小的齿隙存在，当主动轮旋转的角度小于齿隙时，随动轮不动，这期间无驱动负载（对应图7-4中的 OA 段）。当主动轮越过齿隙时，随动轮以斜率为 K 的线性方式跟随主动轮旋转（对应图7-4中的 AB 段）。当主动轮向相反方向旋转时，角度小于两倍齿隙，随动轮不动（对应图7-4中的 BC 段）。当主动轮越过两倍齿隙时，随动轮同样以斜率为 K 的线性方式跟随主动轮旋转（对应图中的 CD 段），然后主动轮再向反方向转动，随动轮与主动轮的关系如图 7-4 中 DEA 段所示。这样就形成了图 7-4 所示的 ABCDE 滞环。它的数学函数可以表示为

$$\begin{cases} y = K\left(u - a\,\mathrm{sgn}(u)\right) & , \left|\dfrac{y}{K} - u\right| > a \\ y' = 0 & , \left|\dfrac{y}{K} - u\right| < a \end{cases} \quad (7\text{-}4)$$

式中，y,u 分别表示非线性元件的输出信号和输入信号，K 为间隙特性斜率，$2a$ 为间隙的宽度。

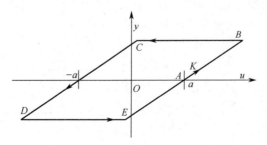

图 7-4　间隙非线性特性曲线

7.1.2 非线性系统的特点

线性系统在现实世界中是不存在的，它只是非线性系统的近似化或线性化，因此这两类系统有一些区别，说明如下。

1. 平衡点

按平衡点的通俗定义（即使系统可以停在一处永远不动的一个点），在无激励下系统状态的各阶导数为零，即系统处于平衡状态，显然线性系统 $x' = Ax + u$ 只有唯一的平衡点 $x = 0$。而对非线性系统来说，平衡点就复杂多了，如非线性二阶系统

$$x'' = -x' - \sin(x) \tag{7-5}$$

其平衡点为 $(n\pi, 0)$，$n = \pm0, \pm1, \pm2, \cdots$。易见，系统存在多个平衡点，如果与实际物理系统单摆相联系，显然，单摆仅在两个点 $(0, 0)$ 和 $(\pi, 0)$ 处可以稳定下来，式（7-5）的系统其他平衡点都与这两个平衡点重合，但是平衡点 $(\pi, 0)$ 很难使单摆在此处静止，只要有一个无穷小的扰动就能使单摆偏离这个位置。因此，关于使单摆在这一点处静止下来，需要进行深入的研究，本章不进行详细的探讨。

2. 稳定性

线性系统的稳定性与系统的结构和参数有关，但是对非线性系统来说，它的稳定性不仅与系统的结构和参数有关，还与初始条件、外部输入、扰动等有关。例如，非线性一阶系统

$$x' = -x + x^2 \tag{7-6}$$

在初始值 $x(0) = x_0$ 时，它的解为

$$x = \frac{x_0 e^{-t}}{1 - x_0 + x_0 e^{-t}}$$

显然，对于不同的初始值，上式的值是不一样的，且 $x_0 = 1$ 时，x 的值恒等于 1。同时，上式可以写成如下形式

$$x = \frac{1}{\dfrac{1 - x_0}{x_0 e^{-t}} + 1} = \frac{1}{\dfrac{1 - x_0}{x_0} e^t + 1}$$

当 $x_0 > 1$ 时，x 越来越大；当 $\dfrac{1 - x_0}{x_0} e^t = -1$，即 $t = \ln\dfrac{x_0}{x_0 - 1}$ 时，x 为无穷大，事实上这种现象被称为有限时间逃逸。当 $x_0 < 1$ 时，随着时间的增加，x 越来越小并收敛到平衡点 $x = 0$ 处。另外，对下面这个系统

$$x' = xu \tag{7-7}$$

式中，x, u 分别表示系统的状态和输入。当 $u = -1$ 时，状态趋于 0；而当 $u = 1$ 时，状态则趋于无穷，显然式（7-7）系统的稳定性与系统的输入 u 有关。针对扰动对系统稳定性的影响，从上述单摆在平衡点 $(\pi, 0)$ 处的稳定性就可以看出来，因为有一个无穷小的扰动就能使单摆偏离这个平衡点位置。因此，非线性系统的稳定性比线性系统的稳定性复杂得

多，对不同的非线性系统的稳定性问题需要进行特别针对的分析，不像线性系统那样有统一的方法。

3. 频率响应

对线性系统特别是一个稳定的线性系统，如果输入是一个正（余）弦信号，它的稳态输出也是一个同频率的正（余）弦信号，其幅度与输入信号的幅度一般成比例关系，相位上会有超前或滞后上的变化。但是，非线性系统的频率响应与输入信号的频率则不一样，除有同频的基波分量外可能还有高次的谐波分量。因此，在非线性系统的分析与综合设计中频域法大多不再适用。

4. 叠加原理

考虑线性系统

$$\begin{cases} x' + x = u(t) \\ y = x \end{cases}$$

式中，$x, u(t)$ 分别表示系统的状态和输入。当输入 $u(t) = u_1$ 时，输出响应为 y_1。当输入 $u(t) = u_2$ 时，输出响应为 y_2。当输入 $u(t) = u_1 + u_2$ 时，输出响应一定为 $y_1 + y_2$；且当输入 $u(t) = Au_1$ 时，输出响应必为 Ay_1。这就是叠加原理，但对非线性系统来说，此原理不成立。因此，线性系统与非线性系统的本质区别在于是否满足叠加原理。

5. 自激振荡

自激振荡是指在没有外部输入作用下，系统也能产生固定振幅和频率的稳定周期运动。这种现象在非线性系统中时常出现，如著名的范德波尔（Van der Pol）系统、达芬（Duffing）系统等。但在线性系统中这种自激振荡只有在临界稳定的情况下才出现，并且若系统遇到一小扰动，此种自激振荡的周期运动则不能稳定地持续下去。另外，自激振荡是非线性系统特有的运动现象，是非线性控制理论研究的重要问题之一。

7.1.3 非线性系统的分析方法

线性系统的分析方法有时域法、根轨迹法和频域法。但对非线性系统而言，到现在为止还没有出现一种统一的分析方法，需要根据具体的研究对象来确定，这由线性系统与非线性系统的区别可以看出来。本章研究的非线性系统所蕴含的非线性元素是无记忆的（零记忆的或静态的）"硬"非线性，为此现在实际工程中广泛运用的分析方法是相平面法和描述函数法。

1. 相平面法

相平面法是仅适用于一阶和二阶非线性系统的图解分析系统状态变化过程的一种方法。相平面法在相平面上分析系统状态的特性，如稳定性、时间响应等。

2. 描述函数法

描述函数法是一种谐波线性化图解分析方法。描述函数法通过谐波线性化将系统的非线性特性等效为复数"导纳"[37]，继而用频率的方法分析系统的稳定性和自激振荡问题。

7.2　相平面法

相平面法是 1885 年由庞加莱（Poincare）首次提出的，即通过图解的方式得出非线性系统在不同初始条件的运动轨迹，继而定性地分析系统参数、初值对系统运动的影响及运动的稳定性、稳态精度和时间响应等。其优点是准确、直观；不足之处是仅适用于一阶和二阶非线性系统，对高阶非线性系统因图形异常复杂而很少使用。

7.2.1　相平面的基本概念

设二阶系统可用下列微分方程描述：

$$x'' + f(x, x') = 0 \tag{7-8}$$

式中，$f(x, x')$ 是 x 和 x' 的线性或非线性函数。式（7-8）的时域解可用 t 和 x 的关系曲线表示，也可以将时间 t 看成参变量，用 x 和 x' 的关系曲线表示。设 x 是系统的状态变量，称以 x 为横坐标、x' 为纵坐标构成的坐标平面为相平面。随着时间 t 变化，系统状态在相平面上描绘出的轨迹称为相轨迹。例如，系统结构图如图 7-5 所示。

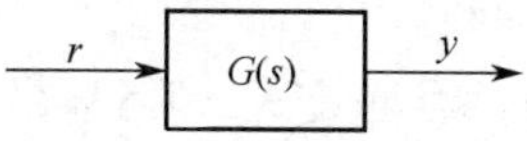

图 7-5　系统结构图

式中，

$$G(s) = \frac{147.3(s + 1.5)}{(s^2 + 2s + 5)(s^2 + 10s + 26)(s + 17)}$$

那么，有

$$\begin{cases} x'' = -f(x, x') \\ y = x \end{cases}$$

当系统的输入为阶跃信号时，系统的响应曲线如图 7-6（c）所示。

图 7-6（b）所示为 t 和 y' 的关系曲线，而图 7-6（a）所示为 y 和 y' 的关系曲线。由于系统输出为 $y = x$，那么图 7-6（a）所示为相轨迹，即系统响应图 7-6（c）在每一个时刻（如时间 t_1, t_2, t_3, t_4）对应的状态，在图 7-6（a）上对应于一个点，随着时间的推移，坐标平面上就描绘出一条轨迹。值得注意的是，图 7-6（a）所示为系统在零初始条件下的相轨迹，根据微分方程解的存在唯一性定理，不同初始条件下会得到不同的相轨迹，多初始条件下得到多条相轨迹，进而形成相轨迹簇，由一簇相轨迹组成的图形称为相平面图。相平面图有如下几个性质。

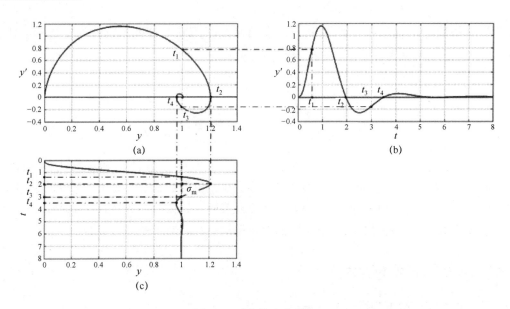

图 7-6　系统的响应曲线

- 在以 x 为横坐标、x' 为纵坐标的情况下，上半平面的轨迹由左向右运动（$x' > 0, x\uparrow$），下半平面的轨迹由右向左运动（$x' < 0, x\downarrow$）。
- 过平面的每一点仅有一条相轨迹，且互不相交，这是由方程解的存在唯一性定理决定的。
- 自激振荡的相轨迹为封闭曲线。
- 由于 x 轴上的点满足 $x' = 0$，且通过式（7-8）得

$$x'' = \frac{\mathrm{d}x'}{\mathrm{d}t} = \frac{\mathrm{d}x'}{\mathrm{d}x}\frac{\mathrm{d}x}{\mathrm{d}t} = x'\frac{\mathrm{d}x'}{\mathrm{d}x} = -f(x, x') \qquad\qquad（7-9）$$

进而，得

$$\frac{\mathrm{d}x'}{\mathrm{d}x} = \frac{-f(x, x')}{x'}$$

可知，当 $f(x, x')$ 不为零时，轨线与 x 轴交点处的斜率为 $+\infty$ 或 $-\infty$，即相轨线垂直穿过 x 轴。

7.2.2　相轨迹的绘制

用相平面法分析系统特性时，绘制相轨迹是分析的基础，一般可以通过解析法、等倾斜线法和实验仿真法。随着计算机技术的进步，仿真软件更新换代，实验仿真法越来越受欢迎，但绘制相轨迹最基本的方法依然是解析法和等倾斜线法。下面介绍这两种方法。

1. 解析法

由式（7-9）得

$$x'\frac{\mathrm{d}x'}{\mathrm{d}x} = -f(x, x')$$

即可推出

$$x'\mathrm{d}x' = -f(x, x')\mathrm{d}x$$

当 $f(x, x')$ 不显含 x' 时，可以采用变量分离法进行积分，求出相轨迹方程，并绘制相轨迹。

【例 7-1】 考虑质量–弹簧系统自由运动微分方程

$$mx'' + kx = 0$$

其中，m 为物体的质量，k 为弹簧的弹性系数，若初始条件为 $x(0) = x_0$ 和 $x'(0) = x_0'$，试确定系统的相轨迹。

解：对已知的微分方程进行变量分离，得

$$mx'\frac{\mathrm{d}x'}{\mathrm{d}x} = -kx$$

$$x'\mathrm{d}x' = -\frac{k}{m}x\mathrm{d}x$$

对上式等号两边同时积分，整理得

$$(x')^2 + \frac{k}{m}x^2 = (x_0')^2 + \frac{k}{m}x_0^2$$

即该系统的相轨迹是以原点为中心的椭圆。当初始条件不同时，可得到等幅周期运动的椭圆簇，如图 7-7 所示。

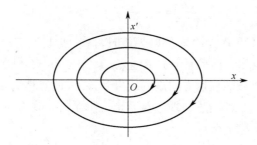

图 7-7 例 7-1 相轨迹

事实上，用解析法作相平面图，仅局限于简单的用微分方程表示的系统，这对大多数非线性系统很难适用，因为非线性系统的解析解不容易求出。另外，如果知道系统的解析解，那么系统的特性也就清楚了，也不需要用相轨迹去分析系统的运动特性。因此，在工程中广泛使用的用于分析非线性系统特性的图解方法是等倾斜线法。

2. 等倾斜线法

由式（7-9）得

$$\frac{\mathrm{d}x'}{\mathrm{d}x} = \frac{-f(x, x')}{x'} \hat{=} k$$

$$x' = \frac{-f(x, x')}{k} \tag{7-10}$$

式（7-10）称为等倾斜线方程。显然，由式（7-10）在相平面中作一条曲线，且经过曲线上各点的轨迹斜率都相同，均为 k，这条曲线称为等倾斜线。在绘制相轨迹时，在等倾斜线上绘制出斜率为 k 的短直线，即可得到相轨迹切线的方向场。由给定的初始值 (x_0, x_0')，沿

方向场依次绘制曲线就可得到系统的相轨迹，如图 7-8 所示。

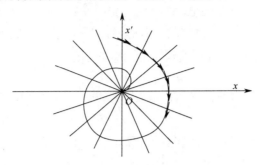

图 7-8　用等倾斜线法绘制的相轨迹

一般来说，等倾斜线分布密度低时，用等倾斜线法绘制的相轨迹误差较大，如果想提高绘图的精确度，就需要增加等倾斜线的数量，即每隔 $5°\sim10°$ 画一条等倾斜线。

7.2.3　奇点

由式（7-9）得

$$\frac{\mathrm{d}x'}{\mathrm{d}x} = \frac{-f(x,x')}{x'} \tag{7-11}$$

当式（7-10）中的 x' 和 $f(x,x')$ 不同时为零时，式（7-11）是一个确定的值，通过该点的相轨迹仅有一条，此点称为相平面上的普通点。如果 x' 和 $f(x,x')$ 同时为零，通过该点的相轨迹因为斜率不定可以按照任意方向逼近或离开该点，此点称为相平面上的奇点。由 x' 和 $f(x,x')$ 同时为零，即 x' 和 x'' 同时为零，对一个二阶系统来说奇点处系统处于平衡状态，且位于 x 轴上，故奇点又称平衡点。

考虑某个二阶系统，在奇点处可得 $f(x,0)=0$，解出系统各个平衡点，再按照它们在复平面上的位置和轨迹形状，可分为以下四种情况。

① 同号相异实根：位于复平面的左半部分，平衡点为稳定的结点；位于复平面的右半部分，平衡点为不稳定的结点，如图 7-9 所示。

② 异号实根：一个位于复平面的左半部分，另一个位于复平面的右半部分，平衡点为不稳定的结点，即鞍点，如图 7-10 所示。

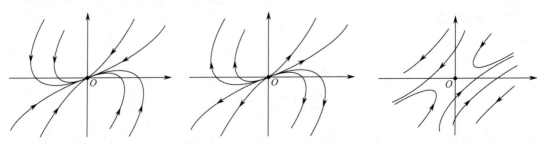

图 7-9　稳定的结点（左）和不稳定的结点（右）　　　　图 7-10　鞍点

③ 非零实部共轭复根：实部位于复平面的左半部分，平衡点为稳定的焦点；实部位于复平面的右半部分，平衡点为不稳定的焦点，如图 7-11 所示。

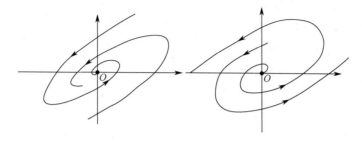

图 7-11　稳定的焦点（左）和不稳定的焦点（右）

④ 纯虚根：位于复平面的虚轴上，平衡点为中心，如图 7-12 所示。

对多重非零根、一个根为零或两个根为零等情况，本书不详细论述，读者可参阅相关的常微分方程书籍和文献。

由前述 $f(x, 0) = 0$ 可以解出多个平衡点，再在各平衡点处对系统进行线性化处理，代入原系统，省略高次项，求解相应的特征方程，进而确定平衡点的类型，绘制出系统的相轨迹。

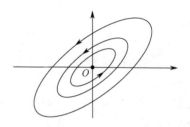

图 7-12　中心点

【例 7-2】　考虑二阶非线性系统

$$x'' + x' + 2x + x^2 = 0$$

试绘制系统的相轨迹。

解： 令 $x' = 0$ 和 $x'' = 0$，得系统平衡点为

$$x_{e1} = 0, \quad x_{e2} = -2$$

在平衡点处，对系统进行线性化，如下。

（1）在平衡点 $x_{e1} = 0$ 处，

$$\left.\frac{\partial f}{\partial x}\right|_{x_{e1}=0} = -2 - 2x\big|_{x_{e1}=0} = -2$$

$$\left.\frac{\partial f}{\partial x'}\right|_{x_{e1}=0} = -1$$

那么

$$\Delta x'' = \left.\frac{\partial f}{\partial x}\right|_{x_{e1}=0} \Delta x + \left.\frac{\partial f}{\partial x'}\right|_{x_{e1}=0} \Delta x'$$

即得

$$\Delta x'' + \Delta x' + 2\Delta x = 0$$

上式的特征值为

$$\lambda_{1,2} = -\frac{1}{2} \pm j\frac{\sqrt{7}}{2}$$

所以，平衡点 $x_{e1} = 0$ 为稳定的焦点。

（2）在平衡点 $x_{e2} = -2$ 处，

$$\frac{\partial f}{\partial x}\bigg|_{x_{e2}=-2} = -2 - 2x|_{x_{e2}=-2} = 2$$

$$\frac{\partial f}{\partial x'}\bigg|_{x_{e2}=-2} = -1$$

那么

$$\Delta x'' = \frac{\partial f}{\partial x}\bigg|_{x_{e2}=-2} \Delta x + \frac{\partial f}{\partial x'}\bigg|_{x_{e2}=-2} \Delta x'$$

即得

$$\Delta x'' + \Delta x' - 2\Delta x = 0$$

上式的特征值为

$$\lambda_1 = 1, \quad \lambda_2 = -2$$

所以，平衡点 $x_{e2} = -2$ 为鞍点。应用等倾斜线法并结合平衡点类型，绘制出如图 7-13 所示的相轨迹。

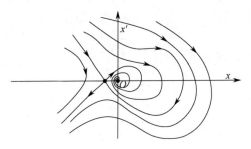

图 7-13　系统的相轨迹

7.2.4　非线性系统的相平面分析

无记忆或静态的非线性特性大多是分段线性的，对含这种特性的非线性系统，采用相平面法进行分析，首先根据这类非线性特性的分段特点将相平面分成若干区域，由于非线性系统在每个区域表现为线性特性，应用相平面法可以作出每个区域的相轨迹，然后依次连接各区域的相轨迹，即可得到非线性系统完整的相轨迹。下面先给出开关线的定义，即根据非线性特性的分段特点将相平面分成若干区域的转折点处构成各个区域的分界线称为开关线。

【例 7-3】　考虑图 7-14 所示的非线性系统结构图。系统参数为：$K = 1$，$T = 0.5$，$b = 2$。试用相平面法分析系统在阶跃输入下的系统响应特性。

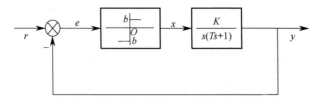

图 7-14　非线性系统结构图

解：系统线性部分的传递函数为

$$\frac{Y(s)}{X(s)} = \frac{K}{s(Ts+1)}$$

$$Ty'' + y' = Kx$$

将 $e = r - y$ 代入上式，得出以 e 为变量的方程为

$$Te'' + e' + Kx = Tr'' + r'$$

由输入为阶跃信号，得 $r'' = r' = 0$，因此

$$Te'' + e' + Kx = 0$$

对非线性环节，有

$$x = \begin{cases} b & ,\ e > 0 \qquad （\text{I 区}） \\ -b & ,\ e < 0 \qquad （\text{II 区}） \end{cases}$$

由此可见，开关线为 $e = 0$，将相平面分为两个区域，各区域系统特性分析如下。

（1）对 I 区，系统的方程为

$$Te'' + e' = Te'\frac{\mathrm{d}e'}{\mathrm{d}e} + e' = e'\left(T\frac{\mathrm{d}e'}{\mathrm{d}e} + 1\right) = -Kb$$

令 $\alpha = \dfrac{\mathrm{d}e'}{\mathrm{d}e}$，得等倾斜线方程为

$$e' = \frac{-Kb}{T\alpha + 1}$$

（2）同理，可得 II 区的等倾斜线方程为

$$e' = \frac{Kb}{T\alpha + 1}$$

当参数为 $K = 1$，$T = 0.5$，$b = 2$ 时，得表 7-1。

表 7-1　例 7-3 计算表

α	-1	0	2	∞	-6	-4	-3
$\dfrac{-2}{0.5\alpha + 1}$	-4	-2	-1	0	1	2	4
$\dfrac{2}{0.5\alpha + 1}$	4	2	1	0	-1	-2	-4

应用等倾斜线法可得 I 区和 II 区的相轨迹，如图 7-15 所示。

当输入为 $r = 1(t)$ 时，图 7-16 描述了系统的相轨迹、时间响应和误差，由此观察到系统的相轨迹最终趋近于原点，且系统是稳定的，误差也趋近于零。

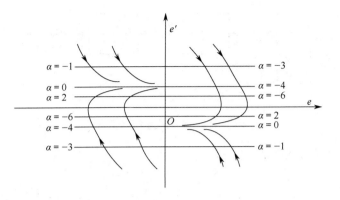

图 7-15　系统的相轨迹

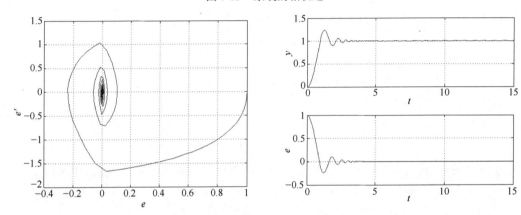

图 7-16　系统的相轨迹、时间响应和误差

7.3　描述函数法

描述函数法是 1940 年由达尼尔（Daniel）首次提出的，即系统非线性环节可用基波分量近似，进而得出非线性环节的近似频率特性的方法。对非线性系统的稳定性和自激振荡问题，先用描述函数法将非线性系统近似为线性系统，再用前面讲述的频域法对系统进行分析，其优点是不受非线性系统的阶次限制，但无法给出确切的系统时间响应，且系统需要满足一定的条件，如系统的结构、线性部分的性能和非线性环节的特性。

7.3.1　描述函数的基本概念

假设非线性环节的输入/输出为

$$y = f(x)$$

当此环节的输入为 $x(t) = A\sin\omega t$ 时，输出 $y(t)$ 可展开为傅里叶级数，即

$$y(t) = A_0 + \sum_{m=1}^{\infty}(A_m\cos m\omega t + B_m\sin m\omega t) = A_0 + \sum_{m=1}^{\infty}Y_m\sin(m\omega t + \varphi_m)$$

式中，直流分量 A_0 为 $\dfrac{1}{2\pi}\displaystyle\int_0^{2\pi} y(t)\,\mathrm{d}(\omega t)$ ，而傅里叶系数 A_m 和 B_m 分别为

$$A_m = \frac{1}{\pi}\int_0^{2\pi} y(t)\cos m\omega t\,\mathrm{d}(\omega t)\,,\quad B_m = \frac{1}{\pi}\int_0^{2\pi} y(t)\sin m\omega t\,\mathrm{d}(\omega t)\,,\quad m=1,2,3,\cdots$$

且有

$$Y_m = \sqrt{A_m^2 + B_m^2}\,,\quad \varphi_m = \arctan\frac{A_m}{B_m}$$

若 $A_0 = 0$ ，输出 $y(t)$ 展开的傅里叶级数的基波分量为

$$A_1\cos\omega t + B_1\sin\omega t = Y_1\sin(\omega t + \varphi_1)$$

为此，定义描述函数为在正弦信号输入下，非线性环节稳态响应的基波分量与输入正弦信号的复数比用 $N(A)$ 表示，即

$$N(A) = \frac{Y_1}{A}\mathrm{e}^{\mathrm{j}\varphi_1} = \frac{B_1 + \mathrm{j}A_1}{A} \tag{7-12}$$

【例 7-4】　某非线性元件的特性为

$$y = x + x^3$$

试计算此非线性特性的描述函数。

解：当输入为 $x = A\sin\omega t$ 时，有

$$y = A\sin\omega t + A^3\sin^3\omega t$$

则

$$A_0 = \frac{1}{2\pi}\int_0^{2\pi} y\,\mathrm{d}(\omega t) = \frac{1}{2\pi}\int_0^{2\pi} A\sin\omega t\,\mathrm{d}(\omega t) + \frac{1}{2\pi}\int_0^{2\pi} A^3\sin^3\omega t\,\mathrm{d}(\omega t)$$

$$= -\frac{A}{2\pi}\cos\omega t\Big|_0^{2\pi} - \frac{A^3}{2\pi}\int_0^{2\pi}(1-\cos^2\omega t)\,\mathrm{d}(\cos\omega t)$$

$$= 0 - \frac{A^3}{2\pi}\cos\omega t\Big|_0^{2\pi} + \frac{A^3}{6\pi}\cos^3\omega t\Big|_0^{2\pi} = 0$$

$$A_1 = \frac{1}{\pi}\int_0^{2\pi} y\cos\omega t\,\mathrm{d}(\omega t)$$

$$= \frac{1}{\pi}\int_0^{2\pi} A\sin\omega t\cos\omega t\,\mathrm{d}(\omega t) + \frac{1}{\pi}\int_0^{2\pi} A^3\sin^3\omega t\cos\omega t\,\mathrm{d}(\omega t)$$

$$= \frac{A}{2\pi}\sin^2\omega t\Big|_0^{2\pi} + \frac{A^3}{\pi}\int_0^{2\pi}\sin^3\omega t\,\mathrm{d}(\sin\omega t)$$

$$= 0 + \frac{A^3}{4\pi}\sin^4\omega t\Big|_0^{2\pi} = 0$$

$$B_1 = \frac{1}{\pi}\int_0^{2\pi} y\sin\omega t\,\mathrm{d}(\omega t)$$

$$= \frac{1}{\pi}\int_0^{2\pi} A\sin\omega t\sin\omega t\,\mathrm{d}(\omega t) + \frac{1}{\pi}\int_0^{2\pi} A^3\sin^3\omega t\sin\omega t\,\mathrm{d}(\omega t)$$

$$= \frac{A}{\pi}\int_0^{2\pi}\frac{1-\cos 2\omega t}{2}\,\mathrm{d}(\omega t) + \frac{A^3}{\pi}\int_0^{2\pi}\frac{1-2\cos 2\omega t + \cos^2 2\omega t}{4}\,\mathrm{d}(\omega t)$$

$$= \frac{A}{2\pi}\left(2\pi - \frac{1}{2}\sin 2\omega t\Big|_0^{2\pi}\right) + \frac{A^3}{4\pi}\left(2\pi - \sin 2\omega t\Big|_0^{2\pi} + \int_0^{2\pi}\frac{\cos 4\omega t + 1}{2}\,\mathrm{d}(\omega t)\right)$$

$$= A + \frac{A^3}{2} + \frac{A^3}{4} + \frac{A^3}{32}\sin 4\omega t\Big|_0^{2\pi}$$

$$= A + \frac{3A^3}{4}$$

因此，该非线性特性的描述函数为

$$N(A) = \frac{B_1}{A} = 1 + \frac{3A^2}{4}$$

由式（7-12）可知，描述函数 $N(A)$ 是非线性环节输出信号中基波分量与输入信号的振幅比和相角差的函数。但是从上例明显地发现，描述函数 $N(A)$ 仅仅是输入信号振幅 A 的函数。另外，当非线性特性为输入的奇函数（即 $y = f(x) = -f(-x)$）时，有

$$y(t) = f(A\sin\omega t) = -f(-A\sin\omega t) = -f(A\sin(\omega t + \pi)) = -f\left(A\sin\omega\left(t + \frac{\pi}{\omega}\right)\right)$$

$$= -y\left(t + \frac{\pi}{\omega}\right)$$

那么

$$A_0 = \frac{1}{2\pi}\int_0^{2\pi} y\,\mathrm{d}(\omega t) = \frac{1}{2\pi}\int_0^{2\pi} f(A\sin\omega t)\,\mathrm{d}(\omega t)$$

$$= \frac{1}{2\pi}\int_0^{\pi} f(A\sin\omega t)\,\mathrm{d}(\omega t) + \frac{1}{2\pi}\int_\pi^{2\pi} f(A\sin\omega t)\,\mathrm{d}(\omega t)$$

$$= \frac{1}{2\pi}\int_0^{\pi} f(A\sin\omega t)\,\mathrm{d}(\omega t) + \frac{1}{2\pi}\int_0^{\pi} f(A\sin(\upsilon t + \pi))\,\mathrm{d}(\upsilon t)$$

$$= \frac{1}{2\pi}\int_0^{\pi} f(A\sin\omega t)\,\mathrm{d}(\omega t) - \frac{1}{2\pi}\int_0^{\pi} f(A\sin\upsilon t)\,\mathrm{d}(\upsilon t)$$

$$= 0$$

因此，依据描述函数的定义，只有非线性特性是输入 x 的奇函数或正弦信号输入下的输出 y 关于 t 为奇对称函数（即 $y = -y\left(t + \frac{\pi}{\omega}\right)$），才能保证直流分量 $A_0 = 0$。

同时，从上例中还可以观察到：
① 当输出 y 满足 $y(t) = -y(-t)$ 时，有

$$A_1 = \frac{1}{\pi}\int_0^{2\pi} y\cos\omega t\,\mathrm{d}(\omega t) = \frac{1}{\pi}\int_0^{2\pi} f(A\sin\omega t)\cos\omega t\,\mathrm{d}(\omega t)$$

$$= \frac{1}{\pi}\int_{-\pi}^{\pi} f(A\sin(\upsilon t + \pi))\cos(\upsilon t + \pi)\,\mathrm{d}(\upsilon t + \pi)$$

$$= \frac{1}{\pi}\int_{-\pi}^{0} f(A\sin(\upsilon t + \pi))\cos(\upsilon t + \pi)\,\mathrm{d}(\upsilon t) + \frac{1}{\pi}\int_0^{\pi} f(A\sin(\upsilon t + \pi))\cos(\upsilon t + \pi)\,\mathrm{d}(\upsilon t)$$

$$= \frac{1}{\pi}\int_{-\pi}^{0} -f(-A\sin\upsilon t)\cos\upsilon t\,\mathrm{d}(\upsilon t) + \frac{1}{\pi}\int_0^{\pi} -f(-A\sin\upsilon t)\cos\upsilon t\,\mathrm{d}(\upsilon t)$$

$$= \frac{1}{\pi}\int_{-\pi}^{0} f(A\sin \upsilon t)\cos \upsilon t\, \mathrm{d}(\upsilon t) + \frac{1}{\pi}\int_{0}^{\pi} f(A\sin \upsilon t)\cos \upsilon t\, \mathrm{d}(\upsilon t)$$

$$= \frac{1}{\pi}\int_{\pi}^{0} y(-t)\cos(-\upsilon t)\mathrm{d}(-\upsilon t) + \frac{1}{\pi}\int_{0}^{\pi} y(t)\cos \upsilon t\, \mathrm{d}(\upsilon t)$$

$$= \frac{1}{\pi}\int_{\pi}^{0} -y(-t)\cos(\upsilon t)\mathrm{d}(\upsilon t) + \frac{1}{\pi}\int_{0}^{\pi} y(t)\cos \upsilon t\, \mathrm{d}(\upsilon t)$$

$$= \frac{1}{\pi}\int_{\pi}^{0} y(t)\cos(\upsilon t)\mathrm{d}(\upsilon t) + \frac{1}{\pi}\int_{0}^{\pi} y(t)\cos \upsilon t\, \mathrm{d}(\upsilon t)$$

$$= -\frac{1}{\pi}\int_{0}^{\pi} y(t)\cos(\upsilon t)\mathrm{d}(\upsilon t) + \frac{1}{\pi}\int_{0}^{\pi} y(t)\cos \upsilon t\, \mathrm{d}(\upsilon t)$$

$$= 0$$

② 当输出 y 是奇函数且半周期内对称（即 $y(t) = -y(-t) = y\left(-t+\dfrac{\pi}{\omega}\right)$）时，有

$$B_1 = \frac{1}{\pi}\int_{0}^{2\pi} y\sin \omega t\, \mathrm{d}(\omega t) = \frac{1}{\pi}\int_{0}^{2\pi} f(A\sin \omega t)\sin \omega t\, \mathrm{d}(\omega t)$$

$$= \frac{1}{\pi}\int_{0}^{\pi} f(A\sin \omega t)\sin \omega t\, \mathrm{d}(\omega t) + \frac{1}{\pi}\int_{\pi}^{2\pi} f(A\sin \omega t)\sin \omega t\, \mathrm{d}(\omega t)$$

$$= \frac{1}{\pi}\int_{0}^{\pi} f(A\sin \omega t)\sin \omega t\, \mathrm{d}(\omega t) + \frac{1}{\pi}\int_{0}^{\pi} f(A\sin(\omega t+\pi))\sin\left(\omega t+\pi\right)\mathrm{d}(\omega t)$$

$$= \frac{1}{\pi}\int_{0}^{\pi} f(A\sin \omega t)\sin \omega t\, \mathrm{d}(\omega t) + \frac{1}{\pi}\int_{0}^{\pi} -f(-A\sin \omega t)\sin \omega t\, \mathrm{d}(\omega t)$$

$$= \frac{2}{\pi}\int_{0}^{\pi} f(A\sin \omega t)\sin \omega t\, \mathrm{d}(\omega t) = \frac{2}{\pi}\int_{0}^{\pi} -f(-A\sin \omega t)\sin \omega t\, \mathrm{d}(\omega t)$$

$$= \frac{2}{\pi}\int_{0}^{\pi/2} f(A\sin \omega t)\sin \omega t\, \mathrm{d}(\omega t) + \frac{2}{\pi}\int_{\pi/2}^{\pi} -f(-A\sin \omega t)\sin \omega t\, \mathrm{d}(\omega t)$$

$$= \frac{2}{\pi}\int_{0}^{\pi/2} f(A\sin \omega t)\sin \omega t\, \mathrm{d}(\omega t) + \frac{2}{\pi}\int_{\pi/2}^{\pi} f\left(A\sin \omega\left(-t+\frac{\pi}{\omega}\right)\right)\sin \omega t\, \mathrm{d}(\omega t)$$

$$= \frac{2}{\pi}\int_{0}^{\pi/2} f(A\sin \omega t)\sin \omega t\, \mathrm{d}(\omega t) + \frac{2}{\pi}\int_{-\pi/2}^{0} f\left(A\sin\left(\omega\left(-t+\frac{\pi}{\omega}\right)\right)+\pi\right)\sin\left(\omega t+\pi\right)\mathrm{d}(\omega t)$$

$$= \frac{2}{\pi}\int_{0}^{\pi/2} f(A\sin \omega t)\sin \omega t\, \mathrm{d}(\omega t) + \frac{2}{\pi}\int_{0}^{\pi/2} f\left(A\sin\left(\omega\left(t+\frac{\pi}{\omega}\right)\right)+\pi\right)\sin\left(-\omega t+\pi\right)\mathrm{d}(\omega t)$$

$$= \frac{2}{\pi}\int_{0}^{\pi/2} f(A\sin \omega t)\sin \omega t\, \mathrm{d}(\omega t) + \frac{2}{\pi}\int_{0}^{\pi/2} f(A\sin(\omega t+2\pi))\sin \omega t\, \mathrm{d}(\omega t)$$

$$= \frac{4}{\pi}\int_{0}^{\pi/2} f(A\sin \omega t)\sin \omega t\, \mathrm{d}(\omega t) = \frac{4}{\pi}\int_{0}^{\pi/2} y\sin \omega t\, \mathrm{d}(\omega t)$$

因此，对描述函数的计算，先分析非线性环节的特性，再计算 A_1 和 B_1，最后用式（7-12）得 $N(A)$ 是一个与频率 ω 无关的函数。

7.3.2 典型非线性环节的描述函数

典型非线性环节的描述函数的计算主要确定在分段线性时的正弦响应函数形式及积分区间。下面以前面介绍的 4 种典型非线性环节为例，通过图解法详细介绍各个典型非线性环节的计算步骤。

1. 饱和非线性环节的描述函数

饱和非线性特性在正弦信号的激励下，按图 7-17 的顺序，即饱和非线性特性、正弦信号和输出响应曲线依次摆放，得到下面的输出 $y(t)$ 的数学表达式：

$$y(t) = \begin{cases} KA\sin\omega t & , \ 0 \leqslant \omega t \leqslant \varphi \\ Ka & , \ \varphi \leqslant \omega t \leqslant \pi/2 \end{cases}$$

式中，a 是线性区宽度，K 是线性部分斜率，$\varphi = \arcsin a/A$。

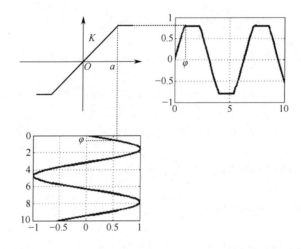

图 7-17　饱和非线性特性在正弦信号激励下的输出响应

通过观察发现，输出 y 关于 t 为奇对称函数，且半周期内对称。因此 $A_0 = 0$，$A_1 = 0$，而 B_1 的计算如下：

$$\begin{aligned} B_1 &= \frac{4}{\pi}\int_0^{\pi/2} y\sin\omega t \,\mathrm{d}(\omega t) = \frac{4}{\pi}\int_0^{\varphi} y\sin\omega t \,\mathrm{d}(\omega t) + \frac{4}{\pi}\int_{\varphi}^{\pi/2} y\sin\omega t \,\mathrm{d}(\omega t) \\ &= \frac{4}{\pi}\int_0^{\varphi} AK\sin^2\omega t \,\mathrm{d}(\omega t) + \frac{4}{\pi}\int_{\varphi}^{\pi/2} aK\sin\omega t \,\mathrm{d}(\omega t) \\ &= \frac{2AK}{\pi}\left(\arcsin\frac{a}{A} + \frac{a}{A}\sqrt{1-\left(\frac{a}{A}\right)^2}\right) \end{aligned}$$

由此可得饱和非线性环节的描述函数为

$$N(A) = \frac{B_1}{A} = \frac{2K}{\pi}\left(\arcsin\frac{a}{A} + \frac{a}{A}\sqrt{1-\left(\frac{a}{A}\right)^2}\right), \quad A \geqslant a$$

2．继电非线性环节的描述函数

继电非线性特性在正弦信号的激励下，按图 7-18 的顺序，即继电非线性特性、正弦信号和输出响应曲线依次摆放，得到下面的输出 $y(t)$ 的数学表达式：

$$y(t)=\begin{cases} b & ,\ 0 \leqslant \omega t \leqslant \pi \\ -b & ,\ \pi \leqslant \omega t \leqslant 2\pi \end{cases}$$

式中，b 是继电元件的输出量。

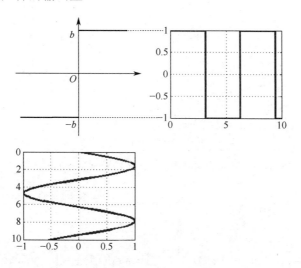

图 7-18　继电非线性特性在正弦信号激励下的输出响应

通过观察发现，输出 y 关于 t 为奇对称函数，且半周期内对称。因此 $A_0 = 0$，$A_1 = 0$，而 B_1 的计算如下：

$$\begin{aligned} B_1 &= \frac{1}{\pi}\int_0^{2\pi} y \sin \omega t\, \mathrm{d}(\omega t) = \frac{1}{\pi}\int_0^{\pi} y \sin \omega t\, \mathrm{d}(\omega t) + \frac{1}{\pi}\int_{\pi}^{2\pi} y \sin \omega t\, \mathrm{d}(\omega t) \\ &= \frac{1}{\pi}\int_0^{\pi} b \sin \omega t\, \mathrm{d}(\omega t) - \frac{1}{\pi}\int_{\pi}^{2\pi} b \sin \omega t\, \mathrm{d}(\omega t) \\ &= \frac{b}{\pi}\left(-\cos \omega t \big|_0^{\pi} + \cos \omega t \big|_{\pi}^{2\pi} \right) = \frac{4b}{\pi} \end{aligned}$$

由此可得继电非线性环节的描述函数为

$$N(A) = \frac{B_1}{A} = \frac{4b}{\pi A}$$

3．死区非线性环节的描述函数

死区非线性特性在正弦信号的激励下，按图 7-19 的顺序，即死区非线性特性、正弦信号和输出响应曲线依次摆放，得到下面的输出 $y(t)$ 的数学表达式：

$$y(t)=\begin{cases} 0 & ,\ 0 \leqslant \omega t \leqslant \varphi \\ K\left(A \sin \omega t - a \right) & ,\ \varphi \leqslant \omega t \leqslant \pi/2 \end{cases}$$

式中，a 是死区宽度，K 是线性部分斜率，$\varphi = \arcsin a/A$ 。

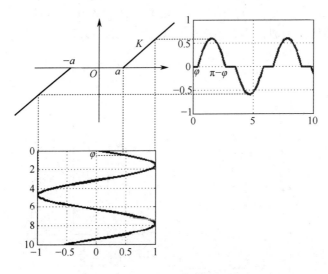

图 7-19   死区非线性特性在正弦信号激励下的输出响应

通过观察发现，输出 y 关于 t 为奇对称函数，且半周期内对称。因此 $A_0 = 0$ ， $A_1 = 0$ ，而 B_1 的计算如下：

$$B_1 = \frac{4}{\pi}\int_0^{\pi/2} y\sin\omega t\,\mathrm{d}(\omega t) = \frac{4}{\pi}\int_0^{\varphi} y\sin\omega t\,\mathrm{d}(\omega t) + \frac{4}{\pi}\int_{\varphi}^{\pi/2} y\sin\omega t\,\mathrm{d}(\omega t)$$

$$= 0 + \frac{4}{\pi}\int_{\varphi}^{\pi/2} K(A\sin\omega t - a)\sin\omega t\,\mathrm{d}(\omega t)$$

$$= \frac{2AK}{\pi}\left(\frac{\pi}{2} - \arcsin\frac{a}{A} - \frac{a}{A}\sqrt{1 - \left(\frac{a}{A}\right)^2}\right)$$

由此可得死区非线性环节的描述函数为

$$N(A) = \frac{B_1}{A} = \frac{2K}{\pi}\left(\frac{\pi}{2} - \arcsin\frac{a}{A} - \frac{a}{A}\sqrt{1 - \left(\frac{a}{A}\right)^2}\right), \quad A \geqslant a$$

4. 间隙非线性环节的描述函数

间隙非线性特性在正弦信号的激励下，按图 7-20 的顺序，即间隙非线性特性、正弦信号和输出响应曲线依次摆放，得到下面的输出 $y(t)$ 的数学表达式：

$$y(t) = \begin{cases} K(A\sin\omega t - a) &, 0 \leqslant \omega t \leqslant \pi/2 \\ K(A - a) &, \pi/2 \leqslant \omega t \leqslant \varphi \\ K(A\sin\omega t + a) &, \varphi \leqslant \omega t \leqslant \pi \end{cases}$$

式中，a 是间隙宽度，K 是线性部分斜率，$\varphi = \pi - \arcsin(1 - 2a/A)$ 。

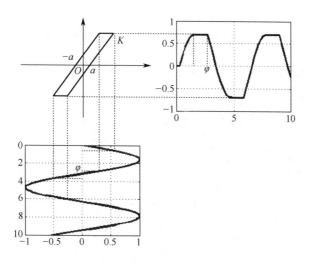

图 7-20　间隙非线性特性在正弦信号激励下的输出响应

通过观察发现，输出 y 关于 t 为奇对称函数。因此 $A_0 = 0$，但是 y 关于 t 为非半周期内对称，所以有

$$
\begin{aligned}
A_1 &= \frac{1}{\pi}\int_0^{2\pi} y\cos\omega t\, \mathrm{d}(\omega t) = \frac{2}{\pi}\int_0^{\pi} y\cos\omega t\, \mathrm{d}(\omega t) \\
&= \frac{2}{\pi}\int_0^{\pi/2} K\left(A\sin\omega t - a\right)\cos\omega t\, \mathrm{d}(\omega t) + \frac{2}{\pi}\int_{\pi/2}^{\varphi} K\left(A - a\right)\cos\omega t\, \mathrm{d}(\omega t) \\
&\quad + \frac{2}{\pi}\int_{\varphi}^{\pi} K\left(A\sin\omega t + a\right)\cos\omega t\, \mathrm{d}(\omega t) \\
&= \frac{2}{\pi}\left(KA\left[\frac{1}{2}\sin^2\omega t\right]_0^{\pi/2} - Ka\left[\sin\omega t\right]_0^{\pi/2} + K(A-a)\left[\sin\omega t\right]_{\pi/2}^{\varphi}\right) \\
&\quad + \frac{2}{\pi}\left(KA\left[\frac{1}{2}\sin^2\omega t\right]_{\varphi}^{\pi} + Ka\left[\sin\omega t\right]_{\varphi}^{\pi}\right) \\
&= \frac{2}{\pi}\left(\frac{1}{2}KA - Ka + K(A-a)\left[\sin\left(\pi - \arcsin\left(1 - \frac{2a}{A}\right)\right) - 1\right]\right) \\
&\quad + \frac{2}{\pi}\left(-\frac{1}{2}KA\left[\sin\left(\pi - \arcsin\left(1 - \frac{2a}{A}\right)\right)\right]^2 - Ka\sin\left(\pi - \arcsin\left(1 - \frac{2a}{A}\right)\right)\right) \\
&= \frac{2}{\pi}\left(\frac{KA}{2} + K(A-a)\left(1 - \frac{2a}{A}\right) - KA - \frac{KA}{2}\left(1 - \frac{2a}{A}\right)^2 - Ka\left(1 - \frac{2a}{A}\right)\right) \\
&= \frac{2}{\pi}\left(\frac{2a^2 K}{A} - 2aK\right) = \frac{4aK}{\pi}\left(\frac{a}{A} - 1\right), \quad A \geqslant a
\end{aligned}
$$

而 B_1 的计算如下：

$$
B_1 = \frac{1}{\pi}\int_0^{2\pi} y\sin\omega t\, \mathrm{d}(\omega t) = \frac{2}{\pi}\int_0^{\pi} y\sin\omega t\, \mathrm{d}(\omega t)
$$

$$= \frac{2}{\pi} \int_0^{\pi/2} K(A \sin \omega t - a) \sin \omega t \, \mathrm{d}(\omega t) + \frac{2}{\pi} \int_{\pi/2}^{\varphi} K(A - a) \sin \omega t \, \mathrm{d}(\omega t)$$

$$+ \frac{2}{\pi} \int_{\varphi}^{\pi} K(A \sin \omega t + a) \sin \omega t \, \mathrm{d}(\omega t)$$

$$= \frac{2}{\pi} \left(KA \left[\frac{1}{2} \omega t - \frac{1}{4} \sin 2\omega t \right]_0^{\pi/2} + Ka \left[\cos \omega t \right]_0^{\pi/2} + K(A - a) \left[-\cos \omega t \right]_{\pi/2}^{\varphi} \right)$$

$$+ \frac{2}{\pi} \left(KA \left[\frac{1}{2} \omega t - \frac{1}{4} \sin 2\omega t \right]_{\varphi}^{\pi} + Ka \left[-\cos \omega t \right]_{\varphi}^{\pi} \right)$$

$$= \frac{2}{\pi} \left(\frac{\pi}{4} KA - Ka + K(A - a) \sqrt{\frac{4a}{A} - \frac{4a^2}{A^2}} \right)$$

$$+ \frac{2}{\pi} \left(KA \left[\frac{\pi}{2} - \frac{1}{2} \left(\pi - \arcsin \left(1 - \frac{2a}{A} \right) \right) - \frac{1}{2} \left(1 - \frac{2a}{A} \right) \sqrt{\frac{4a}{A} - \frac{4a^2}{A^2}} \right] \right)$$

$$+ \frac{2}{\pi} Ka \left(1 - \sqrt{\frac{4a}{A} - \frac{4a^2}{A^2}} \right)$$

$$= \frac{2}{\pi} \left(\frac{\pi}{4} KA + \frac{KA}{2} \arcsin \left(1 - \frac{2a}{A} \right) + \frac{KA}{2} \left(1 - \frac{2a}{A} \right) \sqrt{\frac{4a}{A} - \frac{4a^2}{A^2}} \right)$$

$$= \frac{KA}{\pi} \left(\frac{\pi}{2} + \arcsin \left(1 - \frac{2a}{A} \right) + 2 \left(1 - \frac{2a}{A} \right) \sqrt{\frac{a}{A} \left(1 - \frac{a}{A} \right)} \right), \quad A \geqslant a$$

由此可得间隙非线性环节的描述函数为

$$N(A) = \frac{B_1 + \mathrm{j}A_1}{A}$$

$$= \frac{K}{\pi} \left(\frac{\pi}{2} + \arcsin \left(1 - \frac{2a}{A} \right) + 2 \left(1 - \frac{2a}{A} \right) \sqrt{\frac{a}{A} \left(1 - \frac{a}{A} \right)} \right) + \mathrm{j} \frac{4aK}{\pi A} \left(\frac{a}{A} - 1 \right), \quad A \geqslant a$$

7.3.3　非线性系统的描述函数法分析

应用描述函数法分析非线性系统不似前面的相平面法,而需要系统满足以下几个条件。

① 非线性系统需化简为一个非线性环节串联一个线性部分,单位反馈连接如图 7-21 所示。

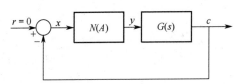

图 7-21　非线性系统典型结构图

② 非线性环节的输入/输出特性应满足关于 x 是奇函数即前面的奇对称特性,且要求

$A_0 = 0$ 和基波分量的幅值占优。

③ 线性部分应具有较好的低通滤波性能，因为当非线性环节的输入为正弦信号时，输出的高次谐波分量在线性部分传递中经过低通滤波的作用将会被大大削弱，仅有基波分量通过，进而用描述函数所得的结果较准确。

以上三个条件都满足时，非线性系统可以近似为线性系统，用描述函数作为其频率特性，借用前面讲述的频域法的奈氏稳定判据分析非线性系统，不过要先化简非线性系统，特别是当系统由多个非线性环节组成（如串联和并联）时，可以通过等效的方式处理。

1. 非线性环节串联等效

当非线性环节串联时，可按信号的流动顺序以图解法化简，等效为一个非线性环节，下面以饱和特性和死区特性为例。

【例 7-5】　非线性环节串联如图 7-22 所示，$y = y_1 + y_2$。试求其描述函数。

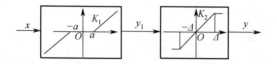

图 7-22　非线性环节串联

解： 将图 7-22 中的两个非线性环节按图 7-23 形式摆放，由饱和端点 Δ 确定输入端点 b，得 $\Delta = K_1(b - a)$，即 $b = a + \Delta/K_1$。

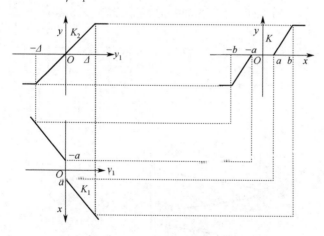

图 7-23　非线性环节串联等效化简

另外，当 $|x| \leq a$ 时，$y = 0$；当 $a < x \leq b$ 时，$y = K(x - a)$，$K = K_1 K_2$；当 $x > b$ 时，$y = K(b - a)$，$K = K_1 K_2$。因此，可得

$$y = \begin{cases} K(b - a), & x > b \\ K(x - a), & a < x \leq b \\ 0, & |x| \leq a \\ K(x + a), & -b \leq x < -a \\ K(-b + a), & x < -b \end{cases}$$

相应的描述函数为

$$N(A) = \frac{B_1}{A} = \frac{2K}{\pi}\left(\arcsin\frac{b}{A} - \arcsin\frac{a}{A} + \frac{b}{A}\sqrt{1-\left(\frac{b}{A}\right)^2} - \frac{a}{A}\sqrt{1-\left(\frac{a}{A}\right)^2} \right), \quad A \geqslant b$$

值得注意的是，非线性环节串联等效时，前后非线性环节不可互换次序，因为次序不一样，等效结果不一样（如图 7-24、图 7-25 所示），得到的描述函数也不一样。多个非线性环节串联，可按照上述方法逐步化简。

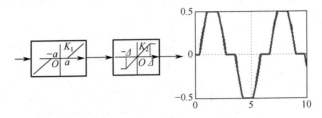

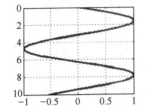

图 7-24 死区–饱和串联时正弦激励下输出响应

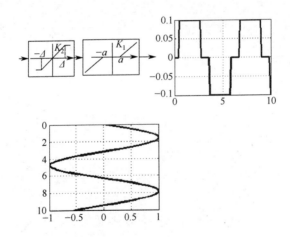

图 7-25 饱和–死区串联时正弦激励下输出响应

2．非线性环节并联等效

非线性环节并联时，在有相同输入下其输出是非线性特性相叠加的，图 7-26 所示为饱和非线性环节与死区非线性环节并联的情况，它们在正弦激励下输出响应如图 7-27 所示。根据描述函数的定义可知，其总描述函数是各非线性环节在正弦激励下描述函数的代数和。

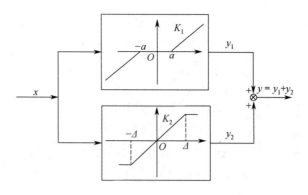

图 7-26　非线性环节并联

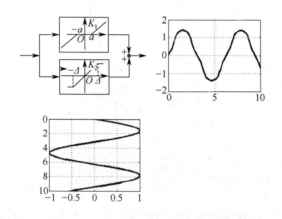

图 7-27　饱和–死区并联时正弦激励下输出响应

非线性系统中非线性环节的串联和并联可以利用图解法进行等效，可当其线性部分由不同形式组成时，则按照前面讲述的系统结构和流程图的化简方法来处理。应用描述函数法分析非线性系统主要分析系统的稳定性和自激振荡运动，而非线性系统的描述函数法在满足前面 3 个条件的情况下，其结构图如图 7-21 所示，则闭环系统的特征方程为

$$1 + N(A)G(s) = 0$$

或

$$G(s) = -\frac{1}{N(A)}$$

令 $s = j\omega$，它的频域特性为

$$G(j\omega) = -\frac{1}{N(A)}$$

式中，$-1/N(A)$ 称为非线性环节的负倒描述函数。设系统在复平面的右半部分无极点，即 $P = 0$，将上式重新写为

$$G(j\omega) = -\frac{1}{N(A)} + j0$$

由奈氏稳定判据知，$Z = P - 2N = -2N$；当奈氏图不包围点 $(-1/N(A), j0)$ 时，$Z = 0$，

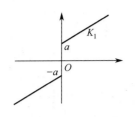

图 7-28 库仑（静态）摩擦加
黏性（动态）摩擦特性

系统稳定；而当奈氏图包围点 $(-1/N(A), j0)$ 时，系统不稳定；尤其当奈氏图穿过点 $(-1/N(A), j0)$ 时，系统临界稳定，可能产生等幅自振。

【例 7-6】 考虑非线性环节为库仑（静态）摩擦加黏性（动态）摩擦特性，如图 7-28 所示，线性部分 $G(s) = K/s(s+1)(s+0.5)$。试分析系统的稳定性。

解： 通过观察图 7-29 发现，输出 y 关于 t 为奇对称函数，且半周期内对称。因此 $A_0 = 0$，$A_1 = 0$，B_1 的计算如下：

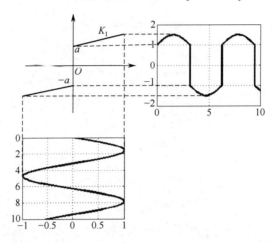

图 7-29 库仑摩擦加黏性摩擦非线性特性在正弦信号激励下的输出响应

$$B_1 = \frac{4}{\pi}\int_0^{\pi/2} y \sin \omega t \, \mathrm{d}(\omega t) = \frac{4}{\pi}\int_0^{\pi/2}(a + K_1 A \sin \omega t)\sin \omega t \, \mathrm{d}(\omega t)$$

$$= \frac{4a}{\pi} + \frac{4}{\pi}\int_0^{\pi/2} K_1 A \sin^2 \omega t \, \mathrm{d}(\omega t)$$

$$= \frac{4a}{\pi} + \frac{4}{\pi} K_1 A\left[\frac{1}{2}\omega t - \frac{1}{4}\sin 2\omega t\right]_0^{\pi/2}$$

$$= \frac{4a}{\pi} + K_1 A$$

由此可得库仑（静态）摩擦加黏性（动态）摩擦非线性环节的描述函数为

$$N(A) = \frac{B_1}{A} = \frac{4a}{\pi A} + K_1$$

负倒描述函数为

$$-\frac{1}{N(A)} = \frac{-1}{\dfrac{4a}{\pi A} + K_1}$$

当 A 由 0 趋向 ∞ 时，$-1/N(A)$ 由 0 趋向 $-1/K_1$，取参数 $K = 3$，$K_1 = 0.5$，用 MATLAB 作出系统的奈氏图和负倒描述函数曲线，如图 7-30 所示。根据前面的分析，此非线性系统是不稳定的，它的脉冲响应曲线如图 7-31 所示。

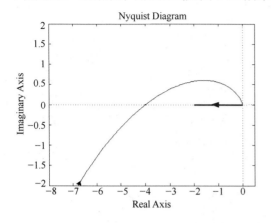

图 7-30　系统的奈氏图和负倒描述函数曲线　　　　图 7-31　系统的脉冲响应曲线

【例 7-7】　考虑非线性环节为饱和特性，线性部分 $G(s) = \dfrac{K}{s(s+5)(s+10)}$，试分析系统的稳定性。

解：由前面的分析可知，饱和非线性特性的负倒描述函数为

$$-\frac{1}{N(A)} = \frac{-1}{\dfrac{2K_1}{\pi}\left(\arcsin\dfrac{a}{A} + \dfrac{a}{A}\sqrt{1 - \left(\dfrac{a}{A}\right)^2}\right)}, \quad A \geqslant a$$

当参数 $a = 1$，$K_1 = 2$ 时，A 由 a 趋向 ∞，$-\dfrac{1}{N(A)}$ 由 -0.5 趋向 $-\infty$，再取参数 $K = 300$，用 MATLAB 作出系统的奈氏图和负倒描述函数曲线，如图 7-32 所示。根据前面的分析，此非线性系统是稳定的，它的脉冲响应曲线如图 7-33 所示。

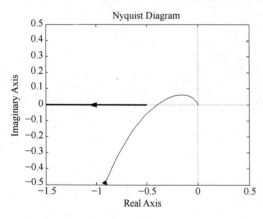 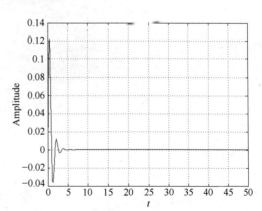

图 7-32　系统的奈氏图和负倒描述函数曲线（K=300）　　图 7-33　系统的脉冲响应曲线（K=300）

若取参数 $K = 500$，用 MATLAB 作出系统的奈氏图和负倒描述函数曲线，如图 7-34 所示。根据前面的分析，此非线性系统产生自激振荡，它的脉冲响应曲线如图 7-35 所示。

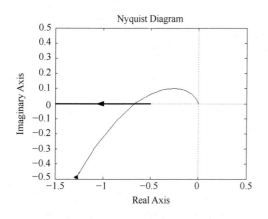
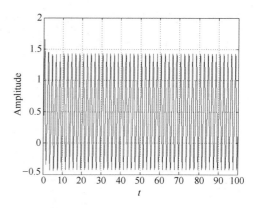

图 7-34 系统的奈氏图和负倒描述函数曲线（$K=500$）　　图 7-35 系统的脉冲响应曲线（$K=500$）

由上可知，系统没有复平面右半部分零极点时可以得到如下结论。

① 若奈氏图不包围点 $(-\dfrac{1}{N(A)}, \text{j}0)$，则系统稳定；若包围点 $(-\dfrac{1}{N(A)}, \text{j}0)$，则系统不稳定。

② 当奈式图和负倒描述函数曲线相交时，如图 7-36 所示，负倒描述函数曲线由浅色区域穿到深色区域，系统产生自激振荡；负倒描述函数曲线由深色区域穿到浅色区域，系统会发散至无穷。

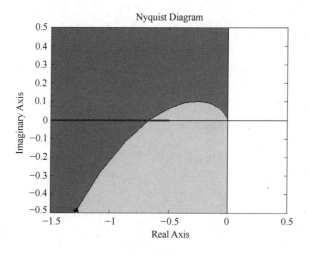

图 7-36 奈氏图和负倒描述函数曲线相交

本章小结

线性系统的特点是满足叠加定理，但实际上理想的线性系统并不存在，大多数系统都是非线性的，本章介绍了两种讨论非线性控制系统的方法：相平面法和描述函数法。

非线性系统的特性可分为连续型和不连续型两种，本章着重介绍了不连续型的饱和、继电、死区、间隙非线性特性。

非线性系统的特点是：①非线性系统的平衡点较复杂，而线性系统具有唯一的平衡点；②非线性系统的稳定性不仅与系统的结构和参数有关，还与初始条件、外部输入、扰动等有关；③非线性系统的频率响应与输入信号的频率完全不一样，除有同频的基波分量外可能还有高次的谐波分量；④非线性系统不满足叠加定理；⑤非线性系统特有的运动现象是自激振荡。

相平面法是通过图解的方式分析非线性系统动态性能的方法，该方法准确、直观，但只适用于一阶和二阶非线性系统，对高阶非线性系统因图形异常复杂而很少使用。

描述函数法是先将非线性系统的稳定性和自激振荡问题近似为线性系统，再用频域法对系统进行分析。该方法不受非线性系统的阶次限制，但是无法给出确切的系统时间响应，且系统需要满足一定的条件，如系统的结构、线性部分的性能和非线性环节的特性。

------- 课程思政 -------

通过学习本章相平面法和描述函数法，我们意识到：在平时的学习、工作和生活中遇到复杂难题时，可以将其化繁为简、以易解难，抓住主要问题，解决主要矛盾，达到探索事物本质特性的目的。

习　题

1．试给出下列非线性环节的静态特性。

（1）死区继电非线性特性。

（2）死区饱和非线性特性。

（3）死区间隙非线性特性。

（4）死区间隙继电非线性特性。

2．考虑非线性微分方程

$$x'' = -x + x^3$$

试确定系统的平衡点，并分析其稳定性。

3．试用等倾斜线法绘制下列方程的相轨迹。

（1） $x'' = -x + x^3$ 。

（2） $x'' + |x| = 0$ 。

（3） $x'' + x' + |x| = 0$ 。

（4） $\begin{cases} x_1' = -x_1 - x_2 + 1 \\ x_2' = x_1 - x_2 - 5 \end{cases}$ 。

4．试用相平面法分析图 7-37 所示系统在阶跃输入下的响应特性，其中， $K_1 = K = 1$ ， $T = 0.5$ ， $a = 2$ 。

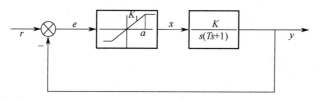

图 7-37 题 4 图

5．试给出下列非线性环节的描述函数。

（1）死区继电非线性特性。

（2）死区饱和非线性特性。

（3）死区间隙非线性特性。

（4）死区间隙继电非线性特性。

6．已知系统的奈氏图和负倒描述函数曲线，如图 7-38 所示。试判断系统的稳定性和自激振荡。

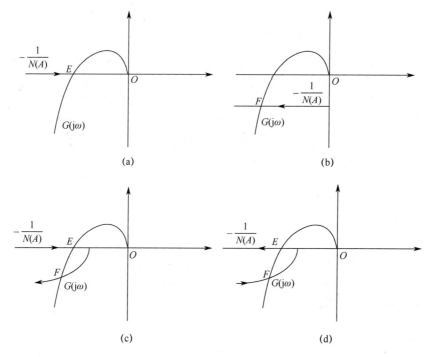

图 7-38 题 6 图

7．非线性系统结构图如图 7-39 所示，非线性环节的参数 $b=3$。用描述函数法分析：

（1）系统的稳定性；

（2）为使系统稳定，如何调整参数 b。

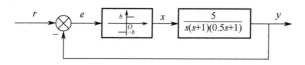

图 7-39 题 7 图

第 8 章   线性离散系统

近些年，随着脉冲技术、数字计算机等的发展，数字控制器在许多场景下取代了模拟控制器。基于工程实践的需要，离散系统理论作为分析与设计数字控制系统的基础理论，发展非常迅速。本章主要讨论线性离散系统的基础理论和稳定性分析方法。

8.1   计算机控制系统概述

8.1.1   计算机控制系统简图

图 8-1 所示的计算机控制系统就是利用计算机（通常称为工业控制计算机，简称工控机）实现生产过程自动控制的系统。简图如图 8-2 所示。

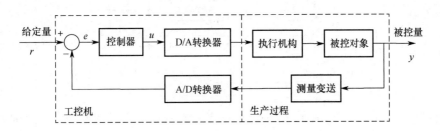

图 8-1   计算机控制系统

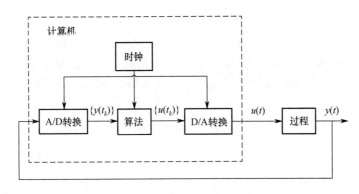

图 8-2   计算机控制系统简图

过程输出 $y(t)$ 是连续时间信号。通过 A/D 转换器把此输出转换成数字形式。根据人们的选择，A/D 转换器可以包括在计算机中，也可以看成一个独立单元。这种转换在采样时刻 t_k 完成。计算机把这个转换后的信号 $\{y(t_k)\}$ 作为一个数列，并用某种算法来处理这个序列，进而给出一个新的数列 $\{u(t_k)\}$，再用 D/A 转换器把这个序列转换成模拟信号。上述过程都由计算机中实时时钟进行同步控制。

数字计算机按照时序操作，每次操作都要花费一定时间。可是 D/A 转换器必定产生连续时间信号，为此，通常在转换期间内要保持控制信号恒定不变。在这种情况下，由于控制信号是恒定的且与输出量无关，所以在两个采样时间之间的时间间隔内系统工作在开环状态。

8.1.2　计算机控制系统的组成

计算机控制系统的组成如图 8-3 所示。

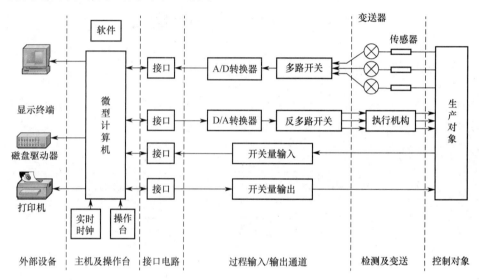

图 8-3　计算机控制系统的组成

硬件部分（计算机控制系统的物质基础）有主机、接口电路、过程输入/输出通道、外部设备、操作台。主机包括中央处理器（CPU）和内存储器（RAM 和 ROM）。接口电路是主机与外部设备、过程输入/输出通道进行信息交换的桥梁。过程输入/输出通道包括模拟量输入通道、模拟量输出通道、开关量输入通道和开关量输出通道。外部设备包括输入设备、输出设备和外存储器。

8.1.3　计算机控制系统的特点

计算机控制系统的特点是：可靠性高、可维修性好、环境适应性强、控制实时性好、完善的输入/输出通道、丰富的软件、适当的计算精度和运算速度。

计算机控制系统除能实现模拟系统的功能外，其特点还有：速度快和精度高；由于计算机具有分时操作的特点，所以一台计算机可代替多台常规控制装置；利用记忆功能和逻辑判断能力，可以选择最优控制策略；对一些特殊控制对象，如大滞后对象，可以达到较好的控制效果，而常规控制装置则无法达到。

8.1.4　信号的采样与恢复

典型的计算机控制系统结构图如图 8-4 所示。

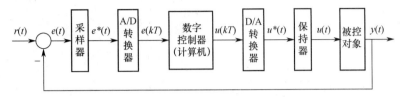

图 8-4　典型的计算机控制系统结构图

采样器、保持器和数字控制器的结构形式和控制规律决定系统动态特性，是研究的主要对象。控制系统的稳态控制精度由 A/D、D/A 转换器的分辨率决定。这说明 A/D 和 D/A 转换器只影响系统稳态控制精度，而不影响动态指标。

为了突出重点，本章只讨论影响系统动态特性的基本问题。为了便于数学上分析和综合，在分析和设计计算机控制系统时，常常假定 A/D、D/A 转换器的精度足够高，使量化误差可以忽略，于是 A/D、D/A 转换器只存在物理上意义而无数学上意义，即数字信号与采样信号，即 $e(kT)$ 与 $e^*(t)$、$u(kT)$ 与 $u^*(t)$，是等价的。图 8-4 可进一步简化为图 8-5。

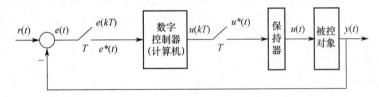

图 8-5　计算机控制系统结构图简化

8.2　计算机控制系统分析

8.2.1　离散系统的稳定性分析

s 平面中的任意点可表示为 $s = \sigma + j\omega$，映射到 z 平面中则为 $z = e^{(\sigma + j\omega)T} = e^{\sigma T} e^{j\omega T}$。如图 8-6 所示，$s$ 平面到 z 平面的基本映射关系式为

$$|z| = e^{\sigma T}, \quad \angle z = \omega T$$

在 z 平面上，当 σ 为某个定值时，$z = e^{Ts}$ 随 ω 由 $-\infty$ 变到 ∞ 的轨迹是一个圆，圆心位于原点，半径为 $|z| = e^{T}$，而圆心角是随线性增大的。

当 $\sigma = 0$ 时，$|z| = 1$，即 s 平面上的虚轴映射到 z 平面上的轨迹是以原点为圆心的单位圆。

当 $\sigma < 0$ 时，$|z| < 1$，即 s 平面的左半面映射到 z 平面上的轨迹是以原点为圆心单位圆的内部。

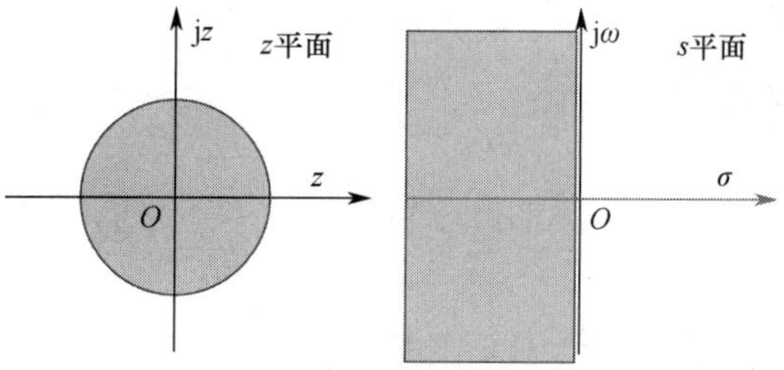

图 8-6　映射关系图

当$\sigma>0$时，$|z|>1$，即 s 平面的右半面映射到 z 平面上的轨迹是以原点为圆心单位圆的外部。

于是得到下面结论。

① s 平面的虚轴对应 z 平面的单位圆的圆周。

在 s 平面上，ω 每变化一个 ω_s 时，则对应在 z 平面上重复画出一个单位圆，在 s 平面中$-\omega_s/2 \sim \omega_s/2$ 的频率范围内称为主频区，其余为辅频区（有无限多个）。s 平面的主频区和辅频区映射到 z 平面的重叠称为频率混叠现象，由于实际系统正常工作时的频率较低，因此，实际系统的工作频率都在主频区内。

② s 平面的左半面对应 z 平面的单位圆内部。

③ s 平面的负实轴对应 z 平面的单位圆内正实轴。

④ s 平面左半面负实轴的无穷远处对应 z 平面单位圆的圆心。

⑤ s 平面的右半面对应 z 平面单位圆的外部。

⑥ s 平面的原点对应 z 平面正实轴上 $z=1$ 的点。

在连续系统中，如果其闭环传递函数的极点都在 s 平面的左半部分，即它的闭环特征根的实部小于零，则该系统是稳定的。由此可见，当离散系统的闭环 z 传递函数的全部极点（特征方程的根）在 z 平面的单位圆内时，系统是稳定的。

设离散系统的闭环 Z 传递函数为

$$w(z)=\frac{Y(z)}{R(z)}=\frac{b_0z^m+b_1z^{m-1}+\cdots+b_m}{z^n+a_1z^{n-1}+\cdots+a_n}\triangleq\frac{B(z)}{A(z)}$$

设有 n 个闭环极点 z_i 互异，$m<n$，输入为单位阶跃函数，则

$$\frac{Y(z)}{z}=\frac{C_0}{z-1}+\sum_{i=1}^{n}\frac{C_i}{z-z_i}$$

式中，$C_0=\dfrac{B(1)}{A(1)}=w(1)$，$C_i=\dfrac{B(z_i)}{(z_i-1)A(z_i)}$，$i=1,2,3,\cdots,n$

取 z 反变换得：

$$y(k)=w(1)1(k)+\sum_{i=1}^{n}C_iz_i^k\text{，}\quad k=1,2,3,\cdots$$

上式为采样系统在单位阶跃作用下输出响应序列的一般关系，第一项为稳态分量，第二项为暂态分量。

若离散系统稳定，则当时间 $k\to\infty$时，输出响应的暂态分量应趋于 0，即

$$\lim_{k \to \infty} \sum_{i=1}^{n} C_i z_i^k = 0$$

这就要求 $z_i < 1$。

因此得到结论，离散系统稳定的充分必要条件是：闭环 Z 传递函数的全部极点应位于 z 平面的单位圆内。

【例 8-1】　某离散系统的闭环 Z 传递函数为

$$w(z) = \frac{3.16z^{-1}}{1 + 1.792z^{-1} + 0.368z^{-1}}$$

则 $w(z)$ 的极点为

$$z_1 = -0.237，\quad z_2 = -1.556$$

解： 由于 $|z_2| = 1.556 > 1$，所以该系统是不稳定的。

8.2.2　线性采样系统稳定的充要条件

某线性采样系统结构图如图 8-7 所示。

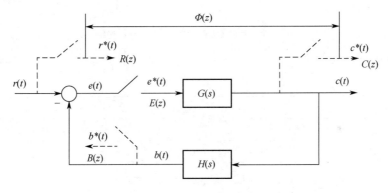

图 8-7　某线性采样系统结构图

闭环特征方程为

$$D(z) = 1 + GH(z) = 0$$

当且仅当所有特征根分布在 z 平面单位圆内（或所有特征根的模均小于 1）时，相应的线性定常系统是稳定的。

$z = e^{Ts}$ 是非线性关系，而套用劳斯判据要将其变换。根据复变函数双线性变换公式，令

$$z = \frac{w+1}{w-1} \quad \text{或} \quad w = \frac{z+1}{z-1}$$

假设 $z = x + \mathrm{j}y$，$w = u + \mathrm{j}v$，根据上述公式可得：

$$w = u + \mathrm{j}v = \frac{x + \mathrm{j}y + 1}{x + \mathrm{j}y - 1} = \frac{x^2 + y^2 - 1}{(x-1)^2 + y^2} - \mathrm{j}\frac{2y}{(x-1)^2 + y^2}$$

离散系统稳定的充要条件是，由特征方程 $1 + GH(z) = 0$ 的所有根严格位于 z 平面的单位圆内，转换为特征方程 $1 + GH(w) = 0$ 的所有根严格位于 s 左半平面。

【例 8-2】 某离散系统结构图如图 8-8 所示，试用劳斯判据确定使该系统稳定的 k 值范围，设 $T=0.25\text{s}$。

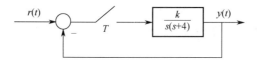

图 8-8　离散系统结构图

解： 该系统的开环 Z 传递函数为

$$G(z) = Z\left[\frac{k}{s(s+4)}\right] = \frac{0.158kz}{(z-1)(z-0.368)}$$

闭环 Z 传递函数为

$$w(z) = \frac{G(z)}{1+G(z)} = \frac{0.158kz}{(z-1)(z-0.368)+0.158kz}$$

求得该系统的闭环 Z 特征方程为

$$(z-1)(z-0.368)+0.158kz = 0$$

对应的 W 特征方程为

$$0.158kw^2 + 1.264w + (2.736-0.158k) = 0$$

列劳斯表如表 8-1 所示。

表 8-1　例 8-2 劳斯表

w^2	$0.158k$	$(2.736-0.158k)$
w^1	1.264	0
w^0	$(2.736-0.158k)$	0

由此解得使系统稳定的 k 值范围为 $0<k<17.3$。

显然，当 $k \geqslant 17.3$ 时，该系统是不稳定的，但对二阶连续系统，k 为任何值时都是稳定的。这就说明 k 对离散系统的稳定性是有影响的。

一般来说，采样周期 T 也对系统的稳定性有影响。缩短采样周期会改善系统的稳定性。对本例，若 $T=0.1\text{s}$，可以得到 k 值的范围为 $0<k<40.5$。

但需要指出的是，对计算机控制系统，缩短采样周期就意味着增加计算机的运算时间，且当采样周期缩短到一定程度后，对改善动态性能无多大意义，因此应适当选取采样周期。

8.2.3　离散系统的过渡响应分析

一个控制系统在外信号作用下从原有稳定状态变化到新稳定状态的整个动态过程称为控制系统的过渡过程。

一般认为，被控量进入新稳态值附近 ±5% 或 ±2% 范围内就表明过渡过程已经结束。

通常，线性离散系统的动态特征是系统在单位阶跃输入下的过渡过程特性，即系统的动态响应特性。如果已知线性离散系统在阶跃输入下输出的 Z 变换 $Y(z)$，那么，对 $Y(z)$ 进行 Z 反变换，就可获得动态响应 $y^*(t)$。将 $y^*(t)$ 连成光滑曲线，就可得到系统的动态性能指标（即超调量 σ% 与过渡过程时间 t_s），如图 8-9 所示。

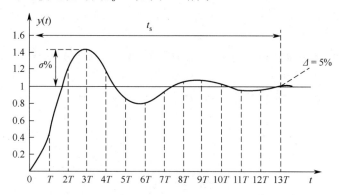

图 8-9 线性离散系统的单位阶跃响应

下面研究离散系统在单位阶跃输入下的瞬态响应，以了解离散系统的动态性能。

$$W(z) = \frac{Y(z)}{R(z)} = \frac{K \prod\limits_{i=1}^{m}(z - z_i)}{\prod\limits_{j=1}^{n}(z - z_j)}, \quad n > m$$

式中，z_i 与 z_j 分别表示闭环零点和极点。利用部分分式法，可将 $W(z)$ 展开成

$$W(z) = \frac{A_1 z}{z - z_1} + \frac{A_2 z}{z - z_2} + \cdots + \frac{A_n z}{z - z_n}$$

由此可见，离散系统的时间响应是其各个极点时间响应的线性叠加。

设系统有一个位于 z_i 的单极点，则在单位阶跃输入下，当 z_i 位于 z 平面不同位置时，它所对应的脉冲响应如图 8-10 所示。

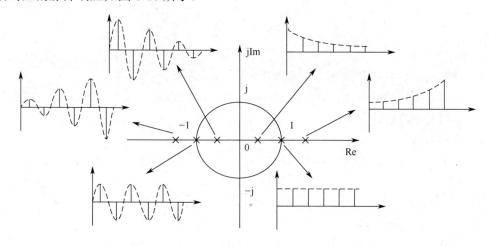

图 8-10 不同位置的实极点与脉冲响应的关系

- 极点在单位圆外的正实轴上，对应的暂态响应分量 $y(kT)$ 单调发散。

- 极点在单位圆与正实轴的交点，对应的暂态响应 $y(kT)$ 是等幅的。
- 极点在单位圆内的正实轴上，对应的暂态响应 $y(kT)$ 单调衰减。
- 极点在单位圆内的负实轴上，对应的暂态响应 $y(kT)$ 是以 $2T$ 为周期正负交替的衰减振荡。
- 极点在单位圆与负实轴的交点，对应的暂态响应 $y(kT)$ 是以 $2T$ 为周期正负交替的等幅振荡。
- 极点在单位圆外的负实轴上，对应的暂态响应 $y(kT)$ 是以 $2T$ 为周期正负交替的发散振荡。

本章小结

计算机控制系统就是利用工业控制计算机实现生产过程自动控制的系统。它由中央处理器（CPU）和内存储器（RAM 和 ROM）、接口电路、过程输入/输出通道、外部设备、操作台组成。

典型的计算机控制系统组成包括采样器、A/D 转换器、数字控制器、D/A 转换器、保持器和被控对象。

离散系统稳定的充分必要条件是：闭环 Z 传递函数的全部极点应位于 z 平面的单位圆内。

采样周期 T 会影响系统的稳定性，缩短采样周期，系统的稳定性会得到改善。但对计算机控制系统，缩短采样周期意味着增加计算机的运算时间，且当采样周期缩短到一定程度后，对改善动态性能无多大意义，因此应适当选取采样周期。

习　题

1．计算机控制系统有哪些基本环节组成？

2．计算机控制系统中的 A/D、D/A 转换器的作用是什么？

3．离散系统稳定的条件是什么？

4．求下列函数的 Z 变换。

（1）$f(t) = 1 - e^{-at}$；　（2）$f(t) = \cos wt$；　（3）$f(t) = te^{at}$；

（4）$F(s) = \dfrac{1}{s^3}$；　（5）$F(s) = \dfrac{(s+3)}{(s+1)(s+2)}$；　（6）$F(s) = \dfrac{e^{-nTs}}{(s+a)}$（$T$ 是采样周期）。

5．求下列函数的 Z 反变换。

（1）$F(s) = \dfrac{z(1-e^{-T})}{(z-1)(z-e^{-T})}$；　（2）$F(s) = \dfrac{z}{(z-1)^2(z-2)}$；　（3）$F(s) = \dfrac{z}{(z+1)^2(z-1)^2}$。

第9章 线性系统的状态空间分析

经典线性系统理论对于单输入单输出线性定常系统的分析和综合是比较有效的，但其显著缺点是只能揭示系统内部的结构特性，难以有效处理多输入多输出系统。在 20 世纪 50 年代兴起的航天技术推动下，1960 年前后开始了从经典控制理论到现代控制理论的过渡，其中一个重要标志就是卡尔曼系统地将状态空间概念引入控制理论中。现代控制理论正是在引入状态和状态空间概念的基础上发展起来的。本章主要介绍线性系统状态空间的基础理论和 Lyapunov 稳定性，使读者熟悉状态空间的基本概念和线性系统的稳定性分析方法。

9.1 概述

一个实际控制系统可能不是单输入单输出类型的，而是属于多输入多输出类型的，并且输入/输出会直接存在某种复杂的耦合关系。对这类系统，必须要先对其数学表达式进行简化，再使用计算对系统进行分析和计算。因此，状态空间法对分析这类系统是一个很好的选择。

经典控制理论是在系统的输入-输出关系或传递函数的基础上进行分析研究的，而现代控制理论是以 n 个一阶微分方程整合在一起来对系统进行描述的，这些微分方程又组合成一个一阶向量-矩阵微分方程。应用向量-矩阵表示方法，可极大地简化系统的数学表达式。

本章主要介绍基于状态空间的控制系统描述、分析与设计。本章先给出状态空间方法的描述部分，再以线性定常单输入单输出系统为例给出状态空间表达式的一般形式、线性系统状态空间表达式的标准形式（对角线、Jordan、能控与能观测）、传递函数矩阵，最后讨论控制系统的能控性、能观性和 Lyapunov 稳定性。

9.2 基本概念

9.2.1 系统

系统是由相互制约的各个部分有机结合且具有一定功能的整体，可分为静态系统和动态系统。对任意时刻 t，系统的输出唯一地取决于同一时刻的输入，这类系统称为静态系统，也称无记忆系统。静态系统的输入-输出关系为代数方程。对任意时刻，系统的输出不仅与 t 时刻的输入有关，而且与 t 时刻以前的累积有关，这种累积在 t_0 ($t_0<t$) 时刻以初值体现出来，这类系统称为动态系统。由于 t_0 时刻的初值含有过去运动的累积，所以动态系统也称

有记忆系统。动态系统的输入-输出关系为微分方程。

动态系统具有两类数学描述，即内部描述和外部描述。外部描述通常称为输入-输出描述，把系统的输出取为系统外部输入的直接响应。显然，这种描述回避了表征系统内部的动态过程即把系统当成一个"黑匣"，认为系统的内部结构和内部信息全然不知，系统描述直接反映了输出变量与输入变量之间的动态因果关系。

状态空间描述是内部描述的基本形式，是基于系统内部结构分析的一类数学模型。由两个数学方程组成：一个是反映系统内部状态变量 $x_1,x_2,\cdots,x_n$ 和输入变量 $u_1,u_2,\cdots,u_r$ 之间因果关系的数学表达式，称为状态方程，其数学表达式的形式，对连续时间系统为一阶微分方程组，对离散时间系统为一阶差分方程组；另一个是表征系统内部状态变量 $x_1,x_2,\cdots,x_n$ 及输入变量 $u_1,u_2,\cdots,u_r$ 与输出变量 $y_1,y_2,\cdots,y_m$ 转换关系的数学表达式，称为输出方程，其数学表达式的形式为代数方程。

9.2.2　系统状态空间描述

1．动态系统的状态

动态系统的状态是完全描述动态系统运动状况的信息，系统在某一时刻的运动状况可以用该时刻系统运动的一组信息表征，定义系统运动信息的集合为状态。

2．状态变量

定义完全表征动态系统时间域运动行为的信息组中的元素为状态变量。状态变量组常用符号 $x_1(t), x_2(t), \cdots, x_n(t)$ 表示，且它们相互独立（即变量的数目最小）。

【例 9-1】　确定图 9-1 所示 RLC 电路的状态变量。

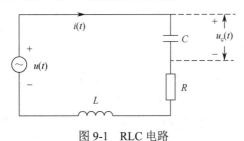

图 9-1　RLC 电路

解：要唯一地确定 t 时刻电路的运动行为，除要知道输入电压 $u(t)$ 外，还必须给出流过电感上的初始电流 $i(t_0)$ 和电容上的初始电压 $u_c(t_0)$，或者说 $u_c(t)$ 和 $i(t)$ 这两个变量可用来完全描述该电路的运动行为，且它们之间是独立的，故 $u_c(t)$ 和 $i(t)$ 是该电路的状态变量。

3．状态向量

设 $x_1(t), x_2(t), \cdots, x_n(t)$ 是系统的一组状态变量，把这些状态变量看成向量 $\boldsymbol{x}(t)$ 的分量，则 $\boldsymbol{x}(t)$ 就称为状态向量，记为

$$\boldsymbol{x}(t) = \begin{bmatrix} x_1(t) \\ \vdots \\ x_n(t) \end{bmatrix} \tag{9-1}$$

4．状态空间

以 $x_1(t), x_2(t), \cdots, x_n(t)$ 为坐标轴构成的一个 n 维欧氏空间，称为状态空间。

5．状态轨迹

状态向量的端点在状态空间中的位置代表某一特定时刻系统的状态。系统的状态是时间 t 的函数。在不同时刻，系统状态不同，则随着 t 的变化，状态向量的端点不断移动，其移动的路径称为系统的状态轨迹。

6．状态方程

描述系统状态变量之间或状态变量与系统输入变量之间关系的一个一阶微分方程组（连续系统）或一阶差分方程组（离散系统），称为状态方程。

【例 9-2】　建立图 9-1 所示 RLC 电路的状态方程。

解： 取电容上的电压 $u_c(t)$ 和电感中的电流 $i(t)$ 作为状态变量，根据电路原理有

$$C\frac{\mathrm{d}u_c(t)}{\mathrm{d}t} = i(t)$$

$$\tag{9-2}$$

$$L\frac{\mathrm{d}i(t)}{\mathrm{d}t} + Ri(t) + u_c(t) = u(t)$$

将式（9-2）中状态变量的一阶导数放在方程等号左边，其余项移至方程等号右边，整理得一阶微分方程组为

$$\begin{cases} \dfrac{\mathrm{d}u_c(t)}{\mathrm{d}t} = \dfrac{1}{C}i(t) \\ \dfrac{\mathrm{d}i(t)}{\mathrm{d}t} = -\dfrac{1}{L}u_c(t) - \dfrac{R}{L}i(t) + \dfrac{1}{L}u(t) \end{cases} \tag{9-3}$$

令

$$x_1 = u_c(t), x_2 = i(t)$$

记

$$\boldsymbol{x} = \begin{bmatrix} x_1 \\ x_2 \end{bmatrix}, \quad \dot{\boldsymbol{x}} = \frac{\mathrm{d}\boldsymbol{x}(t)}{\mathrm{d}t} = \begin{bmatrix} x_1 \\ \dot{x}_2 \end{bmatrix}$$

式（9-3）可简写为

$$\dot{\boldsymbol{x}} = \boldsymbol{A}\boldsymbol{x} + \boldsymbol{B}u \tag{9-4}$$

式中，

$$\boldsymbol{A} = \begin{bmatrix} 0 & \dfrac{1}{C} \\ -\dfrac{1}{L} & -\dfrac{R}{L} \end{bmatrix}, \quad \boldsymbol{B} = \begin{bmatrix} 0 \\ \dfrac{1}{L} \end{bmatrix}$$

7．输出方程

在指定系统输出的情况下，该输出与状态变量及输入变量之间的函数关系式称为系统的输出方程。

例 9-2 中，若指定 $u_c(t)$ 为输出，且输出一般用 $y(t)$ 表示，则输出方程为

$$y(t) = u_c(t) = x_1$$

将上式写成向量–矩阵形式，得

$$y(t) = \begin{bmatrix} 1 & 0 \end{bmatrix} \begin{bmatrix} u_c(t) \\ i(t) \end{bmatrix} \tag{9-5}$$

或

$$y = \begin{bmatrix} 1 & 0 \end{bmatrix} \begin{bmatrix} x_1 \\ x_2 \end{bmatrix} \tag{9-6}$$

式（9-6）可简写为

$$y = Cx \tag{9-7}$$

式中，

$$C = \begin{bmatrix} 1 & 0 \end{bmatrix}$$

8. 状态空间表达式

将状态方程和输出方程合起来构成对一个动态系统完整的描述，称为动态系统的状态空间表达式。

在图 9-1 所示电路中，若 $u_c(t)$ 为输出，取 $x_1 = u_c(t)$, $x_2 = i(t)$ 作为状态变量，则其状态空间表达式为

$$\begin{cases} \begin{bmatrix} \dot{x}_1 \\ \dot{x}_2 \end{bmatrix} = \begin{bmatrix} 0 & \dfrac{1}{C} \\ -\dfrac{1}{L} & -\dfrac{R}{L} \end{bmatrix} \begin{bmatrix} x_1 \\ x_2 \end{bmatrix} + \begin{bmatrix} 0 \\ \dfrac{1}{L} \end{bmatrix} u \\ y = \begin{bmatrix} 1 & 0 \end{bmatrix} \begin{bmatrix} x_1 \\ x_2 \end{bmatrix} \end{cases} \tag{9-8}$$

9. 工程问题中状态变量的选取

动态系统需用微分方程描述是因为动态系统含有储能元件，因此动态系统是一个能存储输入信息的系统。对同一系统的任何一种不同状态空间表达式而言，其状态变量的数量是唯一的，必等于系统的阶数，即系统中独立储能元件的个数。在具体工程中，可选取独立储能元件的能量方程中的物理变量作为系统的状态变量。

状态变量不一定是物理可测量的，有时仅有数学意义而无任何物理意义。在具体工程中，为了实现状态的反馈控制，选择容易测量的量作为状态变量为宜，例如，选择机械系统中的线（角）位移和线（角）速度作为状态变量，电路中电容上的电压和流经电感的电流作为状态变量。

9.2.3 动态系统状态空间表达式的一般形式

设有一单输入单输出线性定常 n 阶连续系统，n 个状态变量为 $x_1(t)$, $x_2(t)$, $\cdots$, $x_n(t)$，其状态方程的一般形式为

$$\dot{x}_1 = a_{11}x_1 + a_{12}x_2 + \cdots + a_{1n}x_n + b_1u$$
$$\dot{x}_2 = a_{21}x_1 + a_{22}x_2 + \cdots + a_{2n}x_n + b_2u$$
$$\vdots$$
$$\dot{x}_n = a_{n1}x_1 + a_{n2}x_2 + \cdots + a_{nn}x_n + b_nu$$

（9-9）

输出方程的一般形式为

$$y = c_1x_1 + c_2x_2 + \cdots + c_nx_n + Du \qquad （9\text{-}10）$$

则其向量–矩阵方程形式的状态空间表达式为

$$\begin{cases} \begin{bmatrix} \dot{x}_1 \\ \dot{x}_2 \\ \vdots \\ \dot{x}_n \end{bmatrix} = \begin{bmatrix} a_{11} & a_{12} & \cdots & a_{1n} \\ a_{21} & a_{22} & \cdots & a_{2n} \\ \vdots & \vdots & \cdots & \vdots \\ a_{n1} & a_{n2} & \cdots & a_{nn} \end{bmatrix} \begin{bmatrix} x_1 \\ x_2 \\ \vdots \\ x_n \end{bmatrix} + \begin{bmatrix} b_1 \\ b_2 \\ \vdots \\ b_n \end{bmatrix} u \\[4mm] y = \begin{bmatrix} c_1 & c_2 & \cdots & c_n \end{bmatrix} \begin{bmatrix} x_1 \\ x_2 \\ \vdots \\ x_n \end{bmatrix} + Du \end{cases}$$

（9-11）

式（9-11）可简记为

$$\begin{cases} \dot{x} = Ax + Bu \\ y = Cx + Du \end{cases} \qquad （9\text{-}12）$$

式中，

$x = \begin{bmatrix} x_1 & x_2 & \cdots & x_n \end{bmatrix}^{\mathrm{T}}$ 为 n 维状态向量；

$$A = \begin{bmatrix} a_{11} & a_{12} & \cdots & a_{1n} \\ a_{21} & a_{22} & \cdots & a_{2n} \\ \vdots & \vdots & \cdots & \vdots \\ a_{n1} & a_{n2} & \cdots & a_{nn} \end{bmatrix}$$ 为系统矩阵或状态矩阵；

$$B = \begin{bmatrix} b_1 \\ b_2 \\ \vdots \\ b_n \end{bmatrix}$$ 为输入矩阵或控制矩阵；

$C = \begin{bmatrix} c_1 & c_2 \cdots c_n \end{bmatrix}$ 为输出矩阵或观测矩阵；

D 是标量，反映输出与输入的直接关联。

9.3　线性多变量系统的运动分析

在讨论了状态方程的描述和模型转换后，下面将讨论线性多变量系统的运动分析，即线性状态方程的求解。对线性定常系统，为保证状态方程解的存在性和唯一性，系统矩阵 A 和输入矩阵 B 中各元必须有界。一般来说，在实际工程中，这个条件是一定满足的。

9.3.1 线性系统状态方程的解

给定线性定常系统非齐次状态方程为

$$\sum: \dot{x}(t) = Ax(t) + Bu(t) \tag{9-13}$$

式中，$x(t) \in R^n$，$u(t) \in R^r$，$A \in R^{n \times n}$，$B \in R^{n \times r}$，且初始条件为 $x(t)\big|_{t=0} = x(0)$。

将式（9-13）写为

$$\dot{x}(t) - Ax(t) = Bu(t)$$

在上式两边左乘 e^{-At}，可得

$$e^{-At}[\dot{x}(t) - Ax(t)] = \frac{d}{dt}[e^{-At}x(t)] = e^{-At}Bu(t)$$

将上式由 0 积分到 t，得

$$e^{-At}x(t) - x(0) = \int_o^t e^{-A\tau}Bu(\tau)d\tau$$

故可求出其解为

$$x(t) = e^{At}x(0) + \int_o^t e^{A(t-\tau)}Bu(\tau)d\tau \tag{9-14}$$

或

$$x(t) = \boldsymbol{\Phi}(t)x(0) + \int_o^t \boldsymbol{\Phi}(t-\tau)Bu(\tau)d\tau \tag{9-15}$$

式中，$\boldsymbol{\Phi}(t) = e^{At}$ 为系统的状态转移矩阵。

给定线性时变系统非齐次状态方程

$$\dot{x}(t) = A(t)x(t) + B(t)u(t) \tag{9-16}$$

类似可求出其解为

$$x(t) = \boldsymbol{\Phi}(t,0)x(0) + \int_o^t \boldsymbol{\Phi}(t,\tau)B(\tau)u(\tau)d\tau \tag{9-17}$$

9.3.2 状态转移矩阵的性质

时变系统状态转移矩阵 $\boldsymbol{\Phi}(t,t_0)$ 是满足如下矩阵微分方程和初始条件

$$\begin{cases} \dot{\boldsymbol{\Phi}}(t,t_0) = A(t)\boldsymbol{\Phi}(t,t_0) \\ \boldsymbol{\Phi}(t_0,t_0) = I \end{cases} \tag{9-18}$$

的解。

下面不加证明地给出线性时变系统状态转移矩阵的几个重要性质：

（1）$\boldsymbol{\Phi}(t,t) = I$；

（2）$\boldsymbol{\Phi}(t_2,t_1)\boldsymbol{\Phi}(t_1,t_0) = \boldsymbol{\Phi}(t_2,t_0)$；

（3）$\boldsymbol{\Phi}^{-1}(t,t_0) = \boldsymbol{\Phi}(t_0,t)$；

（4）当 A 给定后，$\boldsymbol{\Phi}(t,t_0)$ 唯一；

（5）计算时变系统状态转移矩阵的公式为

$$\boldsymbol{\Phi}(t,t_0) = I + \int_{t_0}^t A(\tau)d\tau + \int_{t_0}^t A(\tau_1)\left[\int_{t_0}^{\tau_1} A(\tau_2)d\tau_2\right]d\tau_1 + \cdots$$

【例 9-3】　试求如下线性定常系统

$$\begin{bmatrix} \dot{x}_1 \\ \dot{x}_2 \end{bmatrix} = \begin{bmatrix} 0 & 1 \\ -2 & -3 \end{bmatrix} \begin{bmatrix} x_1 \\ x_2 \end{bmatrix}$$

的状态转移矩阵 $\boldsymbol{\Phi}(t)$ 和状态转移矩阵的逆 $\boldsymbol{\Phi}^{-1}(t)$。

解：对该系统，

$$A = \begin{bmatrix} 0 & 1 \\ -2 & -3 \end{bmatrix}$$

其状态转移矩阵由下式确定：

$$\boldsymbol{\Phi}(t) = \mathrm{e}^{At} = \boldsymbol{L}^{-1}[(s\boldsymbol{I} - \boldsymbol{A})^{-1}]$$

由

$$s\boldsymbol{I} - \boldsymbol{A} = \begin{bmatrix} s & 0 \\ 0 & s \end{bmatrix} - \begin{bmatrix} 0 & 1 \\ -2 & -3 \end{bmatrix} = \begin{bmatrix} s & -1 \\ 2 & s+3 \end{bmatrix}$$

其逆矩阵为

$$(s\boldsymbol{I} - \boldsymbol{A})^{-1} = \frac{1}{(s+1)(s+2)} \begin{bmatrix} s+3 & 1 \\ -2 & s \end{bmatrix}$$

$$= \begin{bmatrix} \dfrac{s+3}{(s+1)(s+2)} & \dfrac{1}{(s+1)(s+2)} \\ \dfrac{-2}{(s+1)(s+2)} & \dfrac{s}{(s+1)(s+2)} \end{bmatrix}$$

因此

$$\boldsymbol{\Phi}(t) = \mathrm{e}^{At} = \boldsymbol{L}^{-1}[(s\boldsymbol{I} - \boldsymbol{A})^{-1}]$$

$$= \begin{bmatrix} 2\mathrm{e}^{-t} - \mathrm{e}^{-2t} & \mathrm{e}^{-t} - \mathrm{e}^{-2t} \\ -2\mathrm{e}^{-t} + 2\mathrm{e}^{-2t} & -\mathrm{e}^{-t} + 2\mathrm{e}^{-2t} \end{bmatrix}$$

由 $\boldsymbol{\Phi}^{-1}(t) = \boldsymbol{\Phi}(-t)$，故可求得状态转移矩阵的逆为

$$\boldsymbol{\Phi}^{-1}(t) = \mathrm{e}^{-At} = \begin{bmatrix} 2\mathrm{e}^{t} - \mathrm{e}^{2t} & \mathrm{e}^{t} - \mathrm{e}^{2t} \\ -2\mathrm{e}^{t} + 2\mathrm{e}^{2t} & -\mathrm{e}^{t} + 2\mathrm{e}^{2t} \end{bmatrix}$$

【例 9-4】　求下列系统的时间响应：

$$\begin{bmatrix} \dot{x}_1 \\ \dot{x}_2 \end{bmatrix} = \begin{bmatrix} 0 & 1 \\ -2 & -3 \end{bmatrix} \begin{bmatrix} x_1 \\ x_2 \end{bmatrix} + \begin{bmatrix} 0 \\ 1 \end{bmatrix} u$$

式中，$u(t)$ 为 $t = 0$ 时作用于系统的单位阶跃函数，即 $u(t) = 1(t)$。

解：对该系统，

$$A = \begin{bmatrix} 0 & 1 \\ -2 & -3 \end{bmatrix}, \quad B = \begin{bmatrix} 0 \\ 1 \end{bmatrix}$$

状态转移矩阵 $\boldsymbol{\Phi}(t) = \mathrm{e}^{At}$ 已在例 9-3 中求得，即

$$\boldsymbol{\Phi}(t) = \mathrm{e}^{At} = \begin{bmatrix} 2\mathrm{e}^{-t} - \mathrm{e}^{-2t} & \mathrm{e}^{-t} - \mathrm{e}^{-2t} \\ -2\mathrm{e}^{-t} + 2\mathrm{e}^{-2t} & -\mathrm{e}^{-t} + 2\mathrm{e}^{-2t} \end{bmatrix}$$

因此，系统对单位阶跃输入的响应为

$$\boldsymbol{x}(t) = \mathrm{e}^{At}\boldsymbol{x}(0) + \int_o^t \begin{bmatrix} 2\mathrm{e}^{-(t-\tau)} - \mathrm{e}^{-2(t-\tau)} & \mathrm{e}^{-(t-\tau)} - \mathrm{e}^{-2(t-\tau)} \\ -2\mathrm{e}^{-(t-\tau)} + 2\mathrm{e}^{-2(t-\tau)} & -\mathrm{e}^{-(t-\tau)} + 2\mathrm{e}^{-2(t-\tau)} \end{bmatrix} \begin{bmatrix} 0 \\ 1 \end{bmatrix} 1(t)\mathrm{d}\tau$$

或

$$\begin{bmatrix} x_1(t) \\ x_2(t) \end{bmatrix} = \begin{bmatrix} 2\mathrm{e}^{-t} - \mathrm{e}^{-2t} & \mathrm{e}^{-t} - \mathrm{e}^{-2t} \\ -2\mathrm{e}^{-t} + 2\mathrm{e}^{-2t} & -\mathrm{e}^{-t} + 2\mathrm{e}^{-2t} \end{bmatrix} \begin{bmatrix} x_1(0) \\ x_2(0) \end{bmatrix} + \begin{bmatrix} \dfrac{1}{2} - \mathrm{e}^{-t} + \dfrac{1}{2}\mathrm{e}^{-2t} \\ \mathrm{e}^{-t} - \mathrm{e}^{-2t} \end{bmatrix}$$

如果初始状态为零，即 $X(0) = 0$，可将 $X(t)$ 简化为

$$\begin{bmatrix} x_1(t) \\ x_2(t) \end{bmatrix} = \begin{bmatrix} \dfrac{1}{2} - \mathrm{e}^{-t} + \dfrac{1}{2}\mathrm{e}^{-2t} \\ \mathrm{e}^{-t} - \mathrm{e}^{-2t} \end{bmatrix}$$

9.4 Lyapunov 稳定性分析

9.4.1 概述

线性定常系统的稳定性分析方法有很多。然而，对于非线性系统和线性时变系统，这些稳定性分析方法实现起来可能非常困难，甚至不可能实现。Lyapunov 稳定性分析是解决非线性系统稳定性问题的一般方法。

1892 年，Lyapunov 提出了两类解决稳定性问题的方法：Lyapunov 第一法和 Lyapunov 第二法。

Lyapunov 第一法通过求微分方程的解来分析运动稳定性，即通过分析非线性系统线性化方程特征值分布来判断原非线性系统的稳定性。

Lyapunov 第二法是一种定性方法，无须求解非线性微分方程，转而构造一个 Lyapunov 函数，研究它的正定性及其对时间的沿系统方程解全导数的负定或半负定，得到稳定性的结论。这一方法在学术界广泛应用，影响极其深远。一般我们所说的 Lyapunov 方法就是指 Lyapunov 第二法。

在非线性系统的稳定性分析中，Lyapunov 稳定性理论具有基础性的地位，但在具体确定许多非线性系统的稳定性时，并不是直接使用的。技巧和经验在解决非线性问题时显得非常重要。本章对实际非线性系统的稳定性分析仅限于几种简单的情况。

9.4.2 Lyapunov 意义下的稳定性问题

平衡状态、给定运动与扰动方程的原点考虑如下非线性系统：

$$\dot{x} = f(x,t) \tag{9-18}$$

式中，x 为 n 维状态向量，$f(x,t)$ 是变量 $x_1, x_2, \cdots, x_n$ 和 t 的 n 维向量函数。假设在给定初始条件下，式（9-18）有唯一解 $\Phi(t; x_0, t_0)$，且当 $t = t_0$ 时，$x = x_0$。于是

$$\Phi(t_0; x_0, t_0) = x_0$$

在式（9-18）的系统中，总存在

$$f(x_e, t) \equiv 0，对所有 t \tag{9-19}$$

则称 x_e 为系统的平衡状态或平衡点。如果系统是线性定常的，即 $f(x,t) = Ax$，则当 A 为非奇异矩阵时，系统存在一个唯一的平衡状态 $x_e = 0$；当 A 为奇异矩阵时，系统将存在无穷多个平衡状态。对非线性系统，则有一个或多个平衡状态，这些状态对应系统的常值解（对所有 t，总存在 $x = x_e$）。平衡状态的确定不包括式（9-18）的系统微分方程的解，只涉及式（9-19）的解。

任意一个孤立的平衡状态（即彼此孤立的平衡状态）或给定运动 $x = \varphi(t)$ 都可通过坐标变换，统一化为扰动方程 $\dot{\tilde{x}} = \tilde{f}(\tilde{x}, t)$ 的坐标原点，即 $\tilde{f}(0, t) = 0$ 或 $\tilde{x}_e = 0$。在本章中，除非特别申明，仅讨论扰动方程关于原点处的平衡状态的稳定性问题。这种"原点稳定性问题"，由于使问题得到极大简化，又不失一般性，所以为稳定性理论的建立奠定了坚实的基础，这是 Lyapunov 的一个重要贡献。

9.5　Lyapunov 稳定性理论

Lyapunov 第一法包括利用微分方程解进行系统分析的所有步骤，也称为间接法。Lyapunov 第二法不需求出微分方程的解，即可以在不求出状态方程解的条件下，确定系统的稳定性。由于求解非线性系统和线性时变系统的状态方程通常十分困难，因此第二种方法显示出极大的优越性，也称为直接法。

9.5.1　Lyapunov 第一法

Lyapunov 第一法的基本思路是：首先将非线性系统线性化，然后计算线性化方程的特征值，最后根据线性化方程的特征值判断原非线性系统的稳定性。

定理 9.1（Lyapunov）　如果线性化系统的系统矩阵 A 的所有特征值都具有负实部，则原非线性系统的平衡状态 $x_e = 0$ 总是渐近稳定的，而且系统的稳定性与高阶导数项无关。

定理 9.2（Lyapunov）　如果线性化系统的系统矩阵 A 的特征值中至少有一个具有正实部，则不论高阶导数项的情况如何，原非线性系统的平衡状态 $x_e = 0$ 都是不稳定的。

定理 9.3（Lyapunov）　如果线性化系统的系统矩阵 A 有实部为零的特征值，而其他特征值实部均为负，则在此临界情况下，原非线性系统平衡状态 $x_e = 0$ 的稳定性决定于高阶导数项，即可能不稳定，也可能稳定。此时不能再用线性化方程来表征原非线性系统的稳定性。

上述三个定理也称为 Lyapunov 第一近似定理。这些定理为"线性化"提供了重要的理论基础，即对任一非线性系统，若其线性化系统关于平衡状态 $x_e = 0$ 渐近稳定或不稳定，则原非线性系统也有同样的结论。但对临界情况，则必须考虑高阶导数项。

9.5.2　Lyapunov 第二法

由力学经典理论可知，对一个振动系统，当系统总能量（正定函数）连续减小（意味着总能量对时间的导数为负定），直到平衡状态时为止，则此振动系统是稳定的。

Lyapunov 第二法是建立在更为普遍意义的基础上的，即如果系统有一个渐近稳定的平衡状态，则当其运动到平衡状态的吸引域内时，系统存储的能量随着时间的增长而衰减，直到在平稳状态达到极小值为止。然而对一些纯数学系统，还没有一个定义"能量函数"的简便方法。为了克服这个困难，Lyapunov 定义了一个虚构的能量函数，称为 Lyapunov 函数。这个函数比能量函数更为一般，且其应用也更广泛。实际上，任一纯量函数只要满足 Lyapunov 稳定性理论（见定理 9.4 和 9.5）的假设条件，都可作为 Lyapunov 函数（其构造可能十分困难）。

定理 9.4（Lyapunov，皮尔希德斯基，巴巴辛，克拉索夫斯基）　考虑如下非线性系统：

$$\dot{x}(t) = f(x(t), t)$$

式中，

$$f(0, t) \equiv 0, \quad \text{对所有 } t \geqslant t_0$$

如果存在一个具有连续一阶偏导数的纯量函数 $V(x, t)$，且满足以下条件：

（i）$V(x, t)$ 正定；

（ii）$\dot{V}(x, t)$ 负定，

则在原点处的平衡状态是（一致）渐近稳定的。

进一步地，若 $\|x\| \to \infty$，$V(x, t) \to \infty$（径向无穷大），则在原点处的平衡状态 $x_e = 0$ 是大范围一致渐近稳定的。

【例 9-5】　考虑如下非线性系统：

$$\dot{x}_1 = x_2 - x_1(x_1^2 + x_2^2)$$
$$\dot{x}_2 = -x_1 - x_2(x_1^2 + x_2^2)$$

显然，原点（$x_1 = 0$，$x_2 = 0$）是唯一的平衡状态。试判断其稳定性。

解：如果定义一个正定纯量函数 $V(x)$：

$$V(x) = 2x_1\dot{x}_1 + 2x_2\dot{x}_2 - 2(x_1^2 + x_2^2)^2$$

是负定的，这说明 $V(x)$ 沿任一轨迹连续地减小，因此 $V(x)$ 是一个 Lyapunov 函数。$V(x)$ 随着 $\|x\| \to \infty$ 而变为无穷，则由定理 9.4，该系统在原点处的平衡状态是大范围渐近稳定的。

【例 9-6】　给定连续时间的定常系统：

$$\dot{x}_1 = x_2$$
$$\dot{x}_2 = -x_1 - (1 + x_2)^2 x_2$$

判断其稳定性。

解： 系统的平衡状态为 $x_1 = 0$，$x_2 = 0$。现取

$$V(x) = x_1^2 + x_2^2$$

且有如下几种情况。

（i）$V(x) = x_1^2 + x_2^2$ 为正定。

（ii）$\dot{V}(x) = \begin{bmatrix} \dfrac{\partial V}{\partial x_1} & \dfrac{\partial V}{\partial x_2} \end{bmatrix} \begin{bmatrix} \dot{x}_1 \\ \dot{x}_2 \end{bmatrix}$

$= \begin{bmatrix} 2x_1 & 2x_2 \end{bmatrix} \begin{bmatrix} x_2 \\ -x_1 - (1+x_2)^2 x_2 \end{bmatrix}$

$= -2x_2^2 (1+x_2)^2$

可以看出，除以下情况：

（a）x_1 任意，$x_2 = 0$；

（b）x_1 任意，$x_2 = -1$，

$\dot{V}(x) = 0$ 外，均有 $\dot{V} < 0$。$\dot{V}(x)$ 为半负定。

（iii）检查是否 $\dot{V}(\varphi(t; x_0, 0) \neq 0$。

考察（a）：$\bar{\varphi}(t; x_0, 0) = [x_1(t), 0]^{\mathrm{T}}$ 是否为系统的扰动解，由于 $x_2 = 0$ 可导出 $\dot{x}_2 = 0$，将此代入系统的方程得到

$$\dot{x}_1(t) = x_2(t) = 0$$
$$0 = \dot{x}_2 = -(1 + x_2(t))^2 - x_1 = -x_1(t)$$

这表明，除点（$x_1 = 0, x_2 = 0$）外，$\bar{\varphi}(t; x_0, 0) = [x_1(t), 0]^{\mathrm{T}}$ 不是系统的扰动解。

考察（b）：$\bar{\varphi}(t; x_0, 0) = [x_1(t), -1]^{\mathrm{T}}$，则由 $x_2 = -1$ 可导出 $\dot{x}_2(t) = 0$，将此代入系统方程

$$\dot{x}_1 = x_2 = -1$$
$$0 = \dot{x}_2(t) = -(1 + x_2(t))^2 x_2(t) - x_1(t) = -x_1(t)$$

矛盾，$\bar{\varphi}(t; x_0, 0) = [x_1(t), -1]^{\mathrm{T}}$ 不是系统的扰动解。

（iv）当 $\|x\| = \sqrt{x_1^2 + x_2^2} \to \infty$，显然有 $V(x) \to \infty$。

综上，系统在原点平衡状态大范围渐近稳定。

然而，如果存在一个正定的纯量函数 $V(x, t)$，使得 $\dot{V}(x, t)$ 始终为零，则系统可以保持在一个极限环上。在这种情况下，原点处的平衡状态称为在 Lyapunov 意义下是稳定的。

如果系统平衡状态 $x_e = 0$ 是不稳定的，则存在纯量函数 $W(x, t)$，可用其确定平衡状态的不稳定性。

定理 9.5（Lyapunov） 考虑如下非线性系统：

$$\dot{x}(t) = f(x(t), t)$$

式中，

$$f(0, t) \equiv 0，对所有 t \geqslant t_0$$

若存在一个纯量函数 $W(x, t)$ 具有连续的一阶偏导数，且满足下列条件：

（i）$W(x, t)$ 在原点附近的某一邻域内是正定的；

（ii）$\dot{W}(x, t)$ 在同样的邻域内是正定的，

则原点处的平衡状态是不稳定的。

本章小结

状态空间描述是现代控制理论的基础，状态空间描述不仅适用于线性系统，也适用于时变系统、非线性系统和随机控制系统。本章介绍了线性系统状态空间描述的基本概念、实现和求解。

Lyapunov 稳定性分析是解决非线性系统稳定性问题的一般方法。Lyapunov 提出了两类解决稳定性问题的方法，即 Lyapunov 第一法和 Lyapunov 第二法。第一法通过求解微分方程的解来分析运动稳定性。第二法是一种定性方法，无须求解非线性微分方程，而是构造一个 Lyapunov 函数，研究它的正定性及其对时间的沿系统方程解全导数的负定或半负定，从而得到稳定性的结论。Lyapunov 第二法在学术界广泛应用，影响极其深远。

习 题

1．已知系统的微分方程 $\dddot{y} + 2\ddot{y} + 3\dot{y} + 5y = 5\ddot{u} + 7u$。试写出状态空间表达式。

2．给定下列状态空间表达式，试绘制出其模拟结构图，并求系统传递函数。

$$\begin{bmatrix} \dot{x}_1 \\ \dot{x}_2 \\ \dot{x}_3 \end{bmatrix} = \begin{bmatrix} 0 & 0 & -1 \\ 1 & 0 & -3 \\ 0 & 1 & -3 \end{bmatrix} \begin{bmatrix} x_1 \\ x_2 \\ x_3 \end{bmatrix} + \begin{bmatrix} 0 \\ 1 \\ 2 \end{bmatrix} u \; ; \quad y = \begin{bmatrix} 0 & 0 & 1 \end{bmatrix} \begin{bmatrix} x_1 \\ x_2 \\ x_3 \end{bmatrix}$$

3．已知系统传递函数为 $G(s) = \dfrac{s+3}{s^2 + 3s + 2}$，试求其能控标准型和能观标准型，并绘制出能控标准型的状态变量图。

4．设描述系统输入-输出关系的微分方程为

$$y^{(4)} + 2y^{(3)} + 6y^{(2)} + 7y^{(1)} + 8y = 3u$$

若选择状态变量为 $x_1 = y$，$x_2 = \dot{y}$，$x_3 = \ddot{y}$，$x_4 = \dddot{y}$，试列写该系统的状态方程。

5．已知双输入双输出系统的状态方程和输出方程为

$$\dot{x}_1 = x_2 + u_1$$
$$\dot{x}_2 = x_3 + 2u_1 - u_2$$
$$\dot{x}_3 = -6x_1 - 11x_2 - 6x_3 + 2u_2$$
$$y_1 = x_1 - x_2$$
$$y_2 = 2x_1 + x_2 - x_3$$

写出其向量-矩阵形式。

6. 利用 Lyapunov 第二法判断下列系统是否为大范围渐近稳定。

$$\dot{x} = \begin{bmatrix} -1 & 1 \\ 2 & -3 \end{bmatrix} x$$

7. 已知系统 $\dot{x} = \begin{bmatrix} 0 & 1 \\ -2 & -3 \end{bmatrix} x$，试求其状态转移矩阵。

8. 给定系统的状态空间表达式为

$$\dot{x} = \begin{bmatrix} 3 & 1 & 0 \\ 0 & 0 & -1 \\ 0 & 1 & -1 \end{bmatrix} x + \begin{bmatrix} 0 & 0 \\ 1 & 0 \\ 0 & 1 \end{bmatrix} u, \quad y = \begin{bmatrix} 2 & -1 & 1 \\ 0 & 2 & 1 \end{bmatrix} x$$

试确定该系统能否状态反馈解耦，若能则将其解耦。

9. 给定系统的状态空间表达式为

$$\dot{x} = \begin{bmatrix} -1 & -2 & 0 \\ 0 & -1 & 1 \\ 1 & 0 & -1 \end{bmatrix} x + \begin{bmatrix} 2 \\ 0 \\ 1 \end{bmatrix} u, \quad y = \begin{bmatrix} 1 & 0 & 0 \end{bmatrix} x$$

试设计一个具有特征值为-1，-1，-1 的全维状态观测器。

10. 已知系统动态方程为

$$\dot{x} = \begin{bmatrix} 0 & 1 \\ 0 & 0 \end{bmatrix} x + \begin{bmatrix} 0 \\ 1 \end{bmatrix} u, \quad y = \begin{bmatrix} 1 & 0 \end{bmatrix} x$$

试设计一个全维状态观测器，使闭环极点位于-r，-2r（$r > 0$），并绘制出状态变量图。

11. 利用 Lyapunov 稳定性理论判断系统 $\dot{x} = \begin{bmatrix} -1 & 1 \\ 2 & -3 \end{bmatrix} x$ 是否为大范围渐近稳定，并求

出其中一个 Lyapunov 函数。

12. 已知非线性系统

$$\begin{cases} \dot{x}_1 = -x_1 + x_2 \\ \dot{x}_2 = -2\sin x_1 - a_1 x_2 \end{cases}$$

试求系统的平衡点，并确定可以保证系统大范围渐近稳定的 a_1 的范围。

第 10 章　自动控制系统综合案例

　　水位控制系统（或液位控制系统）在人们生活生产中非常常见，应用于自来水厂、农业灌溉、石油化工、过程储罐等。其中，单容、双容、三容水箱是水位控制系统最典型的形式，具有很强的代表性。本章以水箱为研究对象，运用前面章节的知识，详细地分析、校正及综合设计控制系统，帮助读者更好地理解自动控制技术及其应用。按照本书的知识脉络，本章先对系统进行建模，再对系统进行性能分析、校正及综合设计。

10.1　水位控制系统建模

10.1.1　单容水箱

　　单容水箱如图 10-1 所示的 A 部分。

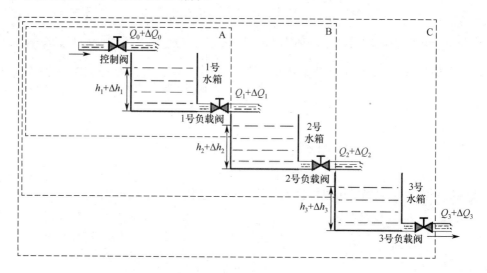

图 10-1　三容水箱

　　其中，Q_0 表示经过控制阀流入水箱的稳态流入量，ΔQ_0 表示其增量；Q_1 表示经过 1 号负载阀流出水箱的稳态量，ΔQ_1 表示其增量；h_1 表示水位的稳态量，Δh_1 表示其增量；控制阀的开度由 u 大小决定。根据物料平衡原则，当水的流入量和流出量相等时，水位保持不变；当控制阀的开度发生 Δu 变化时，流入量与流出量不等，在负载阀开度不变的情况下水箱水位发生变化，相应的水箱内水压发生变化，流出量也将发生变化，其趋势是重新建立流入量和流出量的平衡关系，由此得到如下关系式：

$$\frac{1}{A_1}\left(Q_0 - Q_1\right) = \frac{\mathrm{d}h_1}{\mathrm{d}t} \tag{10-1}$$

式中，A_1 为水箱横截面面积。在不考虑阀前后压差和水箱水位变化较慢的情况下，有

$$Q_0 = K_1 u \tag{10-2}$$

$$Q_1 = \frac{h_1}{R_1} \tag{10-3}$$

式中，K_1 为控制阀系数，R_1 为水箱液阻。综合上述三式，得

$$A_1 \frac{\mathrm{d}h_1}{\mathrm{d}t} = K_1 u - \frac{h_1}{R_1} \tag{10-4}$$

运用拉普拉斯变化，其传递函数为

$$G_s(s) = \frac{H_1(s)}{U(s)} = \frac{K_s}{T_s s + 1} \tag{10-5}$$

式中，$T_s = A_1 R_1$，$K_s = K_1 R_1$。

10.1.2　双容水箱和三容水箱

双容水箱和三容水箱如图 10-1 中 B 部分和 C 部分所示，先建立双容水箱的数学模型。由前面的单容水箱模型，可知

$$\frac{\mathrm{d}h_1}{\mathrm{d}t} = \frac{1}{A_1}\left(Q_0 - Q_1\right) \tag{10-6}$$

$$\frac{\mathrm{d}h_2}{\mathrm{d}t} = \frac{1}{A_2}\left(Q_1 - Q_2\right) \tag{10-7}$$

$$Q_0 = K_1 u \tag{10-8}$$

$$Q_1 = \frac{h_1}{R_1} \tag{10-9}$$

$$Q_2 = \frac{h_2}{R_2} \tag{10-10}$$

式中，K_1 为控制阀系数，A_1 为 1 号水箱横截面面积，A_2 为 2 号水箱横截面面积，R_1 为 1 号水箱液阻，R_2 为 2 号水箱液阻。由式（10-7）、式（10-9）和式（10-10），得

$$A_2 \frac{\mathrm{d}h_2}{\mathrm{d}t} = \frac{h_1}{R_1} - \frac{h_2}{R_2} \tag{10-11}$$

对式（10-11）等号两边求导数，有

$$R_1 R_2 A_2 \frac{\mathrm{d}^2 h_2}{\mathrm{d}t^2} + R_1 \frac{\mathrm{d}h_2}{\mathrm{d}t} = R_2 \frac{\mathrm{d}h_1}{\mathrm{d}t} \tag{10-12}$$

将式（10-6）和式（10-11）代入式（10-12），得

$$R_1 R_2 A_1 A_2 \frac{\mathrm{d}^2 h_2}{\mathrm{d}t^2} + \left(R_1 A_1 + R_2 A_2\right)\frac{\mathrm{d}h_2}{\mathrm{d}t} + h_2 = K_1 R_2 u \tag{10-13}$$

运用拉普拉斯变化，则双容水箱的传递函数为

$$G_{\mathrm{d}}(s) = \frac{H_2(s)}{U(s)} = \frac{K_{\mathrm{d}}}{T_{\mathrm{d1}}T_{\mathrm{d2}}s^2 + (T_{\mathrm{d1}} + T_{\mathrm{d2}})s + 1} \tag{10-14}$$

式中，$T_{\mathrm{d1}} = A_1 R_1$，$T_{\mathrm{d2}} = A_2 R_2$，$K_{\mathrm{d}} = K_1 R_2$。

对于三容水箱，可以相似地得到其数学模型的微分方程表达式为

$$T_{\mathrm{t1}}T_{\mathrm{t2}}T_{\mathrm{t3}}\frac{\mathrm{d}^3 h_3}{\mathrm{d}t^3} + (T_{\mathrm{t1}}T_{\mathrm{t2}} + T_{\mathrm{t1}}T_{\mathrm{t3}} + T_{\mathrm{t2}}T_{\mathrm{t3}})\frac{\mathrm{d}^2 h_3}{\mathrm{d}t^2} + (T_{\mathrm{t1}} + T_{\mathrm{t2}} + T_{\mathrm{t3}})\frac{\mathrm{d}h_3}{\mathrm{d}t} + h_3 = K_{\mathrm{t}}u \tag{10-15}$$

式中，$T_{\mathrm{t1}} = A_1 R_1$，$T_{\mathrm{t2}} = A_2 R_2$，$T_{\mathrm{t3}} = A_3 R_3$，$K_{\mathrm{t}} = K_1 R_3$。

运用拉普拉斯变化，则三容水箱的传递函数为

$$G_{\mathrm{t}}(s) = \frac{H_3(s)}{U(s)} = \frac{K_{\mathrm{t}}}{T_{\mathrm{t1}}T_{\mathrm{t2}}T_{\mathrm{t3}}s^3 + (T_{\mathrm{t1}}T_{\mathrm{t2}} + T_{\mathrm{t1}}T_{\mathrm{t3}} + T_{\mathrm{t2}}T_{\mathrm{t3}})s^2 + (T_{\mathrm{t1}} + T_{\mathrm{t2}} + T_{\mathrm{t3}})s + 1} \tag{10-16}$$

10.2　系统性能分析

经过上述建模后，可以对系统进行性能分析，确定系统的性能指标。在经典控制理论中，常用的分析方法有时域分析法、根轨迹分析法和频域分析法。

10.2.1　时域分析法的水位控制系统分析

由单容水箱的传递函数表达式（10-5）可知，系统的特征值为 $-1/T_{\mathrm{s}}$，在典型信号下系统的响应如下。

单位脉冲信号下：$H_1(s) = G_{\mathrm{s}}(s) \cdot 1 = \frac{K_{\mathrm{s}}}{T_{\mathrm{s}}}\frac{1}{s + \frac{1}{T_{\mathrm{s}}}} \Rightarrow h_1(t) = \frac{K_{\mathrm{s}}}{T_{\mathrm{s}}}\mathrm{e}^{-\frac{1}{T_{\mathrm{s}}}t}$，$t \geqslant 0$

单位阶跃信号下：$H_1(s) = G_{\mathrm{s}}(s) \cdot \frac{1}{s} = K_{\mathrm{s}}\left(\frac{1}{s} - \frac{1}{s + \frac{1}{T_{\mathrm{s}}}}\right)$

$$\Rightarrow h_1(t) = K_{\mathrm{s}}\left(1 - \mathrm{e}^{-\frac{1}{T_{\mathrm{s}}}t}\right),\ t \geqslant 0$$

单位斜坡信号下：$H_1(s) = G_{\mathrm{s}}(s) \cdot \frac{1}{s^2} = K_{\mathrm{s}}\left[\frac{1}{s^2} - T_{\mathrm{s}}\left(\frac{1}{s} - \frac{1}{s + \frac{1}{T_{\mathrm{s}}}}\right)\right]$

$$\Rightarrow h_1(t) = K_s \left[t - T_s \left(1 - e^{-\frac{1}{T_s}t} \right) \right], \quad t \geqslant 0$$

单位加速度信号下：$H_1(s) = G_s(s) \cdot \dfrac{1}{s^3} = K_s \left\{ \dfrac{1}{s^3} - T_s \left[\dfrac{1}{s^2} - T_s \left(\dfrac{1}{s} - \dfrac{1}{s + \dfrac{1}{T_s}} \right) \right] \right\}$

$$\Rightarrow h_1(t) = K_s \left\{ \dfrac{1}{2}t^2 - T_s \left[t - T_s \left(1 - e^{-\frac{1}{T_s}t} \right) \right] \right\}, \quad t \geqslant 0$$

下面以单位阶跃信号为输入，给出系统的性能指标。取 $K_s = 38.7$，$T_s = 77.4$，运用 MATLAB 软件仿真，得单容水箱响应曲线如图 10-2 所示，图形是依指数单调上升的。

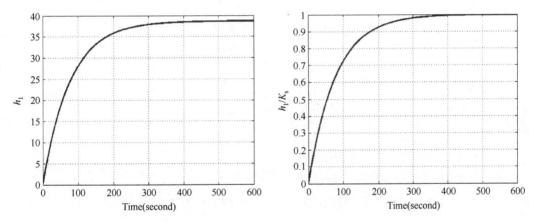

图 10-2　单容水箱响应曲线

系统的调节时间为

（1）按 $\pm 5\%$ 误差带，得 $t_s = 3 \times T_s = 232.2$；

（2）按 $\pm 2\%$ 误差带，得 $t_s = 4 \times T_s = 309.6$。

下面分析双容水箱的性能，由式（10-14）知，系统的特征方程为

$$s^2 + \left(\frac{1}{T_{d1}} + \frac{1}{T_{d2}} \right) s + \frac{1}{T_{d1}T_{d2}} = 0$$

得其特征值为

$$\lambda_1 = -\frac{1}{T_{d1}}, \quad \lambda_2 = -\frac{1}{T_{d2}}$$

取 $T_{d1} = 77.4$，$T_{d2} = 40.4$，$K_d = 20.2$；依据第 3 章的内容，可知系统阻尼比 $\xi = \dfrac{1}{2} \left(\sqrt{\dfrac{T_{d2}}{T_{d1}}} + \sqrt{\dfrac{T_{d1}}{T_{d2}}} \right) = 1.0533$，无阻尼振荡频率 $\omega_n = \dfrac{1}{\sqrt{T_{d1}T_{d2}}} = 0.018$；因此，系统属于过阻尼情况。在单位阶跃信号下的系统响应为

$$h_2(t) = K_d \left[1 + \frac{1}{T_1 / T_2 - 1} \cdot e^{-\frac{t}{T_2}} + \frac{1}{T_2 / T_1 - 1} \cdot e^{-\frac{t}{T_1}} \right], \ t \geqslant 0$$

式中，$T_1 = \dfrac{1}{\xi \omega_n + \omega_n \sqrt{\xi^2 - 1}}$，$T_2 = \dfrac{1}{\xi \omega_n - \omega_n \sqrt{\xi^2 - 1}}$。运用 MATLAB 软件仿真，得双容水箱响应曲线如图 10-3 所示。

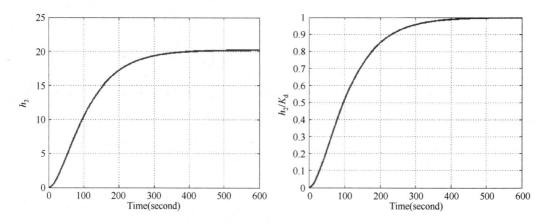

图 10-3　双容水箱响应曲线

系统的调节时间为

（1）按 ±5% 误差带，得 $t_s = 302.3$；

（2）按 ±2% 误差带，得 $t_s = 366.7$。

对于三容水箱，不与前面的单容和双容水箱一样讨论系统开环下性能，而是假设闭环系统结构图如图 10-4 所示。

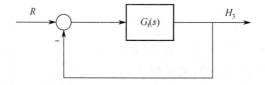

图 10-4　三容水箱闭环系统结构图

由式（10-16）知，闭环系统的特征方程为

$$s^3 + \left(\frac{1}{T_{t1}} + \frac{1}{T_{t2}} + \frac{1}{T_{t3}} \right) s^2 + \left(\frac{1}{T_{t1}T_{t2}} + \frac{1}{T_{t1}T_{t3}} + \frac{1}{T_{r2}T_{r3}} \right) s + \frac{1 + K_t}{T_{t1}T_{t2}T_{t3}} = 0$$

取 $T_{t1} = 77.4$，$T_{t2} = 40.4$，$T_{t3} = 117.6$，$K_t = 58.8$；运用 MATLAB 软件仿真，得三容水箱闭环系统响应曲线如图 10-5 所示。

显然，三容水箱闭环系统是不稳定的，后续将对这个闭环系统进行校正和综合设计。下面给出基于根轨迹分析法和频域分析法的水位控制系统性能分析。

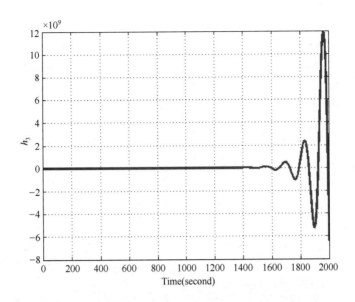

图 10-5　三容水箱闭环系统响应曲线

10.2.2　根轨迹分析法和频域分析法的水位控制系统分析

由本书前面章节可知，根轨迹分析法和频域分析法是图解的方法，因此下面以三容水箱为对象，运用 MATLAB 软件绘制它的开环系统特性，如图 10-6 所示；对于单容和双容水箱可以进行类似的绘制。

相关 MATLAB 代码如下：

```
clc;
clear all;
R1=387;R2=202;R3=588;
A1=0.2;K1=0.1;
Kr=K1*R3;T1=A1*R1;T2=A1*R2;T3=A1*R3;
num1=[Kr];num2=[1]%开环系统传递函数的分子
den=[T1*T2*T3 T1*T2+T1*T3+T2*T3 T1+T2+T3 1];%开环系统传递函数的分母
Sys1=tf(num1,den);sys2=tf(num2,den);%开环系统传递函数模型
figure(1)
pzmap(sys1);%绘制零极点图
title('零极点图')%图标题
figure(2)
rlocus(sys2);%绘制根轨迹图
title('根轨迹图')%图标题
figure(3)
nyquist(sys1);%绘制奈氏图
title('Nyquist图')%图标题
figure(4)
```

```
bode(sys1);%绘制伯德图
title('Bode图')%图标题
```

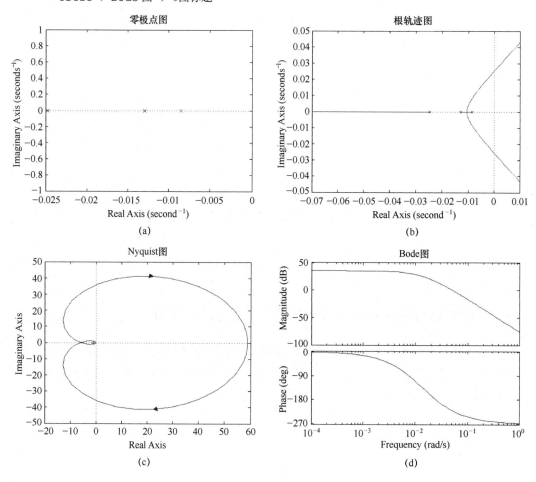

图 10-6　三容水箱复域和频域特性

10.3　系统的校正和综合设计

10.3.1　超前校正

从图 10-5 可以看出三容水箱闭环系统是不稳定的，为了改进系统的性能，可在系统中添加一个校正装置 G_c。依据 6.3 节内容，假设校正装置 $G_c = \dfrac{1}{\alpha}\dfrac{\alpha\tau s+1}{\tau s+1}$，系统的开环传递函数为

$$G(s) = G_c(s)G_t(s) = \frac{K_t}{\alpha}\frac{\alpha\tau s+1}{(\tau s+1)(T_{t1}s+1)(T_{t2}s+1)(T_{t3}s+1)}$$

根据 6.3 节的校正分析，仍然取 $T_{t1}=77.4$，$T_{t2}=40.4$，$T_{t3}=117.6$，$K_t=58.8$。此时

取 $\alpha = 18$，$\tau = 5$，运用 MATLAB 软件仿真，得超前校正的响应曲线如图 10-7 所示，显然系统的性能得到了明显改善。

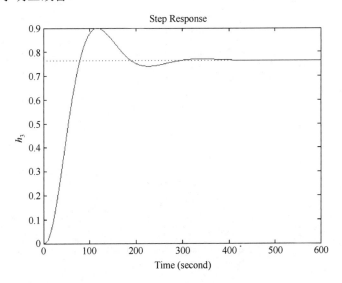

图 10-7　超前校正的系统响应曲线

相关 MATLAB 代码如下：

```
clc;
clear all;
t=[0:0.1:600];R1=387;R2=202;R3=588;A1=0.2;K1=0.1;
Kr=K1*R3;T1=A1*R1;T2=A1*R2;T3=A1*R3;alpha=18;tau=5;
num=(Kr/alpha)*[alpha*tau,1];
den=conv([tau,1],conv([T1,1],conv([T2,1],[T3,1])));
sys0=tf(num,den);sys1=feedback(sys0,1);
step(sys1,L,'r ');
xlabel('Time(Sec.)');ylabel('{h_3}','Rotation',0);
```

10.3.2　PID 控制器

PID 控制器是工程中应用广泛的一类控制器，具有结构简单、易于物理实现等优点。此时系统的开环传递函数为

$$G(s) = G_c(s)G_t(s) = K_p\left(1 + \frac{1}{T_i s} + T_d s\right)\frac{K_t}{(T_{t1}s+1)(T_{t2}s+1)(T_{t3}s+1)}$$

现在调节 PID 参数，从而达到改变系统性能的目的，这可是一个充满挑战的任务。在选取时，增大比例环节会增加超调，同时会减少系统响应时间。而积分环节可以消除稳态误差，但会增加系统调节时间。微分作用的增大会加重系统的震荡，加快系统反应时间，超调量增加。经过多次尝试，最终选定 PID 控制器的三个参数为 $K_p = 1.007$，$T_i = 124.1643$，$T_d = 29.7994$，PID 控制的系统响应曲线如图 10-8 所示，显然系统性能同样得到了改善。

与前面的超前校正相比，系统的调节时间和超调量都增加了，还可以进一步调整 PID 控制的参数，以达到满意的效果。

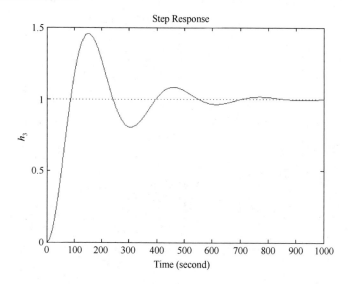

图 10-8　PID 控制的系统响应曲线

相关 MATLAB 代码如下：

```
clc;clear all;
t=[0:0.1:1000];R1=387;R2=202;R3=588;A1=0.2;K1=0.1;
Kr=K1*R3;T1=A1*R1;T2=A1*R2;T3=A1*R3;
num=[Kr];den=conv([T1,1],conv([T2,1],[T3,1]));
Gt=tf(num,den);[Kc,b,wc,d]=margin(Gt);Tc=2*pi/wc;
kp=0.6*Kc;Ti=0.5*Tc;Td=0.12*Tc;
Gc=tf(kp*[Ti*Td,Ti,1],[Ti,0]);
sys=feedback(Gc*Gt,1);
step(sys,t,'r-');
xlabel('Time(Sec.)');ylabel('{h_3}','Rotation',0);
```

本章小结

本章以水箱为对象，分别建立了单容、双容和三容水箱的水位控制系统模型，运用前面章节的知识详细地给出了系统的性能分析及闭环系统的校正和综合设计。

附录 A 拉普拉斯变换与反变换

1. 拉普拉斯变换的定义

对函数 $f(t)$，如果满足下列条件：

（1）当 $t < 0$ 时，$f(t) = 0$；当 $t > 0$ 时，$f(t)$ 在每个有限区间上是分段连续的；

（2）$\int_0^\infty f(t)\mathrm{e}^{-\sigma t}\mathrm{d}t < \infty$，其中 σ 为正实数，即 $f(t)$ 为指数级的，待变换函数随时间的增长比不上负指数函数随时间的衰减，使其从 0 到 $+\infty$ 积分是有界的，就可定义 $f(t)$ 的拉普拉斯变换 $F(s)$ 为

$$F(s) = L[f(t)] \triangleq \int_0^\infty f(t)\mathrm{e}^{-st}\mathrm{d}t \tag{A-1}$$

式中，$f(t)$ 为原函数，$F(s)$ 为象函数，s 为复变数。

在拉普拉斯变换中，s 的量纲是时间的倒数，$F(s)$ 的量纲是 $f(t)$ 的量纲与时间的量纲的乘积。

2. 拉普拉斯变换的性质

（1）叠加定理

若

$$L[f_1(t)] = F_1(s), \quad L[f_2(t)] = F_2(s)$$

则

$$L[af_1(t) + bf_2(t)] = aF_1(s) + bF_2(s) \tag{A-2}$$

证明：

$$L[af_1(t) + bf_2(t)] = \int_0^\infty [af_1(t) + bf_2(t)]\mathrm{e}^{-st}\mathrm{d}t$$
$$= \int_0^\infty [af_1(t)]\mathrm{e}^{-st}\mathrm{d}t + \int_0^\infty [bf_2(t)]\mathrm{e}^{-st}\mathrm{d}t$$
$$= aF_1(s) + bF_2(s)$$

（2）微分定理

$$L\left[\frac{\mathrm{d}}{\mathrm{d}t}f(t)\right] = sF(s) - f(0^+) \tag{A-3}$$

证明：

$$L[f(t)] = \int_0^\infty [f(t)]\mathrm{e}^{-st}\mathrm{d}t = \int_0^\infty [f(t)]\frac{1}{-s}\mathrm{d}\mathrm{e}^{-st}$$
$$= f(t)\frac{\mathrm{e}^{-st}}{-s}\Bigg|_0^\infty - \int_0^\infty \frac{\mathrm{e}^{-st}}{-s}\mathrm{d}f(t)$$
$$= \frac{f(0^+)}{s} + \frac{1}{s}\int_0^\infty \frac{\mathrm{d}f(t)}{\mathrm{d}t}\mathrm{e}^{-st}\mathrm{d}t = \frac{f(0^+)}{s} + \frac{1}{s}L\left[\frac{\mathrm{d}}{\mathrm{d}t}f(t)\right]$$

所以

$$L\left[\frac{\mathrm{d}}{\mathrm{d}t}f(t)\right] = sF(s) - f(0^+)$$

因此，可得出两个重要的推论：

（i） $L\left[\dfrac{\mathrm{d}^n}{\mathrm{d}t^n}f(t)\right] = s^n F(s) - s^{n-1} f(0^+) - s^{n-2} f(0^+) - \cdots - s f^{(n-2)}(0^+) - f^{(n-1)}(0^+)$ （A-4）

（ii）在零初始条件下，有

$$L\left[\frac{\mathrm{d}^n}{\mathrm{d}t^n}f(t)\right] = s^n F(s) \tag{A-5}$$

（3）积分定理

$$L[\int f(t)\mathrm{d}t] = \frac{F(s)}{s} + \frac{f^{-1}(0^+)}{s} \tag{A-6}$$

式中，符号 $f^{-1}(t) \triangleq \int f(t)\mathrm{d}t$

证明：

$$L\left[\int f(t)\mathrm{d}t\right] = \int_0^\infty \left[\int f(t)\mathrm{d}t\right] \mathrm{e}^{-st}\mathrm{d}t = \int_0^\infty \left[\int f(t)\mathrm{d}t\right]\frac{1}{-s}\mathrm{d}\mathrm{e}^{-st}$$

$$= \left[\int f(t)\mathrm{d}t\right]\frac{\mathrm{e}^{-st}}{-s}\Big|_0^\infty - \int_0^\infty \frac{\mathrm{e}^{-st}}{-s}f(t)\mathrm{d}t$$

$$= \frac{f^{-1}(0^+)}{s} + \frac{F(s)}{s}$$

因此，也可得出两个重要的推论：

（i） $L\left[\int \cdots \int f(t)(\mathrm{d}t)^n\right] = \dfrac{F(s)}{s^n} + \dfrac{f^{-1}(0^+)}{s^n} + \dfrac{f^{-2}(0^+)}{s^{n-1}} + \cdots + \dfrac{f^{-n}(0^+)}{s}$ （A-7）

式中，符号 $f^{-n}(t) \triangleq \int \cdots \int f(t)(\mathrm{d}t)^n$

（ii）在零初始条件下，有

$$L\left[\int \cdots \int f(t)(\mathrm{d}t)^n\right] = \frac{F(s)}{s^n} \tag{A-8}$$

（4）衰减定理

$$L[\mathrm{e}^{-at}f(t)] = F(s+a) \tag{A-9}$$

证明：

$$L[\mathrm{e}^{-at}f(t)] = \int_0^\infty \mathrm{e}^{-at}f(t)\mathrm{e}^{-st}\mathrm{d}t = \int_0^\infty f(t)\mathrm{e}^{-(s+a)t}\mathrm{d}t = F(s+a)$$

（5）延时定理

$$L[f(t-a)\cdot 1(t-a)] = \mathrm{e}^{-as}F(s) \tag{A-10}$$

证明：

$$L[f(t-a) \cdot 1(t-a)] = \int_0^\infty f(t-a) \cdot 1(t-a) \mathrm{e}^{-st} \mathrm{d}t$$

$$= \int_0^\infty f(t-a) \mathrm{e}^{-st} \mathrm{d}t \xrightarrow{\diamond \tau = t-a} \int_0^\infty f(\tau) \mathrm{e}^{-s(\tau+a)} \mathrm{d}(\tau + a)$$

$$= \mathrm{e}^{-as} \int_0^\infty f(\tau) \mathrm{e}^{-s\tau} \mathrm{d}\tau = \mathrm{e}^{-as} F(s)$$

（5）初值定理

$$\lim_{t \to 0^+} f(t) = \lim_{s \to \infty} sF(s) \tag{A-11}$$

证明：

$$L\left[\frac{\mathrm{d}}{\mathrm{d}t} f(t)\right] = \int_0^\infty \frac{\mathrm{d}}{\mathrm{d}t} f(t) \mathrm{e}^{-st} \mathrm{d}t$$

由微分定理

$$L\left[\frac{\mathrm{d}}{\mathrm{d}t} f(t)\right] = sF(s) - f(0^+)$$

故

$$\int_0^\infty \frac{\mathrm{d}}{\mathrm{d}t} f(t) \mathrm{e}^{-st} \mathrm{d}t = sF(s) - f(0^+)$$

$$\lim_{x \to \infty}\left[\int_0^\infty \frac{\mathrm{d}}{\mathrm{d}t} f(t) \mathrm{e}^{-st} \mathrm{d}t\right] = \lim_{s \to \infty}[sF(s) - f(0^+)]$$

即

$$0 = \lim_{x \to \infty}[sF(s-)f(0^+)] = \lim_{s \to \infty} sF(s) - \lim_{s \to \infty} f(0^+)$$

故

$$\lim_{t \to 0} f(t) = \lim_{s \to \infty} sF(s)$$

（6）终值定理

$$\lim_{t \to \infty} f(t) = \lim_{s \to 0} sF(s) \tag{A-12}$$

证明：

$$L\left[\frac{\mathrm{d}}{\mathrm{d}t} f(t)\right] = \int_0^\infty \frac{\mathrm{d}}{\mathrm{d}t} f(t) \mathrm{e}^{-st} \mathrm{d}t$$

由微分定理

$$L\left[\frac{\mathrm{d}}{\mathrm{d}t} f(t)\right] = sF(s) - f(0^+)$$

故

$$\int_0^\infty \frac{\mathrm{d}}{\mathrm{d}t} f(t) \mathrm{e}^{-st} \mathrm{d}t = sF(s) - f(0^+)$$

$$\lim_{s \to 0}\left[\int_0^\infty \frac{\mathrm{d}}{\mathrm{d}t} f(t) \mathrm{e}^{-st} \mathrm{d}t\right] = \lim_{s \to 0}[sF(s) - f(0^+)]$$

即

$$\int_0^\infty \frac{\mathrm{d}}{\mathrm{d}t} f(t) \mathrm{d}t = \lim_{s \to 0}[sF(s) - f(0^+)]$$

故

$$\lim_{t \to \infty} f(t) - f(0^+) = \lim_{s \to 0}[sF(s) - f(0^+)]$$

所以

$$\lim_{t \to \infty} f(t) = \lim_{s \to 0} sF(s)$$

（7）卷积定理

$$L[f_1(t) * f_2(t)] = F_1(s)F_2(s) \tag{A-13}$$

式中，$f_1(t)*f_2(t)$ 为卷积的数学表示，定义为

$$f_1(t)*f_2(t) \triangleq \int_0^t f_1(t-\tau)f_2(\tau)\mathrm{d}\tau$$

令 $t-\tau=\xi$，则

$$f_1(t)*f_2(t) = -\int_t^0 f_1(\xi)f_2(t-\xi)\mathrm{d}\xi = \int_0^t f_1(\xi)f_2(t-\xi)\mathrm{d}\xi = f_2(t)*f_1(t)$$

证明：

$$L[f_1(t)*f_2(t)] = L\left[\int_0^t f_1(t-\tau)f_2(\tau)\mathrm{d}\tau\right]$$

$$= L\left[\int_0^\infty f_1(t-\tau)\cdot 1(t-\tau)f_2(\tau)\mathrm{d}\tau\right]$$

$$= \int_0^\infty \left[\int_0^\infty f_1(t-\tau)\cdot 1(t-\tau)f_2(\tau)\mathrm{d}\tau\right]\mathrm{e}^{-st}\mathrm{d}t$$

$$= \int_0^\infty \int_0^\infty f_1(t-\tau)\cdot 1(t-\tau)\mathrm{e}^{-s(t-\tau)}\mathrm{d}t\cdot f_2(\tau)\mathrm{e}^{-st}\mathrm{d}\tau$$

$$= \int_0^\infty f_1(t-\tau)\mathrm{e}^{-s(t-\tau)}\mathrm{d}(t-\tau)\cdot\int_0^\infty f_2(\tau)\mathrm{e}^{-s\tau}\mathrm{d}\tau$$

$$= F_1(s)F_2(s)$$

3. 拉普拉斯反变换

拉普拉斯反变换的定义为

$$f(t) = \frac{1}{2\pi\mathrm{j}}\int_{a-\mathrm{j}\infty}^{a+\mathrm{j}\infty} F(s)\mathrm{e}^{st}\mathrm{d}s \tag{A-14}$$

简写为

$$f(t) = L^{-1}[F(s)]$$

通过复变函数积分求拉普拉斯反变换的方法计算量大，通常采用部分分式法（留数法）求拉普拉斯反变换，常分为以下几种情况。

（1）只含不同单极点的情况

$$F(s) = \frac{b_0 s^m + b_1 s^{m-1} + \cdots + b_{m-1}s + b_m}{s^n + a_1 s^{n-1} + \cdots + a_{n-1}s + a_n} = \frac{b_0 s^m + b_1 s^{m-1} + \cdots + b_{m-1}s + b_m}{(s+p_1)(s+p_2)\cdots(s+p_n)}$$

$$= \frac{A_1}{s+p_1} + \frac{A_2}{s+p_2} + \cdots + \frac{A_{n-1}}{s+p_{n-1}} + \frac{A_n}{s+p_n} \tag{A-15}$$

式中，A_k 是常数，为 $s=-p_k$ 极点处的留数，由下式计算求得：

$$A_k = [F(s)\cdot(s+p_k)]_s = -p_k \tag{A-16}$$

将式（A-15）进行拉普拉斯反变换，可得：

$$f(t) = L^-[F(s)] = (A_1\mathrm{e}^{-p_1 t} + A_2\mathrm{e}^{-p_2 t} + \cdots + A_n\mathrm{e}^{-p_n t})\cdot 1(t)$$

（2）含多重极点的情况

$$F(s) = \frac{b_0 s^m + b_1 s^{m-1} + \cdots + b_{m-1}s + b_m}{s^n + a_1 s^{n-1} + \cdots + a_{n-1}s + a_n}$$

$$= \frac{b_0 s^m + b_1 s^{m-1} + \cdots + b_{m-1}s + b_m}{(s+p_1)(s+p_{r+1})\cdots(s+p_n)}$$

$$= \frac{A_r}{(s + p_1)^r} + \frac{A_{r-1}}{(s + p_1)^{r-1}} + \cdots + \frac{A_{r-j}}{(s + p_1)^{r-j}} + \cdots + \frac{A_1}{(s + p_1)} + \frac{A_{r+1}}{s + p_{r+1}} + \cdots + \frac{A_{n-1}}{s + p_{n-1}} + \frac{A_n}{s + p_n}$$

$$（A\text{-}17）$$

式中，A_{r-j} 可由下式求得

$$A_r = [F(s)(s + p_1)^r]_{s=-p_1}$$

$$A_{r-1} = \left\{ \frac{\mathrm{d}}{\mathrm{d}s}[F(s)(s + p_1)^r] \right\}_{s=-p_1}$$

$$\vdots$$

$$A_{r-j} = \frac{1}{j!} \left\{ \frac{\mathrm{d}}{\mathrm{d}s}[F(s)(s + p_1)^r] \right\}_{s=-p_1}$$

$$\vdots$$

$$A_1 = \frac{1}{(r-1)!} \left\{ \frac{\mathrm{d}^{r-1}}{\mathrm{d}s^{r-1}}[F(s)(s + p_1)^r] \right\}_{s=-p_1}$$

根据拉普拉斯反变换有

$$L^{-1}\left[\frac{1}{(s + p_1)^k} \right] = \frac{t_{k-1}}{(k-1)!} \mathrm{e}^{-p_1 t} \cdot 1(t) \qquad （A\text{-}18）$$

（3）含共轭复数极点的情况

$$F(s) = \frac{b_0 s^m + b_1 s^{m-1} + \cdots + b_{m-1}s + b_m}{s^n + a_1 s^{n-1} + \cdots + a_{n-1}s + a_n}$$

$$（A\text{-}19）$$

$$= \frac{A_1 s + A_2}{(s + \sigma + \mathrm{j}\beta)(s + \sigma - \mathrm{j}\beta)} + \frac{A_3}{s + p_3} + \cdots + \frac{A_{n-1}}{s + p_{n-1}} = \frac{A_n}{s + p_n}$$

将式（A-19）等号两边同乘以 $(s + \sigma + \mathrm{j}\beta)(s + \sigma - \mathrm{j}\beta)$，得：

$$(A_1 s + A_2)_{s=-\sigma-\mathrm{j}\beta} = [F(s)(s + \sigma + \mathrm{j}\beta)(s + \sigma - \mathrm{j}\beta)]_{s=-\sigma-\mathrm{j}\beta}$$

即可求得 A_1、A_2。

附录 B   常用函数的拉普拉斯变换表

序号	象函数 $F(s)$	原函数 $f(t)$
1	1	$\delta(t)$
2	$\dfrac{1}{s}$	$1(t)$
3	$\dfrac{1}{s^n}$	$\dfrac{1}{(n-1)!}s^{n-1}$
4	$\dfrac{1}{s}e^{-at}$	$1(t-a)$
5	$\dfrac{1}{s-a}$	e^{at}
6	$\dfrac{1}{s+a}$	e^{-at}
7	$\dfrac{1}{(s+a)^n}$	$\dfrac{1}{(n-1)!}t^{n-1}e^{-at}$
8	$\dfrac{1}{(s+a)(s+b)}$	$\dfrac{1}{b-a}(e^{-at}-e^{-bt})$
9	$\dfrac{\omega}{s^2+\omega^2}$	$\sin\omega t$
10	$\dfrac{s}{s^2+\omega^2}$	$\cos\omega t$
11	$\dfrac{1}{s(s^2+\omega^2)}$	$\dfrac{1}{\omega^2}(1-\cos\omega t)$
12	$\dfrac{\omega}{(s+a)^2+\omega^2}$	$e^{-at}\sin\omega t$
13	$\dfrac{s+a}{(s+a)^2+\omega^2}$	$e^{-at}\cos\omega t$
14	$\dfrac{s\sin\theta+\omega\cos\theta}{s^2+\omega^2}$	$\sin(\omega t+\theta)$
15	$\dfrac{1}{s^2+2\xi\omega_n s+\omega_n^2}$	$\dfrac{1}{\omega_n\sqrt{1-\xi^2}}e^{-\xi\omega_n t}\sin\omega_n\sqrt{1-\xi^2}\,t$
16	$\dfrac{\omega_n^2}{s^2+2\xi\omega_n s+\omega_n^2}$	$\dfrac{\omega_n}{\sqrt{1-\xi^2}}e^{-\xi\omega_n t}\sin\omega_n\sqrt{1-\xi^2}\,t$
17	$\dfrac{\omega_n^2}{s(s^2+2\xi\omega_n s+\omega_n^2)}$	$1-\dfrac{1}{\sqrt{1-\xi^2}}e^{-\xi\omega_n t}\sin\left(\omega_n\sqrt{1-\xi^2}\,t+\varphi\right),$ $\varphi=\arctan\dfrac{\sqrt{1-\xi^2}}{\xi}$

参考文献

[1] 胡寿松. 自动控制原理[M]. 6 版. 北京：科学出版社，2013.

[2] Katsuhiko Ogata. 现代控制工程[M]. 4 版. 卢伯英、于海勋，译. 北京：电子工业出版社，2003.

[3] 黄家英. 自动控制原理[M]. 2 版（上、下册）. 北京：高等教育出版社，2003.

[4] 李友善. 自动控制理论[M]. 北京：国防工业出版社，2001.

[5] 董景新，赵长德，郭美凤，等. 控制工程基础[M]. 北京：清华大学出版社，2015.

[6] 刘丁. 自动控制原理[M]. 北京：机械工业出版社，2006.

[7] 王划一，杨西侠. 自动控制原理[M]. 2 版. 北京：国防工业出版社，2011.

[8] 刘豹，唐万生. 现代控制理论[M]. 北京：机械工业出版社，2006.

[9] 苏鹏生，焦连伟. 自动控制原理[M]. 北京：电子工业出版社，2003.

[10] 张晓华，薛定宇. 系统建模与仿真[M]. 北京：清华大学出版社，2006.

[11] 张爱明. 自动控制原理[M]. 北京：清华大学出版社，2006.

[12] Richrad C.Dorf, Robert H.Bishop. Modern Control Systems[M]. 北京：科学出版社，2002.

[13] 王建辉. 自动控制原理[M]. 北京：清华大学出版社，2007.

[14] 孙美凤，王玲华. 自动控制原理[M]. 北京：中国水利水电出版社，2007.

[15] 绪方胜彦. 离散时间控制系统[M]. 刘君华，等，译. 西安：西安交通大学出版社，2003.

[16] 将大明. 自动控制原理[M]. 北京：清华大学出版社、北京交通大学出版社，2003.

[17] 张秀玲，等. 自动控制原理[M]. 北京：清华大学出版社，2007.

[18] 谢克明. 现代控制理论基础[M]. 北京：北京工业大学出版社，1999.

[19] 尔桂花，窦日轩. 运动控制系统[M]. 北京：清华大学出版社，2002.

[20] 金以慧. 过程控制[M]. 北京：清华大学出版社，1993.

[21] 王锦标. 计算机控制系统[M]. 北京：清华大学出版社，2004.

[22] 马洁，付兴建. 控制工程数学基础[M]. 北京：清华大学出版社，2010.

[23] 黄忠霖. 自动控制原理的 MATLAB 实现[M]. 北京：国防工业出版社，2007.

[24] 古田胜久，等. 线性系统理论基础[M]. 朱春元，等，译. 北京：国防工业出版社，1984.

[25] 孙炳达. 自动控制原理[M]. 北京：机械工业出版社，2016.

[26] 刘文定，谢克明. 自动控制原理[M]. 北京：电子工业出版社，2018.

[27] 李红星，张益农. 自动控制原理[M]. 北京：电子工业出版社，2014.

[28] 刘小河，管萍，刘丽华，等. 自动控制原理[M]. 北京：高等教育出版社，2014.

[29] 董星新，赵长德，郭美凤，等. 自动控制原理[M]. 4 版. 北京：清华大学出版社，2015.

[30] 胥布工. 自动控制原理[M]. 2 版. 北京：电子工业出版社，2016.

[31] 黄坚. 自动控制原理及其应用[M]. 2 版. 北京：高等教育出版社，2009.

[32] 孙书蕾，李红，倪元相. 控制工程基础[M]. 西安：西北工业大学出版社.

[33] 卢京潮，赵忠，刘慧英，等. 自动控制原理[M]. 北京：清华大学出版社，2013.

[34] 李晓秀，宋丽蓉. 自动控制原理[M]. 2 版. 北京：机械工业出版社，2011.

[35] Jean-Jacques E.Slotine, Weiping Li. 应用非线性控制[M]. 程代展，等，译. 北京：机械工业出版社，2006.

[36] Hassan K. Khalil. Nonlinear Systems[M]. 3rd. New Jewsey：Prentice Hall, 2002.

[37] 项国波. 非线性自动控制系统中的谐波线性化原理[J]. 信息与控制，1980(01)：43-53，83.

[38] 李智，张雅婕，杨洁. 基于实验的三容水箱数学模型[J]. 武汉工程职业技术学院学报，2009(03)：1-4.